↑2022 年 9 月 24 日，参加联合国教科文组织"教育的未来"报告发布会
↑2019 年 1 月 30 日，考察北京市第五幼儿园

↑ 2019 年 2 月 24 日，新少年国际艺术教育节新闻发布会现场发言
↑ 2019 年 2 月 27 日，到北京市育英学校调研

↑ 2021 年 4 月 29 日，在苏州市相城区政协考察

↑ 2022 年 4 月 23 日，出席"中外阅读学研究专业委员会"成立仪式

↑ 2021 年 12 月 20 日，在中国版权年会主论坛——"远集坊"未来高峰论坛上讲演
↑ 2022 年 4 月 21 日，《携手向未来》节目录制现场

朱永新教育作品

九四龄童 南怀瑾

心灵的轨迹

——中国本土心理学思想研究

朱永新·著

漓江出版社

·桂林·

总　序

　　朱永新教授的作品集出版在即，他要我写一篇序，大概是因为他看到我对教育也很关注，又不时地发表点看法的缘故吧，或者因为他和我都是马叙伦、周建人、叶圣陶、雷洁琼等民进前辈的后来人——我们是中国民主促进会的成员。不管他是怎么想的，我出于对他学术成就的敬佩，也出于对比我年轻些的学者的喜爱和对教育事业的兴趣，便答应了，尽管我不是这个领域的专家。不过这样也好，以一个时时关心业内情况的外行人眼光说说对这套作品集和作者的看法，或许能更冷静些，更客观些。

　　我曾经说过，中国的教育人人可得而道之。因为教育问题太复杂，中国的教育问题尤甚。且不说中国以一个发展中国家不强的实力在办着世界上最大的教育，单是中国处于转型期，城乡、东西部间严重的不平衡和几个时代思想观念的相互摩擦、激荡，就可以说是当今世界绝无仅有的了。随着教育普及率的提高，对教育发表评论的人当然也越来越多，多到几乎家家户户都会时常议论。这样就给有关教育的研究提出了许多也许在别的国家并不突出的问题。我认为其中有两个问题最为要紧：一个是教育的问题牵一发而动全身，既不能就教育论教育，更不能只论教育的某一部分而不顾及其他，要区别于人们日常的谈论；另一个是教育学如何走出狭小的教育理论圈子，让更多的人理解、评论、实践，也在更大范围内检验自己的理论是否能为群众所接受，以免专家和社会难以搭界。朱永新教授的这套作品集，恰好在这两个问题上都给了我很大的欣慰。

　　在这套作品集中，他从国际国内、政治经济、文化社会、古往今来的广阔视野来考察、思索中国的教育问题；他的论述几乎遍及受教育者所经历的整个教育过程；大到教育的理念、原则，小到课程的改革、课外的活动，他都认真思考，系统调查，认真实验，随时提升到理论层面；与教育学密切关联的心理学，在研究中国教育的同时展开的对国外教育的认识和分析，也是他涉及的范围。

朱永新教授并不是一位"纯"学者，虽然教育理论研究永远是他进行多头工作时在脑子里盘旋的核心。他集教师、官员和研究者三种角色于一身，随着自己孩子的出生和成长，他又多了一个家长的身份。这就使他不可能只观察研究教育体系中的某一段或某一方面，而必须做全方位、多角度、分层次的研究。他是中国民主促进会中央委员会副主席，作为同事，我见过他极度疲劳时的状况，心里曾经想过，这是天将降大任于是人的考验，还是他"命"当如此，不得不然？其实，这正是给他提供了他人很难得到的绝好的研究环境和条件：时时转换角色，就需要时时转换思维的角度和方法，宏观与微观自然而然地结合，积以时日，于是造就了他独特的研究方法和风格。

我们对任何事物的研究，如果只有理性的驱动，而没有基于对事物深刻认识所生发出来的极大热情，换言之，没有最博大的挚爱，是难以创造性地把事情做得出色的。朱永新教授对教育进行研究的特点之一就是全身心地投入。身，有那三种角色和一种身份，自然占据了他所有的时间和精力；心，是不可见的，但贯穿在他所有工作、表现在他所有论著中的鲜明爱心，则是最好的证明。

他说"教育是一首诗"。他常用诗一般的语言讴歌教育，表达他的教育思想：

教育是一首诗/诗的名字叫热爱/在每个孩子的瞳孔里/有一颗母亲的心

教育是一首诗/诗的名字叫未来/在传承文明的长河里/有一条破浪的船

如果是纯理性的，没有充沛的、不可抑制的感情，怎么能迸发出诗的情思？但他不是浪漫派。他本来已经够忙的了，却又率先自费开通了教育在线网站，开通了教育博客和微博，成了四面八方奋斗在教育改革前沿的众多网民的朋友。每天,当他拖着疲乏的脚步回到家后,还要逐篇浏览网站上的帖子和来信,并且要一一回应。有人说,这是自找苦吃。但他认为,这是"诗性伴理想同行",是"享受与幸福"。他曾经工作生活在被颂为"人间天堂"的苏州,那里早已普及了十二年义务教育,现在正朝着普及大学教育的目标前进,但这位曾经主持全市文教工作的副市长,却心系西部,为如何缩小东西部教育的差距苦苦思索,不断地呼吁……他何以能够长期如此?我想,最大的动力就是那伟大的爱。

情与理的无缝衔接,正是和把从事教育工作及理论研究单纯当作职业的最大区别,而且是他不断获得佳绩、不断前进的要素。

教育是人类社会得以延续发展的根本保障。人之所以为人,区别于其他动物,从某种意义上讲,就是因为通过不同渠道,接受了不同程度和内容的教育。就一个国家而言,教育则是保障发展壮大的基础性工程。这些,都已经成为人们的共识。但是,教育又是极其复杂庞大的体系,需要大批教育理论专家、管理专家。身在其中者固然自得其乐,但是,在局外人看来,教育理论的研究是枯燥的、艰难的,有许多的教育学著作也确实强化了人们的这种感觉;管理工作给人的印象则是繁杂的、细碎的。这种感觉和印象往往是理论工作者、管理工作者和广大的教育参与者(包括家长、学生和旁观者)之间产生隔膜的原因之一。社会需要集理论研究和管理于一身,而且能把自己对教育的挚爱传达出去的学者,与人们一起共享徜徉在教育海洋里的愉快和幸福。但是,现在这样的学者太少了。是我们对像教育理论这样的人文社会科学的所谓"学问"产生了误解,以为只有用特定的行业语言,包括成堆成堆的术语和需要读者反复琢磨才能弄清楚的句子才是学术?还是善于用最明了的语言表达复杂事物的人还不多?抑或是教育理论的确深奥难测,必须用"超越"社会习惯的语言才能说得清楚?而我是坚信真理总是十分朴实、十分简单这样一个道理的。真正的大家应该有能力把深刻的思考、复杂的规律用浅显生动的语言表述出来,历史上不乏其例。

作为一名教育理论家,朱永新教授正在朝这一目标努力着,而且开始形成了自己的风格:论述、抒情、问答并举,逻辑严密的理性语言、老百姓习惯于说和听的大白话、思维跳跃富于激情的诗句兼而有之，依思之所至、情之所在、文之所需而施之。有的文章读时需正襟危坐，有的则令人不禁击节而赏，有的还需反复品味。可贵的是，这些并非他刻意为之，而是本性如此，自然流露。这本性，就是他对教育事业的爱，归根结底是对人民的爱。

在某一种风格已经弥漫于社会，许多人已经习惯甚至渗透到潜意识里的时候，有另外一种风格出现，开始总是要被视为"异类"（我姑且不用"异端"一词）。我不知道朱永新教授是不是也有过这样的经验。我倒是极为希望他能坚持下去，即使被认为"这不是论文"也不为所动，因为学术生命的强弱最后是要由人民来判断，而不是仅仅由小小的学术圈子认定的。我还希望他在这方面不断提高锤炼，让这股教育理论界的清风持续地吹下去。

教育，和一切与人民生活紧密相连的事物一样，都要敏感地紧跟时代的步伐，紧贴人民的需求，依时而变，因地制宜。如今朱永新教授的作品集改版并增补，主要收录了他从踏入教育学领域至2023年的论著。这从一个侧面反映了我国改革开放以来教育领域理论研究与实践的过程。"战斗正未有穷期"，在过去和未来的日子里，有层出不穷的教育问题需要解决，因而需要不停顿地观察、思考、研究。我们的教育学，就在这个过程中发展成长；有中国特色的教育学，也许就将在这一时期内形成。朱永新教授富于创造——"永新"自当永远常新，他一定会抓住这百年难逢的机遇，深化、拓展自己的研究，为中国教育事业、为中国的教育理论多奉献自己的才干和智慧，再写出更多更好的篇章。

我们期待着。

兹忝为序。

许嘉璐

写于 2010 年 12 月 14 日

修改于 2023 年 4 月 29 日

于日读一卷书屋

（作者为第九届、第十届全国人大常委会副委员长，著名语言文字学家）

走进心灵的深处（卷首诗）

二十年前，一个阳光灿烂的上午
一个中年人，在课堂里讲述心理学的故事
他说：言必称希腊，心中不平加悲伤
他说：蜂蝶过墙去，却疑春色在邻房

二十年前，一个月光如水的晚上
一个年轻人，在教室里写下他的第一乐章
他想，他要开始走进心灵的深处
他想，他要进行没有终点的远航

于是，他与大师对话——
潘菽、高觉敷、刘兆吉、燕国材……
一个个灿烂的名字走到了他的身旁
一个个殷切的嘱托记在了他的心上

于是，他钻进故纸，青灯伴读
于是，他寻幽探秘，爬罗剔抉
他发现，中国也是心理学的故乡
他发现，我们也有那明媚的春光

于是，他加入了创业的团队
从第一本论文集到第一本教材
从第一次研讨会到第一套教参

都融入了他的青春、智慧和力量

他像一个在海边拾贝的孩童
在欣赏五彩缤纷的贝壳的同时
更陶醉于那一望无际的海洋
他知道，人的心灵比海洋更加宽广

于是，他走进了心灵深处
他学会了倾听智者的声音
他懂得了辨析心灵的轨迹
他扬起风帆开始了心理海洋的远航

目 录／Contents

第三编　评论综述

第一编
应用心理

　　本编共收录我关于中国古代与近代应用心理思想的研究论文八篇。我一直有一个梦想，就是编一本《中国应用心理学史》，为学习应用心理学的学生提供一本实用的教材。这里的八篇文章涉及教育心理、人才心理、犯罪心理、军事心理、医学心理、管理心理、梦的心理等领域，已经有一个应用心理学史的轮廓，可以作为学习和研究应用心理学的朋友们的入门工具。

第一章 中国古代教育心理思想的基本理论问题

任何一种教育心理思想的产生和发展，总是以一定的理论基础为依据的。如现代教育心理学的奠基人桑代克（E.L.Thorndike）的教育心理思想，就是以"联结"理论为出发点的，他把一切心理现象都归结为刺激（或情境）与反应的联结，把刺激—反应作为所有心理现象的最高解释原则或公式，因此，在研究学习、品德发展等教育心理的基本问题时，就更多地偏向外部现象与外在条件的探索。皮亚杰（J.Piaget）的教育心理思想则是以其"认知发展"理论为前提的，在他看来，有机体是在与环境的相互作用过程中，通过同化与顺应来实现与环境的平衡，从而导致个人内部图式——认识结构的变化。因此，在研究诸如学习、品德发展等教育心理的基本问题时，就更多地偏向内部结构与内在条件的探索。孔子的教育心理思想体系，则是以习性论、学知论、差异观和发展观为前提的，其实质就是强调人的本性、人的心理、人的知识、人的道德的可变性。

中国古代的思想家、教育家对于教育心理思想的基本理论问题亦多有涉及，并且形成了一些自成体系的流派。概括起来，主要有三个方面的观点，即生知说与学知说、内求说与外铄说、气禀论与性习论。现依次做些分析与介绍。

一、生知说与学知说

人的知识、智能是先天赋予的还是后天获得的？是生而即有的还是通过后天的学习掌握的？这就是生知说与学知说的泾渭分明的界限。

先秦时期著名的教育家孔子最早提出了这个问题：

生而知之者上也，学而知之者次也；困而学之，又其次也；困而不学，民斯为下矣。[①]

或生而知之，或学而知之，或困而知之，及其知之一也。[②]

他还说："我非生而知之者，好古，敏以求之者也。"[③]从引文来看，可以说孔子既是生知论者，又是学知论者。说他是生知论者，因为他明确提出了生知的概念，并且承认有"生而知之"的上智。说他是学知论者，因为他所谓的"生知"，不过是"虚玄的一格"，口头说说而已，在他的思想体系中根本不占什么地位。其理由如次：第一，在现实生活和教育实践中，他从未明确指出过谁是生而知之者，就连他最崇拜的尧舜，他也认为都是"则天"而学的；对于梦寐思见的周公，他也说："如有周公之才之美，使骄且吝，其余不足观也已。"[④]言外之意，周公也是学而知之的。第二，他曾直截了当地宣称自己是"非生而知之者"，他"十有五而志于学"，一生"学而不厌""诲人不倦"。第三，《论语》中"学"字共出现 64 处，都是由学到知的"学"。"知"字共出现 116 处，大体有两种用法：一是动词的"知"，与"行"相对称，包括感性认识和理性认识的活动；二是名词的"知"，表明人的认识已达到"知"（智）的境地。[⑤]由不知到知，由感性的知到理性的知，由知到智，都不能离开学的作用。可见，孔子实质上是一位学知论者，正因为如此，他才有可能数十年如一日地从事教育实践，从而积累并形成了丰富的教育心理思想。然而，也因为他留下了生知说的尾巴，所以后世儒家和封建统治者把他奉为生知的圣人，这实际上是违背他本人的意思的。

生知说在战国中期被孟子扩展成为精致的先验的良知说，他说：

人之所不学而能者，其良能也；所不虑而知者，其良知也。孩提之童，

---

① 《论语·季氏》。

② 《中庸》。

③ 《论语·述而》。

④ 《论语·泰伯》。

⑤ 毛礼锐、沈灌群主编《中国教育通史》第一卷，山东教育出版社，1985，第 217 页。

无不知爱其亲者，及其长也，无不知敬其兄也。亲亲，仁也；敬长，义也；无他，达之天下也。①

在孔子看来，只有所谓的圣人才是"生知"，孟子则把"生知"扩大到所有人身上，认为每一个人都有所谓"良知"。这样，他就把孔子"虚玄一格"的生知做了具体的肯定，把这个在孔子那里处于萌芽状态的唯心主义思想向同一方向推进了一大步，并对后世产生了较大的影响。

孟子的"良知说"在宋明时期的理学家和心学家那里得到了进一步的发挥和体系化。

张载从其两重哲学逻辑结构出发，提出了一个两重认识结构——见闻之知与德性之知。他认为，所谓"见闻之知"，是人的感官与客观世界接触所产生的感性知识："人谓已有知，由耳目有受也；人之有受，由内外之合也。知合内外于耳目之外，则其知也过人远矣。"②这种见闻之知是通过"物交"而获得的，所以就可以通过学习而获得。在这个意义上说，张载是一个"学知论"者。但是，他又承认还有一个"不萌于见闻"的德性之知，这是一种天赋予人的超感性的先验知识："诚明所知乃天德良知，非闻见小知而已。"③这种德性之知不是以人的经验为前提的，所以就无法通过学习来获得。从这个意义上说，张载又是一个"生知论"者。这样，张载就成了既承认学知，又承认生知的二元论者。

朱熹虽然较少直接使用见闻之知与德性之知的概念，但他实际上也是承认既有学知又有生知的。他在给《大学》"格物致知"补传时写道：

所谓致知在格物者，言欲致吾之知，在即物而穷其理也。盖人心之灵莫不有知；而天下之物莫不有理。惟于理有未穷，故其知有不尽也。是以大学始教，必使学者即凡天下之物，莫不因其已知之理而益穷之，以求至乎其极。至于用力之久，而一旦豁然贯通焉，则众物之表里精粗无不到，而

---

① 《孟子·尽心上》。

② 《正蒙·大心篇》。

③ 《正蒙·诚明篇》。

吾心之全体大用无不明矣。此谓物格，此谓知之至也。①

在他看来，人生来就有各种各样的知识，所谓"人心之灵莫不有知""上知生知之资……不待学而能"②。但是，这种"生知"如果没有"学知"的功夫，如果没有"用力之久"的格物过程，也难以得到显现和贯通。

明代的王阳明在这个问题上走得最远，他把"良知"作为"心之本体"，认为良知是一种不学自能、不虑自知的先验知识和道德观念。他用这样一组诗来解释"良知"这个概念：

良知却是独知时，此知之外更无知。
谁人不有良知在，知得良知却是谁？

知得良知却是谁？自家痛痒自家知。
若将痛痒从人问，痛痒何须更问为？③

在王阳明看来，"良知"是与生俱来、人人皆有的，这是世界唯一的知识，因此，只需反身自求，自家认识自家，而毋须外索问人。这样，他就发明了所谓"致良知"的学说："若鄙人所谓致知格物者，致吾心之良知于事事物物也。吾心之良知，即所谓天理也。致吾心良知之天理于事事物物，则事事物物皆得其理矣。致吾心之良知者，致知也；事事物物皆得其理者，格物也。是合心与理而为一者也。"④"良知之外更无知，致知之外更无学。"⑤可见，他的"致良知"本质上就是"生知论"，因为它完全否定了人的向外探求知识的学习过程，认为"不睹不闻，是良知本体"⑥，而主张向内体认生来就赋予"吾心"之中的"良知"。

---

① ② 《四书集注·大学章句》。
③ 《王文成公全书》卷二十。
④ 《王文成公全书》卷二。
⑤ 《王文成公全书》卷五。
⑥ 《王文成公全书》卷三。

如果说孟子抓住了孔子"虚玄一格"的"生而知之"并把它发展为"良知"学说的话，荀子则抓住了孔子的"学而知之"并形成了颇具特色的"学知"学说。他认为，知识既不是人生来所固有的，也不是通过内心反省、可以凭空地出来的，而只能从对客观事物的观察和对前人知识的学习中才能获得："故不登高山，不知天之高也；不临深溪，不知地之厚也；不闻先王之遗言，不知学问之大也。"①他指出，人的知识是通过学习不断积累起来的，人们长期从事某种专业的实践活动，不断地积累经验，从而不断地丰富知识，成为这方面的专家。如"人积耨耕而为农夫，积斫削而为工匠，积反（贩）货而为商贾，积礼义而为君子"②。即使那些圣人，也是通过学习，一点一滴地积累，一步一步地前进才逐步形成的："故圣人也者，人之所积也。"③

东汉时期的思想家王充，公开对生知说宣战，用大量的事实阐明了学知说的观点。首先，王充否定了圣人"神而先知"的观点，他认为，任何圣人都不可能具有"不学自知，不问自晓"的能力。圣人之所以能够知道一些别人所不知的事，那是因为圣人"阴见默识，用思深秘"，而"众人阔略，寡所意识"④；圣人之所以能够预见一些别人无法预见的事，也不是因为圣人"达视洞听之聪明"，而是"案兆察迹，推原事类"的缘故。其次，王充否定了"生而知之"的观点。他指出，从个体心理的发生发展来看，不可能有"生知之人"，只有成熟早迟的差异："儿始生产，耳目始开，虽有圣性，安能有知？项橐七岁，其三四岁时，而受纳人言矣。尹方年二十一，其十四五时，多闻见矣。"⑤也就是说，项橐、尹方这样的人，虽然幼成早就，也与他们有比较良好的早期教育有关，是通过学习掌握了不少知识，并不是一生下来就有智慧的。所以，王充写了一段带有总结性质的话：

---

① 《荀子·劝学》。

②③ 《荀子·儒效》。

④⑤ 《论衡·实知》。

人才有高下，知物由学，学之乃知，不问不识。①

明清之际的王夫之是古代"学知说"的集大成者。他指出："朱子以尧、舜、孔子为生知，禹、稷、颜子为学知，千载而下，吾无以知此六圣贤者之所自知者何如。而夫子之自言曰'发愤忘食'……亦安见夫子之不学……"②历代唯心主义的思想家都把孔子描绘成一个"生而知之"的圣人，王夫之不同意这个结论，他认为孔子自己说"每事问"，就表明他"使非不知，亦必有所未信"③；孔子也反复强调自己是"学而知之""发愤忘食"，可见即使圣人也是通过学习获得知识的，不学而知、生而知之的人是不存在的。

王夫之还把人的认识过程与动物的本能活动相比较，进一步阐明了"生知说"的荒谬实质。他说：

耳有聪，目有明，心思有睿知，入天下之声色而研其理者，人之道也。聪必历于声而始辨，明必择于色而始晰，心出思而得之，不思则不得也。岂蓦然有闻，瞥然有见，心不待思，洞洞辉辉，如萤乍曜之得为生知哉？果尔，则天下之生知，无若禽兽。故羔雏之能亲其母，不可谓之孝，唯其天光乍露，而于己无得也。今乃曰生而知之者，不待学而能，是羔雏贤于野人，而野人贤于君子矣。④

意思是说，如果我们承认世上有不学而知、不学而能的人，就无异于承认幼小的动物比普通老百姓高明，普通的老百姓又比有道德有学问的君子还要高明。

王夫之进而指出，人虽然具有一定的"心固有之知能"，但如果没有后

---

① 《论衡·实知》。

② 《读四书大全说》卷七。

③ 《读四书大全说》卷三。

④ 同②。

天的学习和实践活动，没有"得学而适遇之"①的环节，先天因素就不能充分发挥与施展。因此，人的心理只有在"学"与"用"的基础上才能发展，人的才能只有在"学"与"用"的基础上得以"日生"，人的思想只有在"学"与"用"的基础上方可不枯竭。如果饱食终日，静坐无事，不与外物接触，不从事学习活动，则"周公之兼夷驱兽，孔子之作春秋，日动以负重，将且纷胶瞀乱，而言行交绌；而饱食终日之徒，使之穷物理，应事机，抑将智力沛发而不衰。是圈豕贤于人，而顽石、飞虫贤于圈豕也"②。

应该指出，在中国古代教育心理学思想史上，虽然有"生知说"与"学知说"两大对立的派别，但并不意味着他们在这个问题上的所有观点都是截然相异的。事实上，即使是那些典型的"生知说"者，也不是百分之百地否定学习，有些还相当重视学习，如孟子就主张"博学而详说"③；二程也认为，知识虽系人心所固有，但不穷究外物之理，就不能启发心中的知识，就不能达到人心的自我认识，就不能改变气质、返回善性。因此，他们也重视学习的作用，并把学习作为启发"生知"的手段。可见，"生知说"与"学知说"除了在知识的来源上有明显的分歧外，在获得知识的方法上也有较大的区别。

二、内求说与外铄说

人的知识、智力、品德是如何形成的？怎样才能有效地获得知识，发展智力，形成品德？在这个问题上，行为主义的心理学家如华生、桑代克、斯金纳（B.F.Skinner）乃至班杜拉（A.Bandura）等，往往比较重视外部因素的影响，如刺激与反应的联结、强化、成人的榜样、环境的抉择等；认知心理学家如皮亚杰、布鲁纳（J.S.Bruner）、奥苏伯尔（D.P.Ausubel）等人则比较重视内部因素的影响，如认知结构的变化、内部动机的激发、心理运算的机制等。

---

① 《读四书大全说》卷三。

② 《周易外传》卷四。

③ 《孟子·离娄下》。

在这个问题上，中国古代的思想家、教育家大致也可以分为两个不同的观点，即内求说和外铄说。内求说认为，知识、智力和品德生来就存在于自己的心中，只需向内心去求，就可以得到它们。外铄说则认为，知识、智力和品德并非内心所固有，只有在外部条件的影响下，才能得到它们。一般认为，孟子是"内求说"的肇始者。他说：

> 仁义礼智，非由外铄我也，我固有之也，弗思耳矣。[1]
> 尽其心者，知其性也。知其性，则知天矣。存其心，养其性，所以事天也。[2]

孟子认为，人生来就具有恻隐、羞恶、辞让、是非之心这"四端"，"人之有是四端也，犹其有四体也"[3]，如果这四个"善端"扩而充之就会产生仁、义、礼、智。因此，仁、义、礼、智不是由于外部因素的影响而形成的，而是早已蕴含在人心中的种子，只要向内反求，通过"扩而充之""求其放心""善养吾浩然之气""养心莫善于寡欲"等一系列"内求"的具体方法，就能保持善端，在知识、智力和品德方面都得到发展。所以孟子说："凡有四端于我者，知皆扩而充之矣，若火之始然，泉之始达。苟能充之，足以保四海；苟不充之，不足以事父母。"[4]意思是说，凡是固有仁、义、礼、智四端的人，如果晓得把它们扩充起来，便会像刚刚燃烧的火，终必不可扑灭；像刚刚流出的泉水，终必汇为江河。

北宋时代的二程也是"内求说"的张扬者。他们把孟子所讲的"觉"和佛教所讲的"悟"结合起来，非常注重以内求为主旨的"默认心通"。他们说：

> 古之学者为己，其终至于成物；今之学者为人，其终至于丧己。学也者，使人求于内也。不求于内而求于外，非圣人之学也……不求于本而求于末，非圣人之学也。何谓不求于本而求于末？考详略、采同异者是也。

---

① 《孟子·告子上》。
② 《孟子·尽心上》。
③④ 《孟子·公孙丑上》。

是二者皆无益于吾身，君子弗学。①

二程认为，学习和教育的过程从本质上是使人向内反求的过程，那些外向的学习如"考详略""采同异"，都是舍本求末。他们有个学生叫谢良佐，一开始是很有点儿外铄精神的，"初以记闻为学，自负赅博，对举史书成篇，不遗一字"，但二程却给他这样四个字的评语："玩物丧志"。②因此，他们非常注重主体的存养，如程颐说："学者不必远求，近取诸身，只明人理，敬而已矣……"③"但存此涵养，久之自然天理明。"④

南宋时期的陆九渊也主张"内求说"，他说："义理之在人心，实天之所与，而不可泯灭焉者也。彼其受蔽于物而至于悖理违义，盖亦弗思焉耳。诚能反而思之，则是非取舍盖有隐然而动，判然而明，决然而无疑者矣。"⑤在陆九渊看来，知识和道德都是天赋予人的，它存在于人的心中，因此必须摒除闻见，闭门反思，内求内寻，依靠人心的自我觉悟来把握它。"天之所以与我者，即此心也。人皆有是心，心皆具是理；心即理也。……所贵乎学者，为其欲穷此理，尽此心也。"⑥所谓学习、教育的过程，完全是对本心的体认，是内求心中之理的过程。

明代王阳明进一步发挥了陆九渊的"心学"，提出了更加赤裸裸的"内求"学说。他曾经举一个例子来证明他"天下无心外之物"的命题：

先生游南镇，一友指岩中花树，问曰：天下无心外之物，如此花树在深山中自开自落，于我心亦何相关？先生曰：你未看此花时，此花与汝心同归于寂；你来看此花时，则此花颜色一时明白起来，便知此花不在你的心外。⑦

---

① 《宋元学案》卷十五。

② 《胡氏传家录》。

③ 《二程集·河南程氏遗书》卷二。

④ 同上书，卷十五。

⑤ 《陆九渊集·思则得之》。

⑥ 《陆九渊集·与李宰》。

⑦ 《传习录下》。

本来花树是自然界的客观存在，不以任何人的主观心理而转移。但王阳明偏偏否认这一点，认为花树是人心的体现，没有人的感知，也就没有花树的存在。不仅花树如此，世界上任何东西都不例外，人类创造的知识财富、社会的道德习俗等也是人先天固有的。所以他下了判断：

心外无事，心外无理，故心外无学。[①]

心即理也。学者，学此心也，求者，求此心也。[②]

王阳明所说的"致知"也好，"学习"也罢，显然不是"外铄"，不是对于外界客观知识的探求，而是"从自己心上体认"，是一个"致良知"的内求过程，对此他有一个解释："致知云者，非若后儒所谓充广其知识之谓也，致吾心之良知焉耳。良知者，孟子所谓是非之心人皆有之也。是非之心，不待虑而知，不待学而能，是故谓之良知，是乃天命之性，吾心之本体，自然灵昭明觉者也。凡意念之发，吾心之良知无有不自知者。其善欤？惟吾心之良知自知之，其不善欤？亦惟吾心之良知自知之。"[③]

如果说孟子是先秦时期"内求说"的肇始者，那么荀子则称得上是这一时期"外铄说"的首倡人。他写道：

吾尝终日而思矣，不如须臾之所学也；吾尝跂而望矣，不如登高之博见也。登高而招，臂非加长也，而见者远；顺风而呼，声非加疾也，而闻者彰。假舆马者，非利足也，而致千里；假舟楫者，非能水也，而绝江河。君子生非异也，善假于物也。[④]

荀子认为，"终日而思"的内求式学习自然不会有什么结果，而"善假于物"的外铄式学习会使人受益无穷。只要能刻苦地学习，善于考察客观

[①][②] 《王文成公全书·紫阳书院集序》。

[③] 《王文成公全书·续编一》。

[④] 《荀子·劝学》。

事物，掌握外在条件，就一定能学有所成。所以他说："不闻不若闻之，闻之不若见之，见之不若知之，知之不若行之。"①

南宋时期事功学派的代表人物陈亮、叶适也严厉批评"内求说"。陈亮认为，"道"并不可能通过"玩心于无形之表"的内求功夫去把握，因为"道"是不能脱离一个个具体事物的，不存在超越事物的"道"，只有通过和客观事物的接触，通过具体的外铄功夫，"因事作则"，才能真正把握。叶适在这个问题上提出了"内外交相成之道"，既批评了理学家全盘否认外铄作用的唯心主义，也进一步完善了"外铄说"有时对内求作用不够重视的偏颇。他说：

> 耳目之官不思而为聪明，自外入以成其内也；思曰睿，自内出以成其外也。故聪入作哲，明入作谋，睿出作圣，貌言亦自内出而成于外。古人未有不内外交相成而至于圣贤，故尧舜皆备诸德，而以聪明为首。
>
> ……然后之学者，尽废古人入德之条目，而专以心性为宗主，致虚意多，实力少，测知广，凝聚狭，而尧舜以来内外交相成之道废矣。②

叶适认为，内求和外铄是获得知识和道德修养不可缺少的两个方面，如果像理学家那样"专以心性为宗主"，而不下外铄的"实力"功夫，自然不能达到"知道""入德"的境地。

与王阳明同时代的著名思想家王廷相对程朱理学和陆王心学都提出了尖锐的批判。他说："近世学者之弊有二：一则徒为泛然讲说，一则务为虚静以守其心，皆不于实践处用功，人事上体验，往往遇事之来，徒讲说者，多失时措之宜，盖事变无穷，讲论不能尽故也；徒守心者，茫无作用之妙，盖虚寂寡实，事机不能熟故也。"③他认为，无论是程朱理学的"泛然讲说"，还是陆王心学的"虚静以守其心"，都是学习者的最大弊病，它们的根本错误都是没有从"实践处用功，人事上体验"。换言之，都缺乏以人的实践活

---

① 《荀子·儒效》。

② 《习学记言》卷十四。

③ 《与薛君采》。

动为基础的"外铄"功夫。王廷相指出，人类获得知识虽然要依靠先天赋予人的生理本能和感知能力（"天性之知"），但如果人没有凭借这些能力和外界接触，没有人的社会活动（"人道之知"），就不可能产生人的认识活动。他说："婴儿在胞中自能饮食，出胞时便能视听，此天性之知，神化之不容已者。自余因习而知，因悟而知，因过而知，因疑而知，皆人道之知也。……诸凡万物万事之知，皆因习、因悟、因过、因疑而然，人也，非天也。"①也就是说，人们的知识、品德都是在人的社会实践活动中通过学习、思考，通过自己的错误，通过摒去疑窦来获得或形成的。

这里我们也应该指出，在中国古代教育心理学思想史上，虽然存在着"内求"与"外铄"两个学说之争，这也并不意味着它们是泾渭分明、井水不犯河水的。事实上，即使是那些典型的"内求说"者，也不是百分之百地否认"外铄"，否认人与客观事物的接触，而不过是把有限的"外铄"作为达到"内求"的手段而已。那些典型的"外铄说"者，也不是百分之百地否认"内求"，只不过他们更加强调通过人的实践活动获得经验和知识，形成品德。作为教育实践家，往往就存在着教育风格与教育方法的差异，如在道德教育中，"内求说"者一般重视"存心养性""禁于未发"的原则和方法，"外铄说"者则往往更强调"环境熏陶""朋友观摩"的德育原则和方法。

三、气禀论与性习论

人性问题是教育心理学家十分关心的一个领域，任何教育观点的提出都与他们对于人性的假设和看法密切相关，如美国教育心理学家桑代克在他洋洋三大卷的《教育心理学》中，就有一卷专门讨论"人的本性"问题。在他看来，教育心理学的职责，在于提供改造人类个体的科学知识，它必须让人们了解：人的个体在未受教育之前的"本性"如何，通过教育"本性"怎样变化，人的个别差异是如何造成的等等。

人性问题也是中国古代思想家、教育家论述较多的，并形成了各种五

---

① 《雅述》上篇。

花八门的人性论派别，如性善论、性恶论、性无善无不善论、性有善有恶论、性善恶混论、性三品论、性二元论、性日生日成论等。由于人性的善恶更多地属于伦理学研究的范畴，我们只讨论与心理学关系密切的人性的形成、发展与变化的有关观点。中国古代主要有两种学说值得注意，一为气禀论，一为性习论。

早在两千多年前，我国古代就有了气—阴阳—五行的学说。历代许多思想家都运用这一学说为自己的学术思想立论，于是便逐渐形成了人性问题上的气禀论。这种气禀论的实质有三层意思：宇宙万事万物都有性，性来源于天地二气的运动变化，此其一；人与物一样也有性，人性也是天地阴阳之气蕴藏化生的结果，此其二；由于人生时所禀之气有全偏、清浊、明昏、厚薄、多少之不同，因而人性也就显出了智愚、贤不肖，乃至于贵贱、寿夭等差别，此其三。总而言之，气禀即指人生来对于气的禀受，用现代心理学的术语，则是指人的遗传因素。

气禀的概念最早见于《韩非子·解老》："是以死生气禀焉。"认为气禀是人的生命的来源。汉代王充虽然在很多问题上持唯物主义观点，但却是一个地道的气禀论者，他写道："人禀气而生，含气而长，得贵则贵，得贱则贱。"[①]"气有少多，故性有贤愚。"[②]在王充看来，人性完全是由气禀决定的。禀气的厚薄决定了人性的善或恶、贤或愚、贵与贱。这样，他就把遗传因素作为人性（包括人的社会属性）的终极原因了。

宋代理学家提出了区分气质之性与天命之性的性二元论，如二程说：

性即是理。理则自尧舜至于途人，一也。[③]
"生之谓性"，性即气，气即性，生之谓也。人生气禀，理有善恶，然不是性中元有此两物相对而生也。[④]

二程认为，人性的本原是纯理，至善如水，这个天命之性对于尧舜和

---

① 《论衡·命义》。
② 《论衡·率性》。
③ 《二程集·河南程氏遗书》卷十八。
④ 同上书，卷二十一。

一般人都是相同的，它是可以不与人的身体搭界的人性。这个抽象的天命之性，通过"气"的中介降落到人体，人禀受这个"气"所形成的性即气质之性，气质之性与天地之性一同构成人性。

由于人的气禀不同，有清浊偏正之殊，所以就产生了人与人智愚、贤不肖的差别。二程说："气之所钟，有偏正，故有人物之殊；有清浊，故有智愚之等。"[①]"今人言天性柔缓，天性刚急，俗言天成，皆生来如此，此训所禀受也。"[②]当抽象的天地之性与具体的气质之性结合在一起时，就表现出人们在智力、气质和性格等遗传素质上的差异。朱熹进一步把张载、二程的气禀论思想加以发挥，提出了比较系统的气禀决定论。他说：

> 禀得精英之气，便为圣为贤，便是得理之全，得理之正。禀得清明者，便英爽；禀得敦厚者，便温和；禀得清高者，便贵；禀得丰厚者，便富；禀得长久者，便寿；禀得衰颓薄浊者，便为愚、不肖，为贫，为贱，为夭。[③]

朱熹认为，人们的智愚、贤不肖，英爽和温和，贵富和寿夭，甚至是否有犯罪行为，都是由这个万能的"气"决定的。

朱熹晚年的高足陈淳对气禀论做了比较全面的总结和系统的概括，并进行了新的发挥。他首先肯定人的心理的个别差异完全是由气禀决定的，"人之所以有万殊不齐，只缘气禀不同"，如有的人刚烈，有的人软弱；有的人躁暴忿戾，有的人狡诈奸险；有的人性圆，一拨便转，有的人极愚拗，一句好话也听不进去；等等，这一切无不是由于人的"气禀不同"。这样，显然过分夸大了遗传等先天因素对于个别差异的影响，而抹杀了社会环境、人的主观努力和教育的作用。第二，指出了人性的可变性，气禀论者虽然夸大了气禀对于人的决定性作用，但也不主张人在气禀面前无能为力的宿命论，而是肯定了人性的可变性，"虽下愚，亦可变为善"。因此，只要下"人一能之己百之，人十能之己千之"的苦功夫，是可以纠正气禀的偏颇，

---

① 《二程集·河南程氏粹言》卷三。

② 《二程集·河南程氏遗书》卷二十四。

③ 《朱子语类》卷四。

改邪归正，灭恶复善的。也正因为如此，王充、二程、朱熹乃至以后的戴震等气禀论的提倡者，都非常重视教育的作用，重视个体的学习。

性习论在中国古代众说纷纭的人性论思想中是一种占统治地位的观点，它滥觞于《书·太甲上》"习与性成"这一句话，嗣后在孔子提出的"性相近也，习相远也"命题中又得到了明确的表述。这一理论中的"性"指生性，亦即先天的与生俱来的自然本性；其中的"习"指习性，亦即后天的由学习得来的社会本性。它的基本含义是人性归根到底是本性与习性的结合，也就是在先天的生性基础上，经过后天的学习而形成起来的。

由于许多思想家、教育家的注意力长期集中在性善、性恶的争论上，因而性习论的观点未受到重视，但宋代以后，它愈发被人们所强调，并且逐渐成为人性理论的主旋律。王安石再次彰明了孔子的性习论思想：

> 孔子曰："性相近也，习相远也"，言相近之性，以习而相远，则习不可以不慎，非谓天下之性，皆相近而已矣。①

他认为，性相近，只是就人的初始之性相近，由于各人的"习"不相同，后天形成的人性也就相去甚远，因此"习"在人性的形成和发展中起着关键作用。

明代王廷相在人性的起源问题上比较重视"天赋"的生理因素，在人性的发展问题上则非常强调"习性"的社会因素。他明确提出了"凡人之性成于习"的命题，比较全面地分析了环境和教育在人性发展中的作用。他说：

> 凡人之性成于习，圣人教以率之，法以治之，天下古今之风以善为归，以恶为禁久矣。②
> 学有变其气质之功，则性善可学而至。③

---

① 《王文公文集》卷七十二。

② 《家藏集·答薛君采论性书》。

③ 《慎言》。

问：成性？王子曰：人之生也，性禀不齐，圣人取其性之善者以立教，而后善恶准焉。故循其教而行者，皆天性之善也。①

他认为，虽然人的先天性禀不完全相同，但是如果通过设置良好的社会环境，通过"教"和"学"，就可以变化气质，使人达到至善的境地。

明清之际的王夫之继承了性习论的传统，并进一步提出了"性日生日成"的命题。他也注意把"性"与"习"有机地统一起来，尤其重视"习"的作用。王夫之说：

孟子言性，孔子言习。性者天道，习者人道。……已失之习而欲求之性，虽见性且不能救其习，况不能见乎？②

人之皆可为善者，性也；其有必不可使为善者，习也。习之于人大矣，耳限于所闻，则夺其天聪；目限于所见，则夺其天明；父兄熏之于能言能动之始，乡党姻亚导之于知好知恶之年，一移其耳目心思，而泰山不见，雷霆不闻；非不欲见与闻也，投以所未见未闻，则惊为不可至，而忽为不足容心也。故曰："习与性成。"成性而严师益友不能劝勉，酽赏重罚不能匡正矣。③

王夫之认为，对于人来说，性与习、天道与人道是统一的，人性的形成过程也就是不断地"习"的过程，习是人性的形成和发展的前提，如果孤陋寡闻，或处于不良环境的熏陶之中，就不能使人耳目聪明，也不能使人性正常发展。值得注意的是，王夫之在这里提出了人性形成和发展的一个规律：塑造易，改造难。人性一旦形成之后，严师益友的劝勉、奖赏惩罚的运用，都难以匡正逆转。

难以匡正逆转并不意味着不可匡正逆转，事实上，很多思想家、教育家是坚信人性是可变的。如与王夫之同时代的另一位教育家颜元就指出："呜呼！祸始引蔽，成于习染，以耳目、口鼻、四肢、百骸可为圣人之身，

---

① 《慎言》。

② 《俟解》。

③ 《读通鉴论》卷十。

竟呼之曰禽兽，犹币帛素色，而既污之后，遂呼之曰赤帛黑帛也，而岂材之本然哉！然人为万物之灵，又非币帛所可伦也。币帛既染，虽故质尚在而骤不能复素；人则极凶大憝，本体自在，止视反不反、力不力之间耳。"①意思是说，人与帛的本质都是好的，但人与帛有所不同，帛被污染后很难复素，人则不然。即使是"极凶大憝"，只要努力不懈，也是可以返回本善之性的。他还举例说明，人性处于不断的变化发展之中，没有固定的善性或恶性。即使到了中年，一个"淫奢无度"的人，通过良好的环境和教育影响以及本人的努力习行，也会成为"朴素勤俭"的人。

与生知说与学知说、内求说与外铄说一样，在中国古代教育心理学思想史上，虽有气禀论与性习论的争论，但两者也没有绝对不可逾越的鸿沟。它们的差异在于，气禀论更多地强调人的先天差异，性习论则更多地强调人的后天活动，两者一般都不否认学习和教育的作用，都不否认人性的可变性。因此，气禀论与性习论是有共通之处的。事实上，清代教育家戴震就较好地把两者统一起来了。他说：

> 夫资于饮食，能为身之营卫血气者，所资以养者之气，与其身本受之气，原于天地非二也。故所资虽在外，能化为血气以益其内，未有内无本受之气，与外相得而徒资焉者也。问学之于德性亦然。有己之德性，而问学以通乎古贤圣之德性，是资于古贤圣所言德性埤益己之德性也。②

从这段引文来看，戴震的人性论是气禀论与性习论相统一的人性论。这统一的基础乃是气。也就是说，人先天地由禀气而产生的性，是性的内部基础，然后还必须以后天地资于外在之气，养"本受之气"，以益已有之生，这样才能使人性获得完善的发展。很明显，这是一种先天因素与后天因素相结合的理论，也是内部基础与外在条件相结合的理论。

---

① 《存性编》。
② 《孟子字义疏证·性》。

第二章　中国古代的人才心理思想

人才心理思想同其他心理思想一样古老。《礼记》记载："大道之行也，天下为公。选贤与能，讲信修睦。故人不独亲其亲，不独子其子。"[①]这里所说的"贤"与"能"，就是人才。只要有人才存在，人们就不能不思考关于人才的心理问题，如人才的心理素质究竟有哪些，如何用合适的方法鉴别人才的心理，任用人才有什么心理原则等，对于这些问题的思索和研究，就是人才心理思想。中国古代曾经涌现出众多的杰出人才，在浩如烟海、汗牛充栋的经史子集中，蕴含着丰富的人才心理思想，这里我们只能粗线条地勾勒几个重要的内容。

一、关于人才的心理分类

人才的心理分类是人才心理学研究的重要内容之一，它不仅有助于把握人才的心理本质，也有助于识别、发现、培养和任用人才。中国古代关于人才的心理分类思想比较丰富，颇具特色。

汉代王充较早从能否"著书表文"来进行人才分类："故夫能说一经者为儒生，博览古今者为通人，采掇传书以上书奏记者为文人，能精思著文连结篇章者为鸿儒。故儒生过俗人，通人胜儒生，文人逾通人，鸿儒超文人。"[②]这是说，除了芸芸众生的"俗人"外，知识分子可分为四个层次，即儒生、通人、文人和鸿儒。

魏晋时期的刘劭关于人才的心理分类论述最为精详，他分别从人的才

① 《礼记·礼运》。
② 《论衡·超奇》。

能特征、性格特征、心志特征等方面进行了人才的分类，现综其所述绘成下列诸表。

表 2-1　人才的才能分类

才能类别	才能特征	宜任官职	人物举例
清节家	德行高妙，容止可法	师氏之任	延陵、晏婴
法家	建法立制，强国富人	司寇之任	管仲、商鞅
术家	思通道化，策谋奇妙	三孤之任	范蠡、张良
国体	其德足以厉风俗，其法足以正天下，其术足以谋庙胜	三公之任	伊尹、吕望
器能	其德足以率一国，其法足以正乡邑，其术足以权事宜	冢宰之行	子产、西门豹
臧否	不能弘恕，好尚讥诃，分别是非	师氏之佐	子夏
伎俩	不能创思图远，而能受一官之任，错意施巧	司空之任	张敞、赵广汉
智意	不能创制垂则，而能遭变用权；权智有余，公正不足	宰之任	陈平、韩安国
文章	能属文著述	国史之任	司马迁、班固
儒学	能传圣人之业，而不能干事施政	安民之任	毛公、贯公
口辩	辩不入道，而应对资给	行人之任	乐毅、曹丘生
雄杰	胆力绝众，才略过人	将帅之任	白起、韩信

表 2-2　人才的性格分类

性格类型	性格基本特征	性格优缺点
强毅之人	狠刚不和	厉直刚毅，材在矫正，失在激讦
柔顺之人	缓心宽断	柔顺安恕，每在宽容，失在少决
雄悍之人	气奋勇决	雄悍杰健，任在胆烈，失在多忌
惧慎之人	畏患多忌	精良畏慎，善在恭谨，失在多疑
凌楷之人	秉意劲特	强楷坚劲，用在桢干，失在专固
辩博之人	论理赡给	论辩理绎，能在释结，失在流宕
弘普之人	意爱周洽	普博周给，宏在覆裕，失在溷浊
狷介之人	砭清激浊	清介廉洁，节在俭固，失在拘扃
休动之人	志慕超越	休动磊落，业在攀跻，失在疏越
沉静之人	道思回复	沉静机密，精在玄微，失在迟缓
朴露之人	申疑实碻	朴露径尽，质在中诚，失在不微
韬谲之人	原度取容	多智韬情，权在谲略，失在依违

表 2-3 人才的心志分类

心志的构成	人物类型
心小志大	圣贤之伦
心大志大	豪杰之隽
心大志小	傲荡之类
心小志小	拘懦之人

宋代秦观曾经在一篇奏疏中对人才进行了又一种分类，认为人才有成才、奇才、散才和不才四种差异。所谓成才，实际上是指全面发展、博学多能的人才；所谓奇才，实际上是指有一技之长的专门人才；所谓散才，实际上是指那些才能一般、无甚专长，但兢兢业业、忠于职守的人才；所谓不才，实际上指无用之才，即不是人才（详见表 2-4）。

表 2-4 秦观的人才分类

人才类型	基本特征
成才	器识闳而风节励，问学博而行治纯，通当世之务，明道德之归
奇才	经术、艺文、吏方、将略，有一卓然过人数等，而不能饰小行，矜小廉，以自托于闾里
散才	随群而入，逐队而趋，既无善最之可纪，又无显过之可绳，摄空承乏，取位而已
不才	寡闻见，暗机会，乖物理，昧人情，执百有司之事，无一施而可

中国古代学者还对各种专业人才的心理特点进行了深入的分析。如诸葛亮对于军事人才的心理分类、刘劭对于理论人才的心理分类和刘勰对于文艺人才的心理分类，都很精辟透彻。

诸葛亮著有《将苑》一书，在《将器》篇中把军事人才分为十夫之将、百夫之将、千夫之将、万夫之将、十万人之将和天下之将六级。十夫之将应具备的心理品质是"察其奸，伺其祸，为众所服"；百夫之将是"夙兴夜寐，言词密察"；千夫之将是"直而有虑，勇而能斗"；万夫之将是"外貌桓桓，中情烈烈，知人勤劳，悉人饥寒"；十万人之将是"进贤进能，日慎一日，诚信宽大，闲于理乱"；天下之将是"仁爱洽于下，信义服邻国，上知天文，中察人事，下识地理，四海之内，视如室家"。在《将材》篇中，诸葛亮按才能的品质把军事人才分为九类。

仁将：道之以德，齐之以礼，而知其饥寒，察其劳苦。

义将：事无苟免，不为利挠，有死之荣，无生之辱。

礼将：贵而不骄，胜而不恃，贤而能下，刚而能忍。

智将：奇变莫测，动应多端，转祸为福，临危制胜。

信将：进有厚赏，退有严刑，赏不逾时，刑不择贵。

步将：足轻戎马，气盖千夫，善固疆场，长于剑戟。

骑将：登高履险，驰射如飞，进则先行，退则后殿。

猛将：气凌三军，志轻强虏，怯于小战，勇于大敌。

大将：见贤若不及，从谏如顺流，宽而能刚，勇而多计。

可见，诸葛亮既从量的方面又从质的方面分析军事人才的心理特征，是有一定价值的。刘劭认为，宇宙间有四部之"理"，即天道之理、政治之理、道德之理和性情之理，这四种理论体系分别研究自然、政事、社会和心理现象。研究这四部之理的人需要相应的心理品质（见表2-5）。

表2-5　刘劭关于理论人才的分类

理论人才类型	理论人才的心理素质	擅长研究的对象
道理之家	质性平淡，思心玄微，能通自然	自然
事理之家	质性警彻，权略机捷，能理烦速	政事
义礼之家	质性和平，能论礼教，辩其得失	社会
情理之家	质性机解，推情原意，能适其变	心理

刘劭还进一步探讨了不同性格的理论人才类型与学术活动的关系（见表2-6）。

表2-6　人才类型与学术优缺点

性情类型	性格总特征（理论方面）	学术上的优缺点
刚略之人	不能理微	论大体则弘博而高远，历纤理则宕往而疏越
抗厉之人	不能回挠	论法直则括处而公正，说变通则否戾而不入
坚劲之人	好攻其事实	指机理则颖灼而彻尽，涉大道则径露而单持
辩给之人	辞烦而意锐	推人事则精识而穷理，即大义则恢愕而不周
浮沉之人	不能沉思	序疏数则豁达而傲博，立事要则炟炎而不定
浅解之人	不能深难	听辩说则拟锷而愉悦，审精理则掉转而无根
宽恕之人	不能速捷	论仁义则宏详而长雅，趋时务则迟缓而不及
温柔之人	力不休疆	味道理则顺适而和畅，拟疑难则濡懦而不尽
好奇之人	横逸而求异	造权谲则倜傥而瑰壮，案清道则诡常而恢迂

南北朝的刘勰对于文艺人才的心理分类也颇具创见。《文心雕龙·体性》说:"若夫八体屡迁,功以学成,才力居中,肇自血气;气以实志,志以定言,吐纳英华,莫非情性。是以贾生俊发,故文洁而体清;长卿傲诞,故理侈而辞溢;子云沈寂,故志隐而味深;子政简易,故趣昭而事博;孟坚雅懿,故裁密而思靡;平子淹通,故虑周而藻密;仲宣躁锐,故颖出而才果;公幹气褊,故言壮而情骇;嗣宗俶傥,故响逸而调远;叔夜俊侠,故兴高而采烈;安仁轻敏,故锋发而韵流;士衡矜重,故情繁而辞隐。触类以推,表里必符,岂非自然之恒资,才气之大略哉?"他认为,文艺家或者狂放不羁,或者端庄稳重;或者急躁猛锐,或者沉郁安静等,可以有若干不同的心理类型,这些不同的心理类型使作品也带有鲜明的个性特征。这说明,文艺人才的心理类型与创作风格有着密切的关系。

二、关于人才的鉴识心理

如何认识和鉴别人才?这也是人才心理学必须解决的基本问题之一。人才的识鉴是人才任用的基础,因此,自古以来都受到重视。中国最古老的一部历史文献《尚书》就已提出"知人"的必要性,曰:"知人则哲,能官人。"即认为只有聪明睿智的人,才能了解别人,才能用人得当。刘劭在《人物志》序言中写道:"夫圣贤之所美,莫美乎聪明;聪明之所贵,莫贵乎知人。知人诚智,则众材得其序,而庶绩之业兴矣。"也就是说,只有了解人的才性,才能正确地选择和使用人才,做到人尽其才,使国家各方面事业兴旺发达。

中国古代学者不仅认识到人才鉴识的意义,也在实践中总结了一套人才鉴识的方法。《庄子·列御寇》曾借孔子之口提出了九种鉴别人才心理特点的方法:"故君子远使之而观其忠,近使之而观其敬,烦使之而观其能,卒然问焉而观其知,急与之期而观其信,委之以财而观其仁,告之以危而观其节,醉之以酒而观其则,杂之以处而观其色。九征至,不肖人得矣。"[①]意思是说,派一个人到远处工作,就可以了解他是否忠实;让一个人在身边

---

① 《庄子·列御寇》。

做事，就可以观察他是否恭敬；在复杂的情况下派一个人去处理事情，就可以知道他的能力大小；突然提出一个问题让一个人回答，就可以了解他的智力高低；在紧迫的情况下与一个人相约，就可以考验他是否守信用；放手让一个人去管理钱财，就可以看出他是否贪心；告诉一个人有危急情况，就可以观察他是否有气节；让一个人喝得酩酊大醉，就可以看出他是否遵守规矩；让一个人在男女混杂处居留，就可以考验他是否好色。总之，只要掌握了这九种知人之法，就一定能够洞察人们心灵的秘密，分辨出谁好谁坏和谁是谁非。必须指出，《庄子》提出的这九种知人之法，对后世的影响是很深远的，许多古籍都大同小异地引证了这些材料。如《大戴礼·文王官》、诸葛亮的《心书·知人性》都与《庄子》的知人法有关，特别是宋人所撰《孔子集语》，则完全抄录自《庄子》。

《吕氏春秋》也总结了一套鉴识人才的方法，即所谓"八观六验"。

《论人》篇写道："凡论人，通则观其所礼，贵则观其所进，富则观其所养，听则观其所行，止则观其所好，习则观其所言，穷则观其所不受，贱则观其所不为。喜之以验其守，乐之以验其僻，怒之以验其节，惧之以验其特，哀之以验其人，苦之以验其志。八观六验，此贤主之所以论人也。"这八观六验都带有心理测验的性质。其大致意思是：当一个人处境顺利时，观察他所遇的是哪些人；当一个人处于显贵地位时，观察他所推荐的是些什么人；当一个人富有时，观察他所养的是哪些门客；当一个人听取别人的意见后，观察他所采纳的是些什么；当一个人无事可做时，观察他有什么爱好；当一个人处于习以为常的情况下，观察他讲些什么；当一个人贫穷时，观察他所不接受的是些什么东西；当一个人处于卑贱地位时，观察他所不为的是什么。这些总称为"八观"。给一个人他喜欢的条件，以测验其操守；让一个人处于快乐的情境，以测验其会产生什么邪恶言行；让一个人愤恨，以测验其气节；使一个人处于害怕的境地，以测验他有什么特别的品行；让一个人悲哀，以测验他的仁爱之心；使一个人处于困苦的境地，以测验他的志向。这些总称为"六验"。我们认为，《吕氏春秋》的这一概括，具有承上启下的划时代意义。因为在此之前，先秦没有思想家如此全面、明确地论述过；在此之后，历代学者在人才鉴识方法的主张上，虽有所发展，但也未能超出它的水平。况且这"八观六验"即使在今天的人才心理测验中，也没有完全失去其生命力。无怪乎被日本人称为"经营之神"的松下幸之助先生说,《吕氏春秋》中的"六验"名言,曾经帮助他物色了众多的人才。

综上所述,中国古代学者在人才鉴识的过程中已经自觉不自觉地使用了心理测验方法。这些方法不外乎两大类。一是问答法,即借助于语言,以问答的方式来观察、测验人的心理,特别是人的智力和性格。关于这一点,刘劭的《人物志·八观》做了很好的概括:"夫人厚貌深情,将欲求之,必观其辞旨,察其应赞。夫观其辞旨,犹听音之善丑;察其应赞,犹视智之能否也。故观辞察应,足以互相别识。"这里所说的"观辞察应",就是通过观察某人的发言或应和,就可以测知他的心理特点。二是情境法,即在创设的某种条件下(一定的情境),去观察和测定人们的心理与行为。《庄子》的九种知人法,《吕氏春秋》的六验法等,都可以说是情境法的具体应用。

在人才鉴识的过程中,由于主客观错综复杂的原因,可能会使鉴别失真。其中既可能因为标准不当,如重名轻实,以外在的"名"为鉴识标准,以自己的主观好恶为标准等,也可能因为方法不当,如缪于观象而不见本质,只知偏而不求全体等。先秦哲人孔子和孟子曾对"乡愿"之类的好好先生做过这样的评价,说他们"非之无举也,刺之无刺也,同乎流俗,合乎污世,居之似忠信,行之似廉洁,众皆悦之,自以为是"①,殊不知他们丧失原则,八面玲珑,实乃"德之贼"也。更有可恶之人,善于玩弄权术阴谋,收买人心,朋党比周,互相推举,文过饰非,混淆视听,而忠厚老实、清高的人在此方面则相形见绌。史书不乏此例,如齐威王时的即墨大夫虽治理有功,却因不事齐王左右而"毁言日至",而阿大夫虽治理无成,却因厚贿齐王左右而"誉言日至"。幸亏齐威王明察明断,"以毁封即墨大夫,以誉烹阿大夫"②。如果齐威王不察实情,听信一面之誉和一面之毁而妄行处置,其结果必定是坏人得志而好人遭殃。"即墨有功而无誉,阿无效而有名"(王充语)的史实怪象,从一个侧面提醒人们,人才的优劣切不可轻以毁誉武断定论。当然,一概否定公众舆论的价值也是没有道理的。孟子对此有番高论值得重视,他认为,"国君进贤"既不能凭个人的好恶,也不能

---

① 《孟子·尽心下》。

② 《论衡·定贤》。

凭左右近侍的毁誉偏听偏信。"左右皆曰贤，未可也；诸大夫皆曰贤，未可也；国人皆曰贤，然后察之；见贤焉，然后用之。左右皆曰不可，勿听；诸大夫皆曰不可，勿听；国人皆曰不可，然后察之；见不可焉，然后去之。"①东汉人才思想家王充在他的传世之作《论衡》一书中，不同凡响地提出不以穷达、不以成败、不以毁誉、不以顺逆轻论人才优劣的见解，主张甄别人才、辨别真伪，要做到德才兼顾、主客兼顾、动静兼顾、表里兼顾和名实兼顾。刘劭曾把那些可能发生的种种错误归纳为七条，即七缪："一曰察誉有偏颇之缪；二曰接物有爱恶之惑；三曰度心有小大之误；四曰品质有早晚之疑；五曰变类有同体之嫌；六曰论材有申压之诡；七曰观奇有二尤之失。"②意思是说，在鉴识人才时，如果用听闻取代自己的观察，就会失之偏颇；如果受鉴识者爱恶之情的干扰，就会迷惑难解；如果对心志的衡量不能区别大小之分，就会出现失误；如果不考虑一个人心理发展的时间特点，就会疑惑难断；如果称誉与自己同一类型的人，而诋毁与自己相反类型的人，就有袒护的嫌疑；如果只从富贵亨通或贫贱穷困的地位出发，就会有失公正；如果只看外貌，就难辨"含精于内，外无饰姿"的"尤妙之人"和"硕言瑰姿，内实乖反"的"尤虚之人"。这里实际上也揭示了人才鉴别过程中必须遵循的一些基本原则，如客观性原则、全面系统的原则、深入本质的原则等，很有现实意义。

三、关于人才的任用心理

人才的任用是人才价值实现的基本环节，如果仅仅满足于鉴识人才，而不能合理使用，人才岂不成了仅供世人欣赏的工艺品？又有什么价值可言！因此，如何根据人才的心理特点合理使用，自然也就成为中国古代人才理论家和用人实践者十分关注的问题。以下是几条使用人才的原则。

一是量能授官，各得其任。因为人的才能存在着差异，在任用时就要考虑这种差异，做到大材大用、小材小用、无才不用。如刘劭就曾经把人

---

① 《孟子·梁惠王下》。

② 《人物志·七缪》。

才划分为 12 种类型，并分析了各类人才的才能特点，以及他们各自所宜担任的官职。在人才的使用方面，有人以函牛之鼎不能烹鸡为喻提出大材之人不可做小事、任小职和当小官。刘劭则不以为然。他认为，大材之人之于小事，不是可不可、能不能的问题，而是宜不宜、当不当的问题，大材之人做小事是可以的，而且一定能做好，但却是不宜不当的。因为大材小用，"众材失任"，就会造成人才的浪费。

二是为政择才，材与政合。人才的使用要考虑不同的时空环境，没有适用于任何时代的人才。刘劭对此也有精辟见解。他认为，在不同地点、不同时间和不同形势下，对于人才也有不同的要求，使用不适合的人才就会出现失误。如《材能》篇写道："谐和之政，宜于治新，以之治旧则虚；公刻之政，宜于纠奸，以之治边则失众；威猛之政，宜于讨乱，以之治善则暴。"

三是全材偏材，配套管理。在封建君臣之间，即用才者与被用者之间，应按照"以无味和五味"的原则配合组成。也就是说，君主必须是全材或兼材，是无味而全味；百官各管一面，是偏材，具有一味之美。这样的配合使君臣各具职能，如君以"能用人为能，能听为能，能赏罚为能"；臣则以"能自任为能，能言为能，能行为能"[1]。也就是说，高层次的领导一般由兼材担任，以处理全面工作；偏材则比较适合做一方面的领导或具体工作。

四是取长补短，相得益彰。大凡人才，都有其长，也有其短。如果使长有所异、短有所别的人才共同工作、互相协调，就能既发挥每个人的长处，又能弥补每个人的短处；反之如果他们的长短处均相同，虽可发挥共同的长处，但其短处则得不到抑制，错误就会更加突出，损失就会更加严重。这实际上就是人才使用中的互补原则。唐太宗所说的"弃其所短，取其所长"，王安石所说的"才有长短，取其长则不问其短"都是这个意思。

五是不羞卑贱，不拘一格。先秦思想家墨子竭力主张唯贤是举、唯能是用。即使出身低贱，"虽在农与工肆之人，有能则举之"[2]。选贤用能应不

---

① 《人物志·材能》。

② 《墨子·尚贤》。

拘一格、广开才路，不论贫富、贵贱，不避亲疏、远近，有能则尚用，无能则废弃，此乃用人之要和为政之本。这一点，也是荀子、韩非子和《吕氏春秋》作者等进步人才思想家的共同之识。

六是动情晓理，关怀爱护。使用人才，既要有理智、讲法制，又要有诚心、讲感情，天下人才方可尽智竭能，为国所用。唐太宗李世民爱才用才的至诚至公是青史留名的。[①]太宗从秦王府登上帝位以后，有人提议"秦府旧兵，宜尽除武职，追入宿卫"。唐太宗很严肃地说："朕以天下为家，惟贤是与，岂旧兵之外皆无可信者乎！"唐太宗十分清醒地意识到："设官分职，以为民也，当择贤才而用之，岂以新旧为先后哉！"在灭隋平乱的战争中，敌方人才多有归附，唐太宗对他们既大胆使用，又小心恩抚。武德年间，有人怀疑降将尉迟敬德反叛，将他囚于军中，准备处死。唐太宗信其不叛，将他释放，并且引入卧室，好言相慰。从此以后，尉迟敬德便成为太宗身边的心腹人才，冲锋陷阵，屡建功勋。有人企图用车金斗银将他从太宗身边诱走，都未奏效，原因之一恐怕与唐太宗细微、真挚的感情渗透不无关系。说到唐太宗对人才的关怀，也是罕见的。战辽东，右卫大将军李思摩中弩矢，太宗亲自为他吮血；何力作战负伤，太宗亲自为之敷药；李世勣曾得暴疾，唐太宗剪须为之和药；太子太傅李纲足疾，唐太宗赐以步舆。当他发现魏征有宅无堂，立即将自己欲造小殿的材料运来，"五日而就"。唐太宗爱才不摆帝王架子，不做空洞样子，大处着眼，小处入手，屈尊躬行，体贴入微，其根本目的"盖为黎元与国家，岂为一人"。唐太宗正是基于天下为家的爱才思想，因而得到了天下众多精英人才的全心辅助，开创了"贞观之治"的繁盛局面。这种用人注重感情投资的明智之举，在当今的行政管理、企业管理和教育管理等各个领域已经得到了各级领导的广泛重视和实践运用。

此外，任用人才还有用人不疑、用度外之人等心理特点的讲究，均具有一定的意义。

---

① 参见《资治通鉴》卷一九二。

四、关于成才的心理要素

人怎样成才？优秀人才的心理品质有哪些？或者换言之，要成为优秀
人才必须具备哪些心理要素？这也是人才心理学试图解决的基本问题。中
国古代学者对此也有若干论述。

首先，中国古代学者认为，成才的心理要素是一个复杂的综合体。如
诸葛亮在《诫子书》中说："夫学须静也，才须学也，非学无以广才，非志
无以成学。"唐代刘知几也论述过史学人才的心理素养："史才须有三长，
世无其人，故史才少也。三长，谓才也，学也，识也。夫有学而无才，亦
犹有良田百顷，黄金满籝，而使愚者营生，终不能致于货殖者矣。如有才
而无学，亦犹思兼匠石，巧若公输，而家无梗楠斧斤，终不果成其宫室者
矣。"①意思是说，才能、学问、见识是史学人才缺一不可的三项心理素质。
如果有学问而没有才能，也就像有良田百顷、黄金满籝，而让那愚蠢的人
用以经营生意，终究不能获得一点利息；如果有才能而没有学问，也就像有
巧匠挥斧头的本领，公输般做木工的技巧，而没有梗木、楠木和斧头，终
究不能建成房屋一样。

宋代教育家朱熹对此论述最为精详。他说："士之所以能立天下之事
者，以其有志而已。然非才则无以济其志，非术则无以辅其才。是以古之
君子，未有不兼是三者，而能有为于世者也。"在朱熹看来，一个人成才而
有所作为的关键是他有志向、有理想，因为"志"具有推动人们进行活动
的强大力量。但志向、理想须以才作为基础，如果一个人仅有远大的志向，
而不具备实现理想的才能，即志大才疏或有志无才，也是不能成才的。这
就是所谓"非才则无以济其志"。同时，还必须具备成才的基本技能和方法
（"术"），朱熹认为，技能和方法是在人的素质和智能的基础上形成的，但
它也会反过来使一个人的素质和智能得到改善和提高。这就是所谓"非术
则无以辅其才"。如果一个人志、才、术三者兼备，成功之路就在他的脚
下了。

①《旧唐书·刘子玄传》。

其次，中国古代学者认为，智力是成才的基础，非智力因素则是成才的关键。清代彭端淑写过一篇《为学一首示子侄》的文章，对这个问题讲得相当深刻。文章不长，全录如下：

天下事有难易乎？为之，则难者亦易矣；不为，则易者亦难矣。人之为学有难易乎？学之，则难者亦易矣；不学，则易者亦难矣。吾资之昏，不逮人也，吾材之庸，不逮人也；旦旦而学之，久而不怠焉，迄乎成，而亦不知其昏与庸也。吾资之聪，倍人也，吾材之敏，倍人也；屏弃而不用，其与昏与庸无以异也。圣人之道，卒于鲁也传之。然则昏庸聪敏之用，岂有常哉？

蜀之鄙有二僧：其一贫，其一富。贫者语于富者曰："吾欲之南海，何如？"富者曰："子何恃而往？"曰："吾一瓶一钵足矣。"富者曰："吾数年来欲买舟而下，犹未能也。子何恃而往！"越明年，贫者自南海还，以告富者，富者有惭色。

西蜀之去南海，不知几千里也，僧富者不能至而贫者至焉。人之立志，顾不如蜀鄙之僧哉？是故聪与敏，可恃而不可恃也，自恃其聪与敏而不学者，自败者也。昏与庸，可限而不可限也，不自限其昏与庸而力学不倦者，自力者也。

作者以四川两个和尚到南海朝拜的故事，生动扼要地论述了智力（"聪""敏"与"昏""庸"）与非智力因素（"力学不倦"、奋发向上与"敏而不学"、自甘失败）的辩证关系。他认为，力学不倦，则天资不高的人也会突破"昏"与"庸"的限制而有所成就；反之，敏而不学，即使是既"聪"且"敏"、天资很高的人，也无济于事，成不了才。

我们认为，中国古代学者的这个观点是很有现实意义的，有助于我们多出人才，出好人才。我们过去一般都认为，只有聪明过人的人方能成才，因而把选择人才局限在所谓"超常"学生的身上。这就大大地缩小了选择人才的范围，因为"超常"学生只有1%。我们认为，智力水平虽高，而非智力因素水平却低的学生，只能成为小器，而不能成为大才；相反，虽智力水平中等，但非智力因素水平却较高的学生，都可以培养成才。这样的学生在60%以上。这就大大地扩展了选拔人才的范围。选择人才的范围扩大了，就为多出人才、出好人才打下了基础。

第三章　中国古代的犯罪心理思想

　　犯罪心理学是研究犯罪行为的心理实质及犯罪心理的形成、发展和活动规律的科学。和心理学一样，它也是一门古老而年轻的科学。古代中国和西方的许多思想家已对犯罪人的心理和行为做了若干探讨。尤其是中国古代的思想家，他们"从生活实践的经验中总结出很多心理学的理论，并积累了大量资料，他们对犯罪心理学也做了朴素的探讨，提出了不少比西方当时的研究要深刻得多的看法"①。

　　但是，对犯罪心理做科学的、系统的研究还是 19 世纪下半叶开始的。1872 年德国精神病学家埃宾（Krafft-Ebing）出版了《犯罪心理学纲要》，被称为"犯罪心理学的始祖"。我国在 20 世纪 20 年代开始翻译介绍国外的犯罪心理学，但由于众所周知的原因，迄今还没有建立起具有民族特色的系统的犯罪心理学。这里我们试图通过对中国古代犯罪心理思想的初步探讨，抛砖引玉，希望从事中国古代心理史和犯罪心理学研究的同志们进行深入的研究，为建立中国的犯罪心理学体系而努力。

一、犯罪原因论

　　自然界和人类社会的一切事物和现象，无一不受因果关系的制约，犯罪心理及其外化的行为也不例外。关于犯罪的原因，现代西方大致有生物学的原因论、社会学的原因论和心理学的原因论等理论。

　　犯罪原因论作为我国古代研究较多的问题，也大致表现为以上这三种观点。

----

① 《犯罪心理学》编写组：《犯罪心理学》上编，北京政法学院，1982，第 29 页。

春秋前中期的杰出政治家管仲（？—前645）较早地从社会的政治经济角度探讨犯罪心理的形成过程。管仲认为，犯罪的终极原因是经济而不是心理，人生来就有欲望，如果经济不发达，物质产品不丰富，欲望就得不到满足，从而就有追求，如果追求失去了分寸，就会产生犯罪越轨的行为。"囷仓空虚……攘夺、窃盗、残贼、进取之人起矣。"故曰："观民产之所有余不足，而存亡之国可知也。"①《管子·牧民》篇所提出的一个脍炙人口的著名命题——"仓廪实则知礼节，衣食足则知荣辱"，则从另一方面说明了犯罪心理与社会经济的关系，犯罪原因论也是管仲奉经济政策为治国之本的理论依据之一。

春秋末期的思想家老子（约前571—前480）也是从社会政治经济角度谈这个问题的，但是他得出了一个与管仲相反的结论："天下多忌讳，而人弥贫；人多利器，国家滋昏；人多技巧，奇物滋起；法物滋彰，盗贼多有。"②在他看来，生产技术越精巧，物质产品越丰富，法制禁令越完善，越会诱发人们的贪欲之心，盗贼也就越多，因此，只要统治者采取小国寡民的政策，清静无为，"常使民无知无欲"，就会出现天下安宁、人民淳朴的局面。

生物学的原因论以意大利的犯罪学家龙布罗梭（Cesare Lombroso）为代表，他是实证犯罪学的鼻祖，是古典犯罪心理学派的奠基人，龙布罗梭提出了"隔世遗传"的学说，企图从头盖骨等外部特征去寻找所谓的"犯罪型"。③无独有偶，我国古代也有从形相等生理因素来推断人的善恶的"相术"，并宣称："相人之形状、颜色而知其吉凶、妖祥……"④战国后期的著名思想家荀子（前313—前238）以尧、舜与桀、纣等若干历史名人的外貌为例，揭示了相术的虚伪性，他说："故相形不如论心，论心不如择术。形不胜心，心不胜术。术正而心顺之，则形相虽恶而心术善，无害为君子也；形相虽善而心术恶，无害为小人也。"⑤荀子认为，人的外貌与人的心理没有必然的联系，从而有力地批评了相面先生的胡言。

我国古代思想家更多的是从人性方面挖掘犯罪的根源的，这其实是一

---

① 《管子·八观》。

② 《老子》五十七章。

③ 古德伊洛弗：《发展心理学》下册，符仁方译，贵州人民出版社，1981，第211–213页。

④⑤ 《荀子·非相》，参见燕国材著：《先秦心理思想研究》，湖南人民出版社，1981，第233页。

种心理学的原因论，在中国古代心理研究史上，从孔子提出"性相近也，习相远也"①的命题后，历代讨论不休，众说纷纭。其中与犯罪心理有关的主要有性善论、性恶论和性三品论等。

性善论的代表人物是战国中期的孟轲。他认为，人皆有恻隐、羞恶、恭敬和是非之心，只要扩而充之，就会形成仁、义、礼、智的道德品质。"若夫为不善，非才之罪也。"②有些人不善良，不能归罪于他的本性或资质。

性恶论的代表人物是战国后期的荀子，他认为："人之性恶，其善者伪也。"③人生而就有"好利""疾恶""好声色"的本能，如果对这种本能不加以限制，任其自然，顺其发展，就会"争夺生而辞让亡"，"残贼生而忠信亡"，"淫乱生而礼义文理亡"④。东晋的道教理论家葛洪（约281—341）承袭了荀子的性恶论，他在批评鲍敬言把争夺贼杀等犯罪行为归咎于君臣得失时指出："夫有欲之性，萌于受气之物，厚己之情，著于成形之日，贼杀并兼，起于自然，必也不乱，其理何居！"⑤他认为，人生而具有厚己自私的欲望，犯罪心理是天生就有的，犯罪行为是自然的。无疑，性恶论由于忽视了犯罪心理形成的社会因素，必然陷入"犯罪遗传论"的泥淖而不能自拔。

性三品说的代表人物是西汉初年的董仲舒。他认为，阴阳二气的运转搭配形成了三品的人性，即"圣人之性""斗筲之性"和"中民之性"。"圣人"得天独厚，不存在犯罪的可能性。"斗筲之徒"得天则薄，教化也不能使之为善，必然犯罪。"中人"则既有"仁""义"的因素，又有"贪""利"的因素，通过教化和刑罚的作用，可以使他们循规蹈矩，不萌生犯罪的念头。⑥唐代韩愈（768—824）更明确地指出："性之品有上、中、下三。上焉者，善焉而已矣；中焉者，可导而上下也；下焉者，恶焉而已矣。"⑦

---

① 《论语·阳货》。

② 《孟子·告子上》。

③④ 《荀子·性恶》。

⑤ 《抱朴子·诘鲍》。

⑥ 《春秋繁露·实性》。

⑦ 《昌黎先生集·原性》。

性三品说的目的在于论证封建等级的天然合理性。但是，它其实滥觞于孔子关于"上智""中人"和"下愚"的划分，因而在一定程度上揭示了犯罪与智力的关系。犯罪心理学的研究表明，智力低下者在适应力、判断力、自制力等方面都有一定障碍，往往不能设想自己的活动可能带来的后果，而产生越轨和犯罪行为。在这个意义上说，性三品说也有某些合理的地方，但把智力和人性完全视为天所赋予，并且认为"上智"的圣人不会犯罪，则是无稽之谈了。

性善论、性恶论和性三品说都有偏颇之处，但它们在解释犯罪心理时有一个共同的特点，即重视后天的环境因素和主观修养。例如孟子说："富岁子弟多赖，凶岁子弟多暴，非天之降才尔殊也，其所以陷溺其心者然也。"[1]荀子说："注错习俗，所以化性也；并一而不二，所以成积也。习俗移志，安久移质；并一而不二，则通于神明，参于天地矣。"[2]董仲舒也指出："积习渐靡，物之微者也，其入人不知，习忘乃为，常然若性。"[3]

我国古代的"习性说"正是在吸取各种人性论的合理因素的基础上建立起来的，明代思想家王廷相曾举例说明社会风气、居住交往与犯罪心理的关系："深宫秘禁，妇人与嬉游也；亵狎燕闲，奄竖与诱掖也。彼人也，安有仁孝礼义以默化之哉？"[4]那些终日在深宫秘禁之中，与女人嬉游玩乐的公子哥儿，必然会形成"骄淫狂荡""鄙亵惰慢"的心理。因此他说："凡人之性成于习，圣人教以率之，法以治之，天下古今之风以善为归，以恶为禁久矣。"[5]王廷相强调了活动与交往、教化与法制的综合影响，且着重指出社会环境的重要作用，这是一种唯物主义的犯罪原因论。

我国古代也对年龄与犯罪、性别与犯罪等问题进行过探讨，如汉宣帝说："夫耆老之人，发齿堕落，血气既衰，亦无暴逆之心……"[6]这是说，年老之人由于生理方面的退化，心理上也就无暴逆之心，犯罪的可能性较小。

---

① 《孟子·告子上》。

② 《荀子·儒效》。

③ 《春秋繁露·天道施》。

④ 《慎言·保傅篇》。

⑤ 《家藏集·答薛君采论性书》。

⑥ 《汉书·刑法志》。

再如汉景帝后元三年诏："其著令，年八十以上，八岁以下，及孕者未乳，师、朱儒当鞫系者，颂系之。"①这是在监禁期内戴与不戴刑具的区别，以示对老幼妇女的优恤。

二、审判心理论

审判心理学是研究审判过程中的各种心理现象，运用心理学原理收集证据的学科，它作为犯罪心理学的一个分支产生得较晚，1893年奥地利的犯罪学家格罗斯（Gross）所著《预审推事手册》，被认为是审判心理学的早期著作。

我国古代关于审判心理的研究，虽然不太系统，但也有一些影响较大和运用较多的经验总结。约成书于战国时代的《周礼》（又称《周官》），其中就有关于审判心理的论述。如著名的"五听"："以五声听狱讼，求民情，一曰辞听，二曰色听，三曰气听，四曰耳听，五曰目听。"②郑玄注解说：辞听者，"观其出言，不直则烦"；色听者，"观其颜色，不直则赧然"；气听者，"观其气息，不直则喘"；耳听者，"观其听聆，不直则惑"；目听者，"观其眸子视，不直则眊然"。嫌犯在审讯过程中往往带有一种恐惧感，心理状态随着审讯内容的触发而剧烈变化，在语言、表情、神态等方面多有反常的表现，如心烦意乱、脸上发红、胆怯气喘、听觉迟钝、眼睛无神、不敢正视等等。在两千多年前，我国的审判理论和实践就注意到了审判活动中嫌犯的心理反应，这是我们应该珍视的。

晋代的张斐做了进一步的发挥。他说："夫刑者，司理之官；理者，求情之机；情者，心神之使。心感则情动于中，而形于言，畅于四支，发于事业，是故奸人心愧而面赤，内怖而色夺。论罪者务本其心，审其情，精其事，近取诸身，远取诸物，然后乃可以正刑。仰手似乞，俯手似夺，捧手似谢，拟手似诉，拱臂似自首，攘臂似格斗，矜庄似威，怡悦似福，喜怒忧惧，貌在声色。奸真猛弱，候在视息。出口有言当为告，下手有

---

① 《汉书·刑法志》。
② 《周礼·秋官·小司寇》。

禁当为贼，喜子杀怒子当为戏，怒子杀喜子当为贼。诸如此类，自非至精不能极其理也。"①张斐认为，刑罚是根据"理"来观察衡量的；"理"就是求其事实的引机；"情"是由思想动机支配的。因此，他主张追查犯罪动机，在对审判实践进行总结归纳的基础上，他对各种罪犯的心理特点及其行为表现做了细致的描述，他认为，在审案时要以犯罪情节联系犯罪者的脸色、语言及手势动作（包括行为习惯）等种种表现，进行定罪判刑。

到了唐代，这种"必先以情"的审判方法被用法律的形式固定下来。《唐律》第十二篇"断狱律"明文规定："诸应讯囚者，必先以情，审察辞理，反复参验，犹未能决，事须讯问者，立案同判，然后拷讯。"对于"必先以情"，《律疏》引《狱官令》解释说："察狱之官，先备五听，又验诸证信。"可见，观察当事人的心理活动，是唐律规定的居于首位的审判程序。

为了使审判活动顺利进行、准确无误，要求司法人员具备一定的心理素养，如公正的道德品质，丰富的知识，良好的观察力、记忆力、想象力、思维能力，以及注意力、自制力等，我国古代的司法理论和实践一般偏重于道德品质的结构。《尚书·吕刑》指出司法人员有"五过之疵"："惟官、惟反、惟内、惟货、惟来。"郑玄曾加以解释："官者，曾同居官位也"，即曾经是老战友；"反者，诈反囚辞也"，即用不正当的方法诈骗诱逼供词；"内者，内亲用事也"，即请托私门；"货者，行货枉法也"，即贪赃受贿；"来者，旧相来也"，即老熟人。

《吕刑》规定，如因此五者之关系而在审判、刑罚过程中有所偏袒，司法人员罪"与犯法者同"。《吕刑》中还说："民之乱（治），罔不中听狱之两辞，无或私家于狱之两辞。"意思是说，要做到"明于刑之中"，就要公正地而不是徇私地听取两方面的申诉。

宋代包拯是我国古代历史上著名的清官。他把挑选司法人员作为关系到国家安危存亡的大事："人之司命，而邦国安危所系，择之不可不审。"②司法人员"事权至重，责任尤剧，设非其人，则一路受弊"，只有"选素有

---

① 《晋书·刑法志》。

② 《包拯集·天章阁对策》。

才能、公直、廉明之人充任"方可。明代海瑞也指出："听讼以求民隐，情伪有万，非心胸清彻者不能照。"①意思是说，审判活动关系到"民隐"，人的心理过程是非常复杂的，"情伪有万"，要做到去伪存真、由表及里，就要求司法人员"心胸清彻"。这也就是包拯所说的"清心为治本，直道是身谋"。

关于审判心理还有一个重要问题，即"原心论罪"。早在奴隶制时代，就有故意和过失犯罪的区分，不追究没有犯罪动机的行为人的刑事责任。《尚书·康诰》记载周公代表成王对康叔封说："人有小罪，非眚，乃惟终自作不典，式尔，有厥罪小，乃不可不杀。乃有大罪，非终，乃惟眚灾，适尔，既道极厥辜，时乃不可杀。"意思是说，有人罪过虽小，但并非过失而是故意，而且屡犯不悛，有意犯法，有罪虽小，不可不杀；反之，有人罪大偶犯，且属过失危害，既以正道尽其罪，又当原情而不可杀。②汉代董仲舒有一段著名的论述：《春秋》之听狱也，必本其事而原其志，志邪者，不待成，首恶者，罪特重，本直者，其论轻。"③这是说，对待犯罪问题，不仅要"本其事"，以犯罪的行为和事实为根据，还要由此考察犯罪的心理和动机，把犯罪行为与犯罪动机结合起来。他曾举了"春秋决狱"的许多案例加以说明，其中有一个"殴伤生父"的案例：父与人斗殴，儿子起而援助，误伤了父亲，依当时殴伤生父的法律，也应判死刑，但董仲舒认为，儿子没有殴伤父亲的犯罪动机，应断以"不当坐"，免以刑事处分。

三、预防改造论

怎样预防犯罪和改造罪犯的心理，在第一部分的犯罪原因论中已初步介绍了各家的思想，如管子的"仓廪实、衣食足"，老子的"无知无欲"等，这里，我们仅从心理学的角度，谈谈我国古代关于奖惩和教化等问题的研究。

---

① 《海刚峰集·驿传议》。

② 参见肖永清主编：《中国法制史简编》，山西人民出版社，1981，第51页。

③ 《春秋繁露·精华》。

商代奴隶主从"神权政治"的思想出发，提出了"神灵天罚"的思想，用先王、祖先的在天之灵进行恫吓和惩罚，盘庚说："古我先王，暨乃祖乃父，胥及逸勤，予敢动用非罚？世选尔劳，予不掩尔善。兹予大享于先王，尔祖其从与享之，作福作灾，予亦不敢动用非德？"①意思是说，我的先王和你们的祖先是同生共息的，我不敢动用不当的刑罚，你们世代继续你们的功劳，我不会掩盖你们的善德，我祭先王，你们的祖先也一同受祭，你们的一切善恶灾祸，都为你们的祖先处置，我是不敢动用非分的赏罚的。这样，盘庚把自己的旨意，自己所施用的刑罚和赏赐都说成是祖先在天之灵决定的，让自己手中的生杀予夺之权披上了"神"的外衣，这是利用了人们敬畏鬼神的宗教心理和族权意识。

春秋末期的孔丘提出了"修己以安百姓"的命题，这实际是提倡榜样的影响作用，他说："上好礼，则民易使也。"②因此，执政者必须"修己以敬""修己以安人"。在他看来，官吏本身的行为如何，直接影响到民众的行为能否端正，影响到政令能否施行。他说："苟正其身矣，于从政乎何有？不能正其身，如正人何？"③"其身正，不令而行；其身不正，虽令不从。"④

战国初年的墨家创始人墨翟对于正确运用赏罚提出了一些颇有价值的见解。他强调了赏罚得当的重要性。"是故以赏不当贤，罚不当暴。其所赏者已无故矣，其所罚者亦无罪。是以使百姓皆攸心解体，沮以为善。"⑤如果滥赏无功，滥罚无过，就会使人心涣散，国家混乱。墨翟认为，赏罚处理要及时准确。各级"正长"闻善与不善要"驰驱以告天子。是以赏当贤，罚当暴，不杀不辜，不失有罪"⑥，这是很有心理学的道理的，因为赏罚要达到目的，"必须和那种行为在时间上越接近越好……处置应该严明而迅

---

① 《尚书·盘庚》。

② 《论语·宪问》。

③④ 《论语·子路》。

⑤ 《墨子·尚贤下》。

⑥ 《墨子·尚同中》。

速"①。唐代柳宗元（773—819）针对当时赏罚须按时令办事的唯心主义主张，进一步发挥说："夫圣人之为赏罚者非他，所以惩劝者也。赏务速而后有劝，罚务速而后有惩。必曰赏以春夏，而刑以秋冬，而谓之至理者，伪也。使秋冬为善者，必俟春夏而后赏，则为善者必怠；春夏为不善者，必俟秋冬而后罚，则为不善者必懈。为善者怠，为不善者懈，是驱天下之人而入于罪也。"②柳宗元认为，赏罚只是手段而不是目的，目的在于劝善惩恶，如果赏罚不及时，则善者必怠，恶者必懈，无异于鼓励、驱使人们犯罪。

　　荀子提出了"隆礼重法"的主张，他认为，人的本性是恶的，但人的本性不是不可以改变的，为了改变人的恶的本性，要"有师法之化、礼义之道，然后出于辞让，合于文理，而归于治"③。就是说，要使人的恶的本性改造成善，既要有礼义规范的教化，又要有法律禁令的限制。在司法实践中，荀子则提出了"教化"与"赏罚"相结合的原则。他说："故不教而诛，则刑繁而邪不胜；教而不诛，则奸民不惩；诛而不赏，则勤励之民不劝……"④这是说，如果不教化而专用刑罚，就会刑法繁多然而不能战胜邪恶；只教化而不辅以刑罚，也不能给违法的奸民以严厉打击；如果只用刑罚不施庆赏，则不能使安分勤励的百姓得到鼓励。"教""诛""赏"三者有机地结合起来，这是预防和改造犯罪心理的基本前提。

　　战国时期法家思想的集大成者韩非，继承了商鞅厚赏重罚的思想，认为："赏厚则所欲之得也疾，罚重则所恶之禁也急。"⑤他把人们的好利恶害本性作为赏罚的心理依据。他说："凡治天下，必因人情。人情者，有好恶，故赏罚可用；赏罚可用则禁令可立，而治道具矣。"⑥

　　对于如何预防和消灭社会的犯罪问题，我国古代更多的思想家主张"德主刑辅"的方法，董仲舒是这种主张的著名代表，董仲舒不仅从"天道"那里为"德主刑辅"寻找了理论依据，而且还从"人性"那里为这种主张

---

① 潘菽编：《心理学的应用》，中华书局，1935，第 102–103 页。

② 《柳河东集·断刑论下》。

③ 《荀子·性恶》。

④ 《荀子·富国》。

⑤ 《韩非子·六反》。

⑥ 《韩非子·八经》。

找到了新的理论根据，他认为占人口绝大多数的"中民之性"，正像"天两有阴阳之施"一样，"身亦两有贪仁之性"①。既然人是"仁贪之性两在身"，统治者就必须德刑两手并用，以德去发展人性中仁的因素，以刑去威慑人性中贪的因素。并且，在人性的"仁"和"贪"这两种因素中，由于"仁"的因素处于主要的地位，统治者在使用德刑两手时，就应当实行"德主刑辅"，"刑者德之辅，阴者阳之助也"。②他认为，人性中所包含的"仁"的因素仅仅是一种为善的可能性，还不是"善"本身。与外物接触，"性"就会变成"情"，产生各种欲望，如不加以限制，就会走向犯罪。但是，人们的"情"又不能消除，只有用礼义加以引导，"使之度礼，目视正色，耳听正声，口食正味，身行正道。非夺之情也，所以安其情也"③。这样就能预防犯罪的发生，所以礼义教化以"绝乱塞害于将然而未行之时"，是通向犯罪的一道重要防线，更重要的是，礼义教化能使人们"本善"而又可能成善的本性成长为完善的人性，从而达到改善人们的本性，从根本上杜绝犯罪的目的。所以，统治者应当"前德而后刑"，"先教而后诛"，"大德而小刑"，"厚其德而简其刑"。

唐代韩愈从《大学》"诚意、正心、修身、齐家、治国、平天下"的主张出发，认为"欲根绝犯罪，必先正其心"，只要加强个人的主观修养，"足乎己无待于外"，就能自觉遵守封建社会的政治法律制度和道德规范。这一点，在宋明理学"存天理，灭人欲"那里发展到了顶点。南宋朱熹说："人欲未去尽，除恶不能去其根，为善不能充其量，天理人欲不能夹杂着。"④怎样去除那些不合乎封建伦理道德的人欲？朱熹认为有两条方法加以"惩窒消治"。⑤一曰"敬"。"敬则天理常明，自然人欲惩窒消治。"⑥二曰"学"。"未知学问，此心浑为欲。既知学问，则天理自然发见，而人欲渐渐消去者，固是好矣。"⑦

---

① 《春秋繁露·深察名号》。

② 《春秋繁露·阴阳位》。

③ 《春秋繁露·天道施》。

④ 《朱子语类》卷十二。

⑤ 朱永新：《朱熹心理思想研究》，载《中国古代心理学研究》，江西人民出版社，1983。

⑥ 同④。

⑦ 《朱子语类》卷十三。

清代思想家王夫之从"习性说"出发，提出了"性日生日成"的命题，他认为，人性处于不断的生成、变化和发展之中，这就从理论上支持了改造犯罪心理的可能性。王夫之还从心理发展的规律出发，强调了预防犯罪的重要性。他认为，人们的生活环境，尤其是"童蒙"的生活环境和早期教育，是决定人的心理和行为的关键条件，风俗习性不变，即使是折割残毁的肉刑、杀头弃市的死刑，都无济于事。他说："习之于人大矣，耳限于所闻，则夺其天聪；目限于所见，则夺其天明；父兄熏之于能言能动之始，乡党姻亚导之于知好知恶之年，一移其耳目心思，而泰山不见，雷霆不闻；非不欲见与闻也，投以所未见未闻，则惊为不可至，而忽为不足容心也。故曰：'习与性成。'成性而严师益友不能劝勉，酞赏重罚不能匡正矣。"这里指出了人的心理和行为形成和发展的一个规律：塑造易，改造难。人的心理和行为一旦形成之后，严师益友的劝勉、奖赏惩罚的运用，都难以匡正逆转。这对于预防犯罪和改造罪犯心理都是相当深刻的见解。

第四章 中国古代的军事心理思想

在中国古代，不仅发生过千百次波澜壮阔、声势浩大的战争，而且出现了数百种内容丰富、影响深远的军事著作，在卷帙浩繁的军事著作中，蕴含有十分丰富的军事心理思想，这里仅就将领的心理品质、治军的心理问题和战术的心理因素三个问题做一些分析。

一、将领的心理品质

将领的心理品质在任何战争中都有着举足轻重的作用。正如毛泽东同志所说："战争就是两军指挥员以军力财力等项物质基础作地盘，互争优势和主动的主观能力的竞赛。竞赛结果，有胜有败，除了客观物质条件的比较外，胜者必由于主观指挥的正确，败者必由于主观指挥的错误。"①这说明，在军力、财力等物质条件相同的情况下，将领的心理品质、指挥是否有方起着决定作用。

中国古代兵家都非常重视将领的地位和作用，如《孙子兵法》说："故知兵之将，民之司命，国家安危之主也。"②又说："夫将者，国之辅也，辅周则国必强，辅隙则国必弱。"③唐代李筌也说："将才足，则兵必强。将才不备，兵必弱。"④他们都认为将领的心理品质在很大程度上决定着兵卒的强弱、战争的胜负乃至国家的兴衰。

那么，将领必须具备哪些心理品质呢？古代兵家从正反两方面对此做了说明。《孙子兵法·始计》认为，将领必须具备"智、信、仁、勇、严"，即智慧、诚信、仁慈、勇敢和威严五个条件。《吴子兵法·论将》说："夫总文武者，军之将也。兼刚柔者，兵之事也。凡人论将，常观于勇。勇之于将，乃数分之一尔。夫勇者必轻合，轻合而不知利，未可也。故将之所慎者五：一曰理，二曰备，三曰果，四曰戒，五曰约。理者，治众如治寡；备者，出门如见敌；果者，临敌不怀生；戒者，虽克如始战；约者，法令省而不烦。受命而不辞家，敌破而后言返，将之礼也。"认为将领必须总文武、兼刚柔，慎重做到"理、备、果、戒、约"。《孙膑兵法·将败》分析了将领失败的若干心理原因，如"不能而自能""骄""贪于位""贪于财""轻""迟""寡勇""勇弱""寡信""寡决""缓""怠""贼""自私"等。《尉缭子·兵谈》则说："将者，上不制于天，下不制于地，中不制于人。宽不可激而怒，清不可事以财。夫心狂、耳聋、目盲，以三悖率人者，难矣。"认为将领必须因势利导、争取主动、胸怀宽广、廉洁奉公、知己知彼、谦虚谨慎，而不能性格暴躁、贪婪纵欲、狂妄自大、闭目塞听。

汉末诸葛亮还对各级将领所具备的不同心理素质做了概括与归类，如十夫之将应该"察其奸，伺其祸，为众所服"；百夫之将应该"夙兴夜寐，言词密察"；千夫之将应该"直而有虑，勇而能斗"万夫之将应该"外貌桓

---

① 《毛泽东选集》第2卷，北京，人民出版社，1991，第490页。

② 《孙子兵法·作战篇》。

③ 《孙子兵法·谋攻篇》。

④ 《孙子注》。

桓，中情烈烈，知人勤劳，悉人饥寒"；十万人之将是"进贤进能，日慎一日，诚信宽大，闲于理乱"；天下之将是"仁爱洽于下，信义服邻国，上知天文，中察人事，下识地理，四海之内，视如室家"①。

唐代李筌对鉴别和选用具有上述心理品质的将领提出了具体方法。他写道："明主所以择人者，阅其才，通而周；鉴其貌，厚而贵；察其心，贞而明；居高而远望，徐视而审听；神其形，聚其精，若山之高不可极，若泉之深不可测。然后审其贤愚以言辞，择其智勇以任事，乃可任之也。夫择圣以道，择贤以德，择智以谋，择勇以力，择贪以利，择奸以隙，择愚以危，事或同而观其道，或异而观其德，或权变而观其谋，或攻取而观其勇，或临财而观其利，或捭阖而观其间隙，或恐惧而观其安危。"②意思是说，要鉴定一个将领的心理品质，可以从容貌、言辞和行为三方面加以考察，可以利用问答法来了解人的贤愚，可以利用特定的情境诱导引发出所要观察的行为品质。

二、治军的心理问题

中国古代兵家对军队的治理十分重视，认为兵不在于数量的多少，而"以治为胜"；如果是没有经过严格训练的军队，"虽有百万，何益于用"③？

古代兵家对于治军原则和方法的论述也极富有心理学的意义。主要表现在以下几点。

一是文武兼施，恩威并重。如《孙子兵法》说："卒未亲附而罚之，则不服；不服则难用也。卒已亲附而罚不行，则不可用也。故令之以文，齐之以武，是谓必取。"④《尉缭子》也说："夫不爱悦其心者，不我用也；不威严其心者，不我举也。爱在下顺，威在上立。爱，故不二；威，故不犯。故善将者，爱与威而已。"⑤认为如果不用恩惠使部下悦服，就不能顺

---

① 《将苑·将器》。

② 《太白阴经》卷二，《人谋下·鉴才篇第二十四》。

③ 《吴子兵法·治兵》。

④ 《孙子兵法·行军》。

⑤ 《尉缭子·攻权》。

利地使用他们；如果不用威严使部下敬畏，就不能受到他们的拥戴。诸葛亮在《将苑》中也将其作为治军的基本原则："故行兵之要，务揽英雄之心，严赏罚之科，总文武之道，操刚柔之术，说礼乐而敦诗书，先仁义而后智勇……"

二是治众如寡，编制合理。如《孙子兵法·势篇》写道："凡治众如治寡，分数是也；斗众如斗寡，形名是也；三军之众，可使必受敌而无败者，奇正是也；兵之所加，如以碬投卵者，虚实是也。"认为军队只有组织编制合理才能调动自如，治理人数众多的士卒就像指挥几个士卒一样易如反掌。这里实际上已涉及组织心理学的跨度原则。

三是不縻不疑，信任下级。如《孙子兵法·谋攻篇》写道："故君之所以患军者三：不知军之不可以进而谓之进，不知军之不可以退而谓之退，是谓縻军；不知三军之事而同三军之政者，则军士惑矣；不知三军之权而同三军之任，则军士疑矣。三军既惑且疑，则诸侯之难至矣。是谓乱军引胜。"认为如果不放手让下级将领去决策和指挥，动辄干涉和发号施令，就会引起部下的疑惑和反感，从而扰乱自己的军队，导致敌方的胜利。

四是用兵之法，教戒为先。如《吴子兵法·治兵》写道："夫人常死其所不能，败其所不便。故用兵之法，教戒为先。一人学战，教成十人；十人学战，教成百人；百人学战，教成千人；千人学战，教成万人；万人学战，教成三军。以近待远，以佚待劳，以饱待饥。圆而方之，坐而起之，行而止之，左而右之，前而后之，分而合之，结而解之。每变皆习，乃授其兵，是谓将事。"认为如果不加强对部队的教育和训练，使士卒具有娴熟的作战技能，就逃脱不了失败或战死的命运。明代何良臣也很注重通过训练造就骁勇善战的精兵良将，在主张根据士卒的生理、心理特点授以兵器的同时，尤其注意"有形"的技艺训练与"无形"的心理训练相结合。他说："操手足之号令易，而操心气之号令难，有形之操易，而不操之操难。"[①]因此特别把"练胆"作为训练内容："兵无胆气，虽精勇，无所用也，故善练兵者，必练兵之胆气。"[②]《正气堂集·兵略对》也有类似主张："教兵之法，练胆为先；练胆之法，习艺为先。艺精则胆壮，胆壮则兵强。"认为技艺训练与

---

①② 《阵纪·教练》。

心理训练是辩证统一关系，互为基础，不可偏废。

五是严刑明赏，视卒如子。如《孙子兵法》把"赏罚孰明"作为战争胜负的重要条件之一；《尉缭子》提出在治军中要"赏如山，罚如溪"，在赏罚方面不允许有任何过失；诸葛亮指出将帅要"养人如养己子"，他明确指出"士未坐勿坐，士未食勿食，同寒暑，等劳逸，齐甘苦，均危患"①。

六是激励士气，瓦解敌人。如唐代李筌《太白阴经》说："激人之心，励人之气。发号施令，使人乐闻；兴师动众，使人乐战；交兵接刃，使人乐死。其在以战劝战，以赏劝赏，战赏，以士以励士。"《孙子兵法》也提出"避其锐气，击其惰归"的用兵方法。《孙膑兵法》中《延气》一篇，更明确地把激励士气、鼓舞斗志的内涵和方式分为五个方面。②

三、战术的心理因素

中国古代兵家对于战术问题十分重视，提出了很多颇有军事心理学意义的观点。集中表现在三个方面：一是主动，即争取战胜的主动权，在心理上先发制人；二是灵活，即在战争中采取灵活多变的战术；三是巧诈，即善于运用心理战，使敌人分化瓦解，军心动摇，陷于被动。具体来说有以下几点：

一是兵不厌诈，欺骗敌人。如《孙子兵法·计篇》写道："兵者，诡道也。故能而示之不能，用而示之不用，近而示之远，远而示之近。利而诱之，乱而取之，实而备之，强而避之，怒而挠之，卑而骄之，佚而劳之，亲而离之。攻其无备，出其不意。此兵家之胜，不可先传也。"主张要在敌人面前制造各种假象，能攻而佯装不能攻，欲打而佯装不欲打，要在近处行动而装作要在远处行动，要在远处行动则要佯装在近处行动，并使用各种方法使敌人混乱、发怒、骄傲、疲劳、分离等。

二是出奇制胜，变化无穷。如《孙子兵法·势篇》写道："凡战者，以正合，以奇胜。故善出奇者，无穷如天地，不竭如江海。终而复始，日月

---

① 《诸葛亮兵法·出师》。

② 详见本书第六章中关于人员激励的心理思想。

是也；死而更生，四时是也。声不过五，五声之变，不可胜听也。色不过五，五色之变，不可胜观也。味不过五，五味之变，不可胜尝也。战势不过奇正，奇正之变，不可胜穷也。奇正相生，如环之无端，孰能穷之哉？"认为既要能正面攻击敌人的军队，又要能从侧后面偷袭敌人的军队。根据敌人的具体情况，采取灵活机动的作战方式。所以《孙子兵法·虚实篇》又说："夫兵形象水，水之行，避高而趋下；兵之形，避实而击虚。水因地而制流，兵因敌而制胜。故兵无常势，水无常形，能因敌变化而取胜者，谓之神。"

三是主动出击，先发制人。如《尉缭子·战权》写道："权先加人者，敌不力交。武先加人者，敌无威接。故兵贵先。胜于此，则胜彼矣。弗胜于此，则弗胜彼矣。"这里所说的"兵贵先"，就是要先声夺人、主动出击。唐代李筌也说："夫道贵制人，不贵制于人。制人者握权也，制于人者遵命也。制人之术，避人之长，攻人之短；见己之所长，蔽己之所短。"①先发制人的关键是能够扬己之长，避己之短；攻敌之短，避敌之长。这样才能把敌人的优点化为弱点，把自己的弱点转变为优点。

四是上兵伐谋，不战而胜。如《孙子兵法·谋攻篇》写道："故上兵伐谋，其次伐交，其次伐兵，其下攻城。攻城之法为不得已。"把以计谋取胜敌人和以外交手段而取胜敌人作为战争的首要目标。李筌也认为，战争不一定要大动兵戈，他赞赏《孙子兵法》的名言"百战百胜，非善之善也；不战而屈人之兵，善之善也"，主张用计谋使敌人不战自溃。他还提出了若干用计谋的方法："用计谋者，荧惑敌国之主，阴移谄臣，以事佐之；惑在巫觋，使其尊鬼事神；重其彩色文绣，使贱其菽粟，令空其仓庾；遗之美好，使荧其志；遗之巧匠，使起宫室高台，以竭其财，役其力；易其性，使化改淫俗。……离君臣之际，塞忠说之路。然后淫之以色，攻之以利，娱之以乐，养之以味；以信为欺，以欺为信；以忠为叛，以叛为忠；忠谏者死，谄佞者赏；令君子在野，小人在位；急令暴刑，人不堪命。所谓未战以阴谋倾之，其国已破矣。"②认为可以利用美女、巫婆、间谍、财物、工匠等手段，

---

① 《太白阴经》卷一，《人谋上·数有探心篇第九》。

② 《太白阴经》卷一，《人谋上·术有阴谋篇第八》。

麻痹敌人的灵魂，松懈敌人的斗志，消耗敌人的财力，破坏敌人的内部关系，从而使其丧失战斗力。

第五章　中国古代的医学心理思想

中医学是我国古代自然科学史中的一朵奇葩，而中国古代的医学心理思想则是中医学遗产的重要组成部分。中国古代医学典籍中蕴藏着丰富的医学心理思想，其发展大致可分为六个时期：一是医学心理思想的萌芽期（前770以前），二是医学心理思想的雏形形成期（前770—24），三是心身疾病临床辨证体系的确立期（25—265），四是医学心理思想纵深发展期（266—907），五是医学心理思想的高原期（908—1367），六是医学心理思想的曲线发展期（1368—1840）。在上述六个时期中，古代医家涉及的医学心理问题主要有心理生理、心理病因、心理诊断、心理治疗和心理卫生等，现逐一做些介绍。

一、论心理生理

古代医家从阴阳整体、水火五行、心主神明、脏象五志等基本理论出发，强调"形神一体""形与神俱"。如《黄帝内经》写道："心者，五藏六腑之大主也，精神之所舍也。其藏坚固，邪弗能容也。容之则心伤，心伤则神去，神去则死矣。"[①]认为神（心理）与形（生理）不可分，形与神俱，乃成为人；形与神离，则形骸独居而终。

《黄帝内经》还指出了生理（五脏）与心理（五志、五精）的对应关系：心——喜、神，肝——怒、魂，脾——思、意，肺——忧、魄，肾——恐、志。尽管这个认识还十分粗陋，甚至是欠科学的，但能认识到心理与生理

---

① 《灵枢·邪客第七十一》。

的不可分离性是可取的。

唐代孙思邈继承了《黄帝内经》以来的唯物主义形神观，考察了个体的发育成长过程，明确提出了先有形体、后有精神的观点。他写道："凡身在胎，一月胚，二月胎，三月有血脉，四月形体成，五月能动，六月诸骨具，七月毛发生，八月脏腑具，九月谷入胃，十月百神备，则生矣。生后六十日瞳子成，能咳笑应和人；百五十日任脉成，能自反覆；百八十日髋骨成，能独坐；二百一十日掌骨成，能扶伏；三百日膑骨成，能立；三百六十日膝膑成，能行也。"①认为胎儿的形体和心理是逐步发展的，十月时形体诞生，就产生了"百神"的心理活动，往后逐步产生了"咳笑""应和人"等情绪反应，这是把心理活动建立在形体基础上的心身关系论。

清代医学家王清任在长期的医疗实践中，不顾封建礼教的束缚和世俗的偏见，对一百多个因瘟疫而死的小儿尸体和刑事犯的尸体进行了解剖研究，并多方请教了经验丰富的人，在心理生理方面提出了独到的"脑髓说"。他写道："灵机记性不在心在脑一段，本不当说，纵然能说，必不能行。欲不说，有许多病，人不知源，思至此，又不得不说。不但医书论病，言灵机发于心，即儒家谈道德，言性理，亦未有不言灵机在心者。因始创之人，不知心在胸中，所办何事。不知咽喉两傍，有气管两根，行至肺管前，归并一根，入心，由心左转出，过肺入脊，名曰卫总管；前通气府、精道，后通脊，上通两肩，中通两肾，下通两腿，此管乃存元气与津液之所。气之出入，由心所过，心乃出入气之道路，何能生灵机、贮记性？"②虽然王清任对于心脏系统生理机能的认识有许多缺陷，但他根据自己的朴素的解剖观察，否定了传统的"灵机发于心"的观点，从而为正确认识心理的生理基础打下了基础。为了揭示大脑的心理功能，他还考察了脑与各感官之间的联系。认为听觉、视觉和嗅觉等感官都有"通脑之道路"，而脑对各感官起支配作用；肯定了脑髓生长与智力发展的关系；认为大脑的发育成长是从不完善（"脑髓未满"）到完善再逐步衰退（"脑髓渐空"）的过程，因此人的智力发展也有相应的变化；提出了大脑两半球功能差异的设想，认为左半

① 《千金翼方》卷十一，《养小儿第一》。
② 《医林改错·脑髓说》。

球管制右半边身体，右半球管制左半边身体，等等。

二、论心理病因

中国古代医学关于疾病原因的论述可分两类。一类是"外感六淫"，即外部的风、寒、暑、湿、燥、火六淫之气；一类是"内伤七情"，即内部的喜、怒、忧、思、悲、恐、惊七情过度。后一类明显属于心理因素致病，前一类六淫中每一种邪气也都与心理因素有关。如《黄帝内经》说："夫百病之始生也，皆生于风雨寒暑，阴阳喜怒，饮食居处，大惊卒恐。"[1] 又说："怒伤肝，喜伤心，思伤脾，忧伤肺，恐伤肾。"[2] 这显然是认为人的情志活动会导致五脏的病变。

唐代孙思邈说："天有四时五行，以生长收藏，以生寒、暑、燥、湿、风。人有五脏，化为五气，以生喜、怒、悲、忧、恐。故喜怒伤气，寒暑伤形，暴怒伤阴，暴喜伤阳。故喜怒不节，寒暑失度，生乃不固。人能依时摄养，故得免其夭枉也。"[3] 认为内部的心理因素会通过"气"的中介来影响五脏，从而产生疾病。他还详细论述了"五劳""六极""七伤"和"七气"致病的过程，其中"五劳"均为心理因素："五劳者，一曰志劳，二曰思劳，三曰心劳，四曰忧劳，五曰疲劳。……五劳五脏病。"[4]

宋代陈无择的《三因极——病证方论》更明确提出了七情致病说："内所因唯属七情交错，爱恶相胜而为病……能推而明之。"他还进一步概括了《黄帝内经》的七情气机说，并做了新的补充："七者不同，各随其本脏所生所伤而为病。故喜伤心，其气散；怒伤肝，其气击；忧伤肺，其气聚；思伤脾，其气结；悲伤心胞，其气急；恐伤肾，其气怯；惊伤胆，其气乱。虽七诊自殊，无逾于气。"

金代张子和、明代张景岳、清代叶天士等对此也多有阐发。如叶天士在《临证指南医案》中曾分析过心理因素对于癫痫病形成的影响："某，平

---

① 《灵枢·口问第二十八》。

② 《素问·阴阳应象大论第五》。

③ 《备急千金要方》卷八十一，《养性序第一》。

④ 同上书，卷六十，《补肾第八》。

日操持，身心皆动，悲、忧、惊、恐，情志内伤，渐渐神志恍惚，有似癫痫，其病不在一脏矣。医药中七情致损，两千年来，从未有一方包罗者，然约旨总以阴阳迭偏为定评。……家务见闻，必宜屏绝，百日为期。"认为七情过激、操劳太过是癫痫病的根本原因。那么，七过度为什么会致病呢？《黄帝内经》认为有两条途径：一是七情通过影响心脏异常活动而导致其他脏腑活动发生病变："心者，五藏六府之大主也……故悲哀愁忧则心动，心动则五藏六府皆摇。"二是七情通过影响精气异常变化而导致五脏六腑的病变："余知百病生于气也，怒则气上，喜则气缓，悲则气消，恐则气下，寒则气收，灵则气泄，惊则气乱，劳则气耗，思则气结，九气不同，何病之生？"[1]

三、论心理诊断

古代医家在疾病诊断过程中，非常注意从人的心理因素方面去考察，即所谓望、闻、问、切"四诊心法"。它滥觞于《内经》，清代吴谦等在《医宗金鉴·四诊心法要诀》中正式提出。

所谓望诊，是通过医生的视觉去观察病人的神、色、形、态等外部表现的变化，以推断病情。如《黄帝内经》说："五色各见其部，察其浮沉，以知浅深；察其泽夭，以观成败；察其散抟，以知远近；视色上下，以知病处。"[2]认为通过观察病人神色的浮或沉、润泽或枯槁、敷散或抟聚、部位的上或下，可以知道其病位的深浅、吉凶、远近和病源等。《诸病源候论》在论述肝病的症状时也写道："肝候于目而藏血。血则荣养于目。腑脏劳伤，血气俱虚，五脏气不足，不能荣于目，故令目暗也。"[3]

所谓闻诊，是通过医生的听觉去听取病人所发出的种种声音、气息（如言语、呼吸、咳嗽、呃逆、呕吐、呻吟等）在强弱、缓急、粗细、清浊等方面的变化，以测知病情。还包括一些异常的声音在心理诊断上的意

---

① 参见燕国材《先秦心理思想研究》，湖南人民出版社，1981，第214—215页。

② 《灵枢·五色第四十九》。

③ 《诸病源候论》卷三，《虚劳目暗候》。

义，如"谵语""狂言""独语""郑声""睡中呢喃""错语"等。《黄帝内经》就指出："弦绝者，其声嘶败；木敷者，其叶发；病深者，其声哕。"①认为人的病情可以通过其言语声音反映出来。吴谦等《四诊心法要诀》也写道："肝呼而急，心笑而雄，脾歌以漫，肺喘促声，肾呻低微，色克则凶。"认为声音是急迫、粗盛，还是散漫、短促、低微，都可以判断疾病所在的脏腑。

所谓问诊，是通过医生和病人的言语交流，以了解病人的发病经过、自觉症状，乃至饮食起居、生活习惯、职业状况等的一种心理诊断法。《黄帝内经》特别重视问诊的作用，它写道："诊病不问其始，忧患饮食之失节，起居之过度，或伤于毒。不先言此，卒持寸口，何病能中……"②认为不详加询问、把握病情，就很难对症下药。《黄帝内经》还写道："闭户塞牖，系之病者，数问其情，以从其意。"③主张创造一个安静的环境，耐心倾听病人的陈述，并不厌其烦地询问详情，以全面准确地了解病人的情况。

所谓切诊，是通过医生的触摸觉去触摸病人的脉搏、胸腹、皮肤、手足等方面，以探索疾病情况。《黄帝内经》最早猜测到七情在脉象上的反映："肝脉骛暴，有所惊骇。"④《诸病源候论》也说："心藏神而主血脉。虚劳损伤血脉，致令心气不足。因为邪气所乘，则使惊而悸动不定。"⑤中国古代医学对七情与脉象的关系论述颇详，如表5-1所示⑥。

四、论心理治疗

古代医家注意心理治疗和药物治疗在治疗疾病中的整体效应，有时甚至将心理治疗放在首位。如《黄帝内经》就写道："精神不进，志意不治，

---

① 《素问·宝命全形论第二十五》。

② 《素问·徵四失论第七十八》。

③ 《素问·移精变气论第十三》。

④ 《素问·大奇论第四十八》。

⑤ 《诸病源候论》卷三，《虚劳惊悸候》。

⑥ 参见王米渠的《中医心理学》（天津科技出版社，1985）和《中国古代医学心理学》（贵州人民出版社，1988）有关内容。

故病不可愈。今精坏神去，荣卫不可复收。何者？嗜欲无穷，而忧患不止，精气弛坏，荣泣卫除，故神去之而病不愈也。"[1]这说明，一个人是精神振奋、意志不乱，还是纵欲无度、忧患不止，对于疾病的治疗有决定性影响。元代朱震亨的《丹溪治法心要》也说："五志之火，因七情而生……宜以人事制之，非药石能疗，须诊察由以平之。"

表 5-1　七情与脉象的关系

七情	脉象	《医学传心录》	《脉象图说》	《脉说》	《医学入门》
喜	散	过喜则脉散		脉来虚数，喜伤心也	喜伤心脉虚，甚则心脉反沉
怒	急	暴怒则脉急		脉来弦急，怒伤肝也	怒伤肝脉濡，甚则肝脉反涩
忧	涩			脉来沉涩，忧伤气也	忧伤肺脉涩，甚则肺脉反洪
思	结			脉来结滞，思伤脾也	思伤脾脉结，甚则脾脉反弦
悲	紧	悲伤则脉短		脉来紧促，悲伤肺也	悲伤则脆络脉紧，甚则气消而脉虚
恐	沉	大恐则脉沉		脉来沉弱，恐伤肾也	恐伤肾脉沉，甚则肾脉反濡
惊	动不定			脉来摇动，惊伤胆也	惊伤胆脉动，甚则入肝脉散

　　古代医家还总结了若干行之有效的心理疗法。一是言语开导法。如《黄帝内经》说："告之以其败（指出疾病的危害，以引起病人的注意），语之以其善（指出只要与医生配合，就一定能治好疾病，从而增强其战胜疾病的信心），导之以其所便（告诉病人调养的方法和具体的治疗措施），开之以其所苦（解除病人的消极心理状态），虽有无道之人，恶有不听者乎？"[2]二是移精变气法。这是古代祝由式的心理疗法，即通过语言、行为、舞蹈等形式，调动病人的积极因素，转移患者对局部痛苦的注意，形成良好的精神内守状态，移易精气，变利血气，调动人体本身的治疗作用。三是以情胜情法。这是一种利用情志互相制约的关系进行治疗的心理疗法。如《黄帝内经》说："怒伤肝，悲胜怒；喜伤心，恐胜喜；思伤脾，怒胜思；忧伤肺，

---

① 《素问·汤液醪醴论第十四》。

② 《灵枢·师传第二十九》。

喜胜忧；恐伤肾，思胜恐。"①四是激情刺激法，即利用突然刺激，特别是精神刺激，来治疗人体生理机能活动的失调。古代医案就有"以恐治衄""怒激吐瘀"等大量记载。

唐代孙思邈还主张在治疗中必须考虑病人的心理活动和性格特点。他详细分析了病人急于求成、乱用药物、不遵医嘱、易受暗示等特点及其后果，并对医生的对策提出了建议。孙思邈还强调医生在为病人进行药物和心理治疗时的态度，要求医生具有良好的心理品质和职业道德，如涉猎群书、精熟医道，大慈恻隐、誓愿普救，用心精微、一丝不苟，举止端庄、尊重同道等。

五、论心理卫生

古代医家很重视"治未病"的心理卫生，如《黄帝内经》说："是故圣人不治已病，治未病，不治已乱，治未乱，此之谓也。夫病已成而后药之，乱已成而后治之，譬犹渴而穿井，斗而铸锥，不亦晚乎？"②认为只有防患于未然才是医家的高明所在。孙思邈也认为，要真正做到"治未病"，延年益寿，就必须调摄形体，注意不断运动，同时也要调摄精神，讲究心理卫生。他写道："养性之道，常欲小劳，但莫大疲及强所不能堪耳。且流水不腐，户枢不蠹，以其运动故也。养性之道，莫久行久立，久坐久卧，久视久听……莫强食，莫强酒，莫强举重，莫忧思，莫大怒，莫悲愁，莫大惧，莫跳踉，莫多言，莫大笑，勿汲汲于所欲，勿悁悁怀忿恨，皆损寿命。若能不犯者，则得长生也。"③他还论述了心理卫生（养生）的"五难"与"十二少"，"五难"为：一曰名利不去，二曰喜怒不除，三曰声色不去，四曰滋味不绝，五曰神虑精散。"十二少"为："常少思、少念、少欲、少事、少语、少笑、少愁、少乐、少喜、少怒、少好、少恶，行此十二少者，养性之都契也。"明代龚廷贤在《寿世保元》中也论述了心理卫生的11个要点：

① 《素问·五运行大论第六十七》。

② 《素问·四气调神大论第二》。

③ 《备急千金要方》卷八十一，《道林养性第二》。

"薄滋味，省思虑，节嗜欲，戒喜怒，惜元气，简言语，轻得失，破忧沮，除妄想，远好恶，收视听。"他在《万病回春》中提出的"医家十要"也颇有心理卫生意味："一择明医，于病有神，不可不慎，死生相随；二肯服药，诸病可却，有等愚人，自家担阁；三宜早治，始则容易，履霜不谨，坚冰即至；四绝空房，自然无疾，徜若犯之，神医无术；五戒恼怒，必须省悟，怒则火起，难以救护；六息妄想，须当静养，念虑一除，精神自娱；七节饮食，调理有则，过则伤神，大饱难克；八慎起居，交际当法，稍若劳役，无气愈虚；九莫信邪，信之则差，异端诳诱，惑乱人家；十勿惜费，惜之何谓，请问君家，命财孰重？"古代医家的心理卫生思想还有"精神内守""和畅性情""闲情逸致"和"四气调神"等，不一一赘述。

第六章　中国古代的管理心理思想

管理心理学与其他心理科学的分支学科一样，是一门既古老又年轻的学科。说它古老，是因为自从有了人类，人类就开始了自己的管理实践，也开始形成了管理心理学思想的萌芽。说它年轻，是因为作为一门系统而独立的学科，管理心理学是在 20 世纪正式诞生的。如果说管理心理学作为一门学科正式出现起源于美国，那么，管理心理思想则起源于中国。在中国古代浩如烟海、汗牛充栋的典籍中，蕴藏有非常丰富的管理心理思想。系统挖掘和整理中国古代管理心理学思想，对于建立具有中国特色的管理心理学体系具有十分重要的意义。

一、中国古代管理心理思想的产生与发展历程

中国古代管理心理思想的渊源、发展轨迹是什么？它是怎样不断地丰富、提高和系统化的？这些问题对于我们科学地剖析中国古代管理心理思想的理论体系，把握它的实质，提升它对现代管理的借鉴意义具有很高的

价值。

（一）中国古代管理心理思想的滥觞

中国古代管理心理思想的萌芽要追溯到夏、商、周三代，它的起源和中国农业社会的发展密切相关。随着以农业为基础的社会分工的出现，管理活动随之产生。而管理心理思想的起源更多地从原始的社会关系所发生的变化中反映出来。一方面，原始氏族的社会关系主要体现为家族血缘关系，因而，中国古代管理的人际组合和关系，本质上构成了以家庭血缘关系为纽带的有尊卑、上下等级关系的宗法制度。因此，古代重视"天地君亲师"，核心在于"亲"，这必然导致华夏文化中对家族血缘联系的强烈的伦理意识，这与后来成为中国古代管理心理思想主流的儒家思想中"仁"的观念、"修己安人"的思想以及宗法观念的人际关系原则有着历史的必然联系。另一方面，农耕社会的发展必须借助于天和自然的力量，更必须以广大百姓的辛勤劳作为基础，这使得人们在敬畏天神的同时也意识到了人自身的力量，《尚书·泰誓》言："天视自我民视，天听自我民听。"这是说上天的视听是以人民的视听为依据的。说明上天的地位在人们眼里发生了动摇，而人民的地位得到了提高。随着夏殷兴亡的历史演进，统治阶级从观察和分析社会矛盾中，也看到了民心向背和统治者个人作为所起的作用，意识到"有命在天"最终是靠不住的，而君子戒惧警惕，忠于职守，做好敬德保民工作才是治理国家的根本。《尚书·洪范》篇提出领导者不能只做孤家寡人，要与外界多接触，要"谋及卿士，谋及庶人"，还要"敬用五事"，在"貌""言""视""听""思"等方面多加修养。《尚书·皋陶谟》篇还对领导者应具备的"九德"提出了要求，即所谓"宽而栗，柔而立，愿而恭，乱而敬，扰而毅，直而温，简而廉，刚而塞，强而义"。上述观念成为中国古代管理心理思想中人本主义、民本主义、重德思想的重要来源。

古代管理心理思想的萌芽还从一部儒学经典《周易》中反映出来。

《周易》原为占卜的书，但其中包含着比较丰富的管理辩证法思想。它反映了人们对自然和社会发展规律的把握，体现在乾坤八卦、阴阳五行中的朴素辩证法思想，反映了对人和道（规律）的重视，尤其是揭示了关于矛盾转化和人的主观能动性的联系，说明人的努力与事情的成败有着很大的联系。如《谦·六四》爻辞提出"谦"和"豫"两种卦象,"谦"就是态度谦逊,不傲名("鸣谦")、不居功("劳谦"),不以救世主自居("抚谦")。这种"谦谦君子",可以"用涉大川",渡过险阻,最终达到"无不利"。相反,"豫"是神态厌倦,意志骄盈("鸣豫"),游乐无度("由豫"),从早到晚都是毫无振作("盱豫"),故"介于石,不终日",即使有坚如磐石的江山,也无自保,终于"迟有悔"[①]。

总之,以农业社会为基础的宗法制,孕育了古代管理心理思想的萌芽,使得它在以后的发展中产生了很多有别于其他国度和民族的特征,形成了独特的风格。

(二)中国古代管理心理思想的形成

先秦时期是中国封建社会的开端,也是中国古代管理心理思想产生和奠基的时期。春秋战国时期是个大变革的历史时期,社会形态由宗族奴隶制向封建制过渡,过去的管理思想和制度已成为时代发展的桎梏。在各种矛盾和冲突的推动下,经济上,土地私有制开始出现;政治上,王室衰微,诸侯争霸;文化上,由政治、经济的变动造成文化下移,出现私学,形成了"士"阶层;思想上,经过从西周初到春秋末几百年的积累,人们在摆脱天命思想的过程中,思想已有很大发展。在这些因素的共同作用下,百家争鸣应运而生。诸子百家在政治、经济、军事、文化等方面提出了不同的管理主张。传统管理心理思想由此发轫。

百家争鸣中对后世产生影响的大小学派有十家左右,主要有儒、道、法、墨、兵、农、名、杂、阴阳、纵横等家,他们的管理心理思想主要在《论语》《孟子》《道德经》《庄子》《吕氏春秋》《荀子》《韩非子》《墨子》《孙子兵法》等著作中反映出来。诸子百家对经世治国的主张进行了充分的论辩,分别涉及人性与需要思想、用人心理、激励心理、领导心理、组织心理等不同的方面。正如《史记·太史公自序》所评述的那样:"天下一致而百虑,同归而殊途。"诸子百家中,具有系统性而又对后代产生较大影响的主要有儒、道、法三家,其中儒家可以说是最完整地吸收了华夏文化的精

---

① 《周易·豫·六三》爻辞。

髓。儒家所倡导的人本主义、明德、中庸、修己立人等思想不仅在中国以后两千多年的历史中成为左右人们思想的主导价值观，而且远播东南亚及欧美各国，对人类思想和文化的发展起了极大的推动作用。

与儒家重德的管理心理思想有所不同，法家主张以法治国，讲究法、术、势相结合，在管理的制度、技巧、权威等方面提出了不少见解。道家管理心理思想的主要精神是以"道"为中心，讲"无为而治"，偏重于对管理的规律、方式和艺术的探求。道家所主张的"无为"并不是真的要求管理者无所作为，而是所谓"治大国若烹小鲜"，"无为"是为了更好地"有为"。兵家全胜而非战的战略思想、知己知彼的信息和决策思想、注重人才心理素质的测评和培训的用人思想及赏罚分明的激励思想，不仅是中国古代管理心理思想中的精粹，而且为海外的管理学者和企业家推崇备至，并在管理实际中加以应用。墨家则主张国富民治，在人际关系上提倡兼相爱、交相利，在用人上主张尚贤，并重视领导者修身亲士，培养"厚乎言行"的德、"辩乎言谈"的才、"述而且作"的实干精神、"摩顶放踵"的工作态度和"非乐节用"的生活作风。

由于中国是人类历史上最古老的文明国家之一，积累了丰厚的管理经验，因此，在此基础上产生的管理心理思想极其丰富，实践性较强。各家学说在争鸣中互相吸取，互相融合，不断丰富，不断深入。因而，这一时期管理心理学的发展空前繁荣，可以说是中华管理智慧的最高体现。先秦管理心理思想为中国后世管理心理思想的发展提供了广阔和深厚的基础，是中国传统管理心理思想的发端与渊源。尽管其中不乏对现今管理带来消极影响的方面，但它仍然是对现代管理具有极大借鉴和指导作用的瑰宝。

（三）中国古代管理心理思想的发展

秦汉相继统一，标志着封建经济制度和封建集权制在全国范围内的确立巩固，后又历经三国、两晋、南北朝，直到隋唐，这段时期构成了封建社会发展的前期。这一时期内，历史经历了"合久必分，分久必合"的民族大动荡和大变迁，社会经济、政治、文化的发展，都不可避免地形成某种阶段性的特征，管理心理思想的发展正体现了这一规律。这段时期居于支配地位的学术思潮，经历了两汉神学、魏晋玄学、南北朝隋唐佛学等发展阶段，但贯穿在其中的管理心理思想论争，主要围绕"天人关系"依次展开。实际上，天人问题是中国古代管理心理思想发展中的一个基本问题，它源自上古时代，在先秦的百家争鸣中就已经显现出来，这时重新提出，却具有新的时代内容和表现方式。秦至汉初，地主阶级内部的不同集团，对于怎样巩固封建集权统治，怎样创立新的法度和理论基础，产生了很多的分歧和争论。秦统治者坚持的"以法为教，以吏为师"，以及黜道坑儒所带来的失败教训，引起了汉初统治者的深刻反思，促使他们在文化学术思想上采取开放的政策。汉初的统治者暂时采取了黄老之学的新道家作为"治国安民"的指导思想，创造了"文景之治"的盛世。而在思想领域内，事实上在道法互黜、儒道互黜的矛盾中，各有中心，思想上各有继承，逐步形成了几种具有新的时代特征的重要思潮。例如，陆贾、贾谊等人从不同的角度提出的一些治理国家的思想，具有很大的影响。然而，秦至汉初的几种思潮在体系上尚不够成熟，在神权和皇权之间，还缺乏系统的理论说明，这一点，是当时的统治者迫切要解决的问题。当董仲舒提出"天人三策"的思想时，汉武帝欣然接受，于是，封建统治者找到了巩固政权的理论体系。掀开董仲舒思想体系中的神学面纱，我们看到的是其丰富的适应当时社会政治形势和百姓心理的领导心理思想，其关于领导者自身修养，领导者如何发挥影响力，领导者如何用人、激励人的论述，将神权和皇权的力量巧妙地融合到了一起。董仲舒因此成为秦汉之际新儒家思想的集大成者，两汉中央集权专制统治理论基础的奠基人。

从汉到唐，支配社会生活的思想意识几经演变，由汉代的神学演变为魏晋的玄学，再替换为南北朝的佛教，其表现形式各不相同，而思想实质则一脉相通，其论争的核心论题，主要涉及的是"天人之际"的问题，实质上试图把心灵、社会和宇宙作为一个整体来诠释人性和心灵的追求。与上述神权化或神秘主义理论相对立，另一条无神论的思想路线则力图对"天人关系"做出更合理的回答，对当时的宗教异化和政治异化对人们心灵的误导表示一定的抗议，王充、范缜、柳宗元、刘禹锡等人堪称杰出代表。

在学术观点的论争中，很多思想家在其著作中提出了一些对当时的社会发展乃至我们现代管理都有借鉴意义的管理心理思想。例如，王充的《论衡》、刘劭的《人物志》、刘安《淮南子》、司马迁《史记》、柳宗元的著作中所涉及的大量关于如何知人、用人、励人、育人以及领导者的品质、领导策略等方面的思想。而三国时期的曹操、诸葛亮等人的理论则继承并发展了先秦兵家的诸多思想观点。

至于唐代的韩愈，他的天命观，屈于刘、柳，而他的道统论以及同刘、柳合力推进的古文运动，则预告了宋明道学的兴起，由此推进了中国古代管理心理思想的理论完善。

（四）中国古代管理心理思想的完善

唐宋之际，中国封建社会在经济关系、阶级结构和社会矛盾等方面，发生了重大的转折性变化。土地私有制和封建工商业都得到很大发展，商品货币化削弱了农民的依附关系，统治阶级的利益和地位发生了动摇。自唐安史之乱后近二百年的分裂割据局面使得社会长期处于恶性循环之中，道德风气日趋下降。宋初的开国者因此采取厉行集权和重整纲常的方针政策。自宋至明中叶占主要学术地位的宋代理学就是在这样的条件下孕育、产生的。严格地说，理学是儒学发展阶段上产生的新的理论形态。一方面，它以儒家的纲常伦理为核心，吸取佛学本体论思辨模式和道家"道生万物"的宇宙观，建立起兼有精致的思辨形态和现实纲常内容的儒学新体系，从而超越了佛、道哲学。另一方面，这一儒学新体系将注重阐述儒家经典的经学和根据儒学原理阐述和发挥自己学术观点的子学有机结合在一起，从而结束了先秦诸子学之后经学和子学分立的局面，使得孔子开创的儒家学派在理论上达到了一个更高层次的统一，既具有强烈入世精神的儒学的统一，也标志着中国古代管理心理思想的发展进入理论完善阶段。

这一时期管理心理思想的论争主要围绕"内圣外王"这一主题而展开。"内圣外王"之词最初来源于道家文献，其实评价的是孔子修己安人的思想，孔子这种内有圣人之德，外施王者之政的管理理念为后世儒家所标榜，成为儒家一贯奉行的人格理想和实施王道政治的经世路向。孔子之后，内圣的仁学和外王的礼学开始发生离异，孟子侧重发展了孔子学说中"内圣"的一面，成为儒家理想派的代表。荀子侧重发展了"外王"的一面，成为现实派的代表。孟荀之后，儒家"内圣外王"的经世传统，沿着"内圣"与"外王"两大路向，历经汉唐宋元明数朝，此起彼伏，相辅相成。韩愈、程颢、程颐、朱熹、陆九渊、王守仁等理想派继承并发展了思孟学派为代表的"内圣"之学,而王通、陈亮、叶适、黄宗羲、顾炎武等事功派继承和发展了荀子的"外王"之道。由于宋明理学在后期封建社会中的正统地位和巨大影响,以思孟学派为代表的"内圣外王"之学遂成为儒家道统的正脉。

宋明管理心理思想的内圣外王之道,其理论重心在"内圣"一面,即以"内圣"启"外王",主要强调以自我管理来实现外部世界的管理。所谓"正心诚意"于内,方可"修齐治平"于外,只要做到了"格致诚正"的内圣修养,自然就会有"家齐、国治、天下平"的外王局面。"内圣"的过分强调,以至于以心性修养代替一切,实际上是把现实社会三纲五常政治的伦理原则异化为天理,又将天理赋予人,体现为人性和人心,这样就把人的内在本质和本性归结为道德本性,以此论证三纲五常等封建道德的合理化。而尽性的根本途径就是要"存天理,灭人欲",此时,宋明的管理心理思想已背离了经世致用的儒家管理心理思想的传统。宋明的管理心理思想在理论上深化了以往的管理理念,构筑了以人性为基础、以道德为目标、以自我管理为核心的中国古代管理心理思想体系,在实践上强化了人们按社会政治伦理准则行事的自觉性。这一思想体系对维护中央集权的君主专制社会后期的稳定产生了很大的作用。但由于它扼杀了人们的感性欲望,空谈心性,所以束缚了人们主体性的发挥,使管理僵滞化,对社会的进步产生了消极的影响。

(五)中国古代管理心理思想发展的新趋向

明清之际,漫长的封建社会发展已完全烂熟而进入它的末期,新的资本主义经济关系开始萌芽,但腐朽的封建生产关系及强固的上层建筑,却阻碍着新生产力的生长,各种社会矛盾空前激化。顺应时代发展的潮流,一大批有识之士鉴于明代学术空疏误国的教训,对主张居敬主静、明心见性的宋明性理之学深恶痛绝,转而提倡匡时济世、经世济用的实学,代表人物有顾炎武、黄宗羲、王夫之及主张会通中西学术的徐光启和倡导习行之学的颜元等人。中国古代管理心理思想的发展因此呈现出新的动向,展现出务实求真的特征。例如,颜元倡导经世致用之学,反对空谈"性理"

的宋明理学，认为读书人最主要的任务是经世济民，治理国家，而不是埋首书本之中。如何经世济民？颜元提出了"富天下""强天下""安天下"的治国方略："如天不废予，将以七字富天下：垦荒，均田，兴水利；以六字强天下：人皆兵，官皆将；以九字安天下：举人材，正大经，兴礼乐。"①这里，颜元把国家富裕视为第一位，他认为理学家对人心性修养的要求，一般人极难做到，就是理学家自己也不能以身作则，深受其害的是广大的劳动人民。这样的观点抨击了"存天理，灭人欲"的宋明理学观点，对人的合理需要进行了充分的肯定。明清之际的思想家王夫之摆脱了神学史观，对中国传统文化，特别是儒家思想进行了全面而深刻的反思，对前人的思想成果加以系统的总结，几乎涉及了管理心理学的所有重要问题，堪称这一时期思想领域的集大成者。

值得注意的是，这个时期的管理心理思想的发展开始呈现通俗化、大众化的趋向。在文学领域，《水浒传》《红楼梦》等文学名著中，揭露和批判了封建制度对人的心灵和性情的禁锢，极力倡导突破封建礼教的桎梏，反映了新兴市民意识的觉醒。《菜根谭》等著作都体现了娴熟的管理智能和老练的生存艺术。

明清之际管理心理思想发展出现的新趋向，是我国封建社会走向末期的历史必然，尽管仍不可避免地存在阶级和时代的局限性，但其表现出的实事求是的科学态度和历史主义的批判精神，极大地推动了以自然科学为基础的近代中国社会政治经济文化的发展。

二、中国古代管理心理思想的主要特征

对于东方管理心理思想和中国古代管理心理思想，国内学者已有许多比较深入的研究，如苏东水教授将东方管理概括为"以人为本""以德为先"和"人为为人"等。我们这里从管理心理的角度概括中国管理心理思想的以下五个特征。

---

① 《颜习斋先生年谱》卷下，参见《颜元集》。

（一）以人为本

中国古代管理文化高度重视人在管理中的作用，自从古老的典籍《尚书·泰誓》提出"惟天地，万物父母。惟人，万物之灵"，此后数千年里，绝大多数思想家都认同"天地之间，人为贵"的思想。而且，中国古代思想家们的主张虽然有很大的不同，但在肯定"人贵论"上却是一致的，如《孝经》中说："天地之性，人为贵。"《黄帝内经》云："天覆地载，万物悉备，莫贵于人。"[1]军事家孙膑说："间于天地之间，莫贵于人。"清代大儒王夫之说："天地之生，人为贵。"这些观点是从不同的思考和研究角度得出的相同结论。一般来说，可以把古代"以人为本"的思想分为"得气说""智慧说""道德说"等几种类型[2]，这也是古代管理心理思想"以人为本"这一特色的重要的思想内涵。

1. 得气说

在中国古代的宇宙观中，阴阳五行思想最具代表性，为许多思想家所认同，《礼记·礼运》中说："人者，其天地之德，阴阳之交，鬼神之会，五行之秀气也。"意思是说人得天地之精气，通过阴阳的交合、神秘莫测的变化，凝结了五行之中最精粹的部分，所以是最为高贵的。南宋陆九渊的见解与《礼记》相似："人生天地之间，禀阴阳之和，抱五行之秀，其为贵孰得而加焉。"[3]禀受阴阳二气是否均衡，是古代思想家判别人与物的标志。陆九渊认为人是禀受阴阳二气之中和，获得了五行之中最精华的部分，所以是最为高贵的。

宋代周敦颐对宇宙万物之生成，及人得其秀而最灵的阐述最为完备：

无极而太极。太极动而生阳，动极而静，静而生阴。静极复动。一动一静，互为其根。分阴分阳，两仪立焉。阳变阴合，而生水火木金土。五气顺布，四时行焉。五行一阴阳也；阴阳一太极也；太极本无极也。五行之生也，

---

① 《素问·宝命全形论第二十五》。

② 许其端：《心理学思想的人贵论与天人论》，载燕国材主编《中国古代心理学思想史》，远流出版事业股份有限公司，1999。

③ 《陆九渊集·天地之性人为贵论》。

各一其性。无极之真，二五之精，妙合而凝，乾道成男，坤道成女，二气交感，化生万物，万物生生，而变化无穷焉。惟人也得其秀而最灵。[①]

这段文字的结论是由无极而生太极，太极动静而生阴阳，阴变阳合而生五行，五行变化而生万物，人得阴阳五行中最优秀的部分，所以既贵且灵。

虽然这种人自从得气就不同于其他物类的看法没有太多的科学根据，但这却是古代思想家从现实的人与万物的差异中寻求人的优越性而获得的一种认识，为后来进一步探索人性问题奠定了基础，这也就使中国古代的管理心理思想的发展具备了人性的观点。

2. 智慧说

"智慧说"是指人的智慧高于一切动物，所以人是最聪明和最高贵的。荀子说：

故人之所以为人者，非特以其二足而无毛也，以其有辨也。夫禽兽有父子而无父子之亲，有牝牡而无男女之别，故人道莫不有辨。[②]

荀子在这里除了提出人以"二足而无毛"的形态特征区别于动物之外，突出强调了"有辨"，即有辨别能力而高于动物，他所举的虽仅仅是伦理道德的辨别能力，其实其他方面显现出的辨别能力比比皆是。东汉王充则更明确："人，物也，万物之中有智慧者也。"他举例说，在人们的印象中鬼神灾祸只加于人，而不加于其他动物，所以人们有老死之恐惧，其他动物没有。他指出这是由于动物缺乏事物因果联系的认识能力，并归结说："倮虫三百，人为之长，天地之性人为贵，贵其识知也。"[③]

唐代刘禹锡对人为什么能够假物为用的原因做了比较深入的分析，他说："植类曰生，动类曰虫。倮虫之长，为智最大。能执人理，与天交胜。用天之利，立人之纪。"[④]这里指出了人的智力水平的最高表现是能够认识和

---

① 周敦颐：《太极图说》，载《中国哲学史资料选辑》，宋元明之部（上），中华书局，1984。

② 《荀子·非相》。

③ 《论衡·别通》。

④ 《刘禹锡集·天论下》，中华书局，1990。

掌握规律，有了这点才能利用自然和改造自然。清代戴震也有类似的观点："夫人之异于物者，人能明于必然，百物之生各遂其自然也。"①认为人能够认识客观规律，而百物只能按其天性和本能自然成长。

以上这些见解，都是基于将人与动物相比较而获得的，突出了人的智慧高于动物，得出了人为贵的思想；但是，对于人的智慧是天生的还是后天习得的，没有阐述清楚。王夫之对此有比较精辟的论述，他认为人与禽兽在智慧上的差别在于："禽兽终其身以用天而自无功，人则有人之道矣。禽兽终其身以用其初命，人则有日新之命矣。有人之道，不谋乎天；命之日新，不谋其初。"②也就是说禽兽只能运用与生俱来的能力，而人则能在先天的基础上通过锻炼和学习发展自己。他还说："夫天与之目力，必竭而后明焉。天与之耳力，必竭而后聪焉。天与之心思，必竭而后睿焉。……可竭者天也，竭之者人也。"③

这里，王夫之就更加明确地指出了在人的智慧发展中先天素质即"可竭"（发展的可能性）与后天的努力即"竭之"（客观环境和个人努力）之间的关系。用现代心理学的观点说，人与禽兽的差别不仅是先天遗传素质不同，后天的发展也不一样，强调了人的智慧高于禽兽，只有人才能通过后天的努力学习和刻苦锻炼提高自己的智力水平。

3. 道德说

中国古代思想家十分重视伦理道德，以道德论人性和人生修养，乃至管理社会和国家。所以，"道德说"在古代思想中占有重要的地位，也是人与禽兽区别的重要标志，由此而阐述了"人为贵"的思想。荀子说："水火有气而无生，草木有生而无知，禽兽有知而无义，人有气、有生、有知，亦且有义，故最为天下贵也。"④主张生命由简单到复杂，生命的品质也由低级到高级，只有到了人才"有气、有生、有知，亦且有义"，才是最为高贵的。荀子能够从生命发展的历程来认识人的本质特点是难能可贵的。汉代的董仲舒则指出："人受命于天，固超然异于群生，人有父子兄弟之亲，

---

① 《孟子字义疏证·理》，《戴震全集》卷六，黄山书社，1995。

② 王夫之：《诗广传·大雅》，中华书局，1964。

③ 王夫之：《续春秋左氏传博议》卷下。

④ 《荀子·王制》。

出有君臣上下之谊，会聚相遇，则有耆老长幼之施，粲然有文以相接，欢然有恩以相爱，此人之所以贵也。"①他从人伦秩序和行为规范来认识人的高贵。

作为中国传统道德的基础"仁"，其根本含义就是"以人为本"，所谓"仁者人也"②，表达了管理的基本原则和管理价值观。孟子则说："君仁莫不仁；君义莫不义。"③只要管理者能够真正地实行仁政，管理一定会产生较好的绩效。因此，古代管理者要求以"仁"为己任，推行人本管理。他们认为人性善，说"圣人与我同类者"④，"尧舜与人同耳"⑤，这是说在本性善这一点上，圣人与一般人是一样的。而圣人与一般人不同之处是"圣人先得我心之所同然耳"⑥，就是说圣人比一般人先发现了人本性中的对仁的追求，所以圣人与一般人的区别就在于对本性中善性的先得与后得。孟子据此认为只要努力去做，"人皆可以为尧舜"⑦。先秦儒家提倡的这种鲜明的主体意识极大地激发了个体在道德追求上的自觉性，从而有利于实现管理的和谐与成功。

因此，构成古代管理心理思想的人本特色，主要表现在以"人道"代替"天道"，相信人的智慧和力量，重视人的价值和地位，考虑人际和谐，善于运用人的智慧和计谋等。在传统的儒家文化影响下，人的道德力量在管理中具有特别重要的作用。这种思想对现代管理产生了巨大的影响，当西方的各个管理学派在管理上取得较大成就，同时也遇到困惑的时候，中国古代的人本特色的管理心理思想为之注入了新的生命力，因而受到海外学者及企业家的格外关注。在中西方管理文化交流日益深入的今天，中国古代管理心理思想的人本特色必将重新散发光辉。

---

① 《汉书·董仲舒传》。

② 《礼记·中庸》。

③ 《孟子·离娄上》

④ 《孟子·告子上》。

⑤ 《孟子·离娄下》。

⑥ 同④。

⑦ 《孟子·告子下》。

（二）以德为先

中国古代管理心理思想的另一个重要特征就是以德为先。提倡贤人政治，崇尚以德治国，强调管理者的道德素质，这是以儒家为代表的古代管理心理思想的共同特征。

古代流传下来的许多经典著述体现了古代管理者把德放在首位的思想。《尚书·立政》中提到了以德为核心的"九德"要求。《诗·大雅·烝民》载："民之秉彝，好是懿德。"指民众的本性是喜爱有德之人。《礼记·大学》载："自天子以至于庶人，壹是皆以修身为本。"孔子在《论语·为政》篇中说："为政以德，譬如北辰，居其所而众星共之。"墨子在《修身》篇中写道："士虽有学，而行为本焉。是故置本不安者，无务丰末。"汉朝的王符在《潜夫论》中说："德也者，苞天地之美。"

以儒家为代表的古代管理心理思想认为，德的主要内容是"仁、义、礼、智、信"，考察德的指标有 11 项，即强志、重信、轻财、守道、明察、诚实、自省、实干、谦虚、睿智、无私，其实现的方法是"身修而后家齐，家齐而后国治，国治而后天下平"。"修己安人"包含了根本性的管理方法。"身修"是让管理者做出道德示范，通过榜样力量影响被管理者的行为，从而达到"天下平"的目的。这种管理讲究的是管理者并不提出具体的管理要求，而被管理者在其道德威望的影响下自然达到良好状态。

古代管理心理思想特别强调领导者的表率作用，尤其是在德的方面。孔子认为"政者，正也"，他把管理道德化，要求管理者自身要正，因为"其身正，不令而行；其身不正，虽令不从"，认为管理者本身的行为有着巨大的影响力，百姓是否服从统治，取决于管理者本人有无道德感召力。管理者在实施管理时如能以自身高尚的品德来教育部下，则管理者好像北斗星一样处于群星环绕的位置，具有权威性和凝聚力。《贞观政要·君道》指出："若安天下，必须先正其身，未有身正而影曲，上治而下乱者。"可见，管理者通过修身养性成为有德之人，其威信自然提高，下属就会自觉接受他的影响，接受他的领导，从而真正拥有权力。

在人才选拔中，古代各个时期的管理者都重视德的因素。例如，清代康熙皇帝的用人标准是"国家用人，当以德器为本，才艺为末""才德兼优为佳"。但是，德才兼备的标准在实践中较难做到，所以康熙皇帝只能"以立品为主，学问次之"，还说"论才则以德为本，故德胜才谓之君子，才胜德谓之小人"。

现代管理心理学认为，品格因素作为一种非权力性影响力，是反映领导者内在素质最重要的指标。优秀的品格因素会给领导者带来较大的影响力和树立良好的威信，使下属产生敬重感，将其作为学习的榜样。领导者的品质对确定其威信与权力起着很大的作用。而在形成领导者品质的各要素中，道德品质又占据很重要的位置，因为道德品质的好坏直接影响到领导行为的性质与领导工作的效能。一个组织管理者的道德素质直接影响整个组织的风气和其他成员的道德水平，重德的柔性管理在组织管理中逐渐显示其特有的效能。中国古代"以德为先"的管理思想与此有暗合之处，在现代社会中更有继承和发扬的必要性。

（三）中庸之道

中庸之道堪称中华管理智慧中的精粹。很多杰出的华人企业家成功的奥秘就来自他们在管理中奉行的中庸之道。

中庸思想由来已久。《尚书·盘庚》中就有"各设中于乃心"的论述，《论语》中也有追述尧对舜的告诫"允执厥中"的记载。儒家创始人孔子发扬了殷周以来尚中的思想，他说："中庸之为德也，其至矣乎！民鲜久矣。"[1]他明确把中庸作为最高的道德范畴。《礼记·中庸》则进一步把"中"与"和"看作"天下之大本""天下之达道"，后世许多思想家也都对这一思想加以继承和发扬。这就要求我们把握好这一思想的丰富内涵，使其在现代管理中发挥出应有的作用。

"中庸"在《礼记·中庸》中的解释是"执其两端，用其中于民"。程颐对此的解释是"不偏之谓中，不易之谓庸"。朱熹则解释道："中者，无过无不及之名也；庸，平常也。"[2]他们都从不同的方面揭示了中庸的内在含义。在管理中，我们不能简单地用折中主义的观点来解释它，而应正确理

---

① 《论语·雍也》。

② 朱熹：《四书集注·中庸》，中华书局，1957。

解这一概念所包含的内在哲理。中庸之道运用于管理之中，大致包括了以下几方面的观念：

1. 凡事要适度

作为一种重要的管理原则和方法，中庸之道反对走极端，主张任何事都要遵循一个适当的"度"。《论语·先进》记载："子贡问：'师与商也孰贤？'子曰：'师也过，商也不及。'曰：'然则师愈与？'子曰：'过犹不及。'""过"就是过火，"不及"就是火候不到，过和不及都是孔子所反对的。由此便得出处理事物的方法：无过无不及。这一思想在《论语·子路》中也有论述："不得中行而与之，必也狂狷乎！狂者进取，狷者有所不为也。"这里，"狂"就是过，"狷"就是不及，两者都是孔子所不提倡的。管理中应提倡的是"中行"，凡事都要适中和适度。

2. 统一把握好矛盾的双方

管理中经常要面对如何把握好矛盾双方的问题。对此，孔子有精辟的论述："吾有知乎哉？无知也。有鄙夫问于我，空空如也。我叩其两端而竭焉。"[1]这体现了中庸思想中的一个重要特征是从事物对立的两方面找出解决问题的答案，即所谓的"执两用中"，这样就能统一考虑到矛盾中对立的两极，不至于出现偏颇，在对立面的互补中取得一种整合效应。

3. 掌握灵活多变的原则

"中庸之道"的"中"在管理中还要求遵循灵活多变的原则，刘劭曾这样说："夫中庸之德，其质无名。故咸而不碱，淡而不𫗦，质而不缦，文而不缋。能威能怀，能辨能讷，变化无方，以达为节。是以抗者过之，而拘者不逮。"[2]这里说明了中庸的一个重要原则是要能衡量事物的情势而做相应的变通。只有这样，才能真正掌握它的要领。中庸之道正是以这种灵活多变而见长。

4. 保持矛盾双方的协调

《礼记·中庸》中说："中也者，天下之大本也；和也者，天下之达道也。致中和，天地位焉，万物育焉。"孟子也指出："天时不如地利，地利不如人

---

[1] 《论语·子罕》。

[2] 《人物志·体别》。

和。"①中和的思想实际上体现了儒家中庸思想中对矛盾对立面之间的调和和渗透的追求，中和的目的是追求人与人、人与社会、人与环境之间的和谐。但儒家所说的和并不是无原则的和。对此，孔子有明确的说明："君子和而不同，小人同而不和。"②不同的东西和谐地配合叫作"和"，和的各方面有所不同；相同的东西相加或与人相混合叫作"同"，同的各方面之间完全相同。由此可以看出，孔子反对在管理中人云亦云、盲目附和，而是追求一种有原则的协调与和谐。中和的思想可以减少春秋战国时期礼崩乐坏状况下的各种矛盾和冲突，维护社会稳定，对于我们今天创造和谐的管理、增强组织凝聚力也具有非常积极的意义。

（四）无为而治

中国古代管理心理思想的又一重要特征是无为而治，这是由道家提倡并产生广泛影响的管理原则。"无为"是道或天道的一项重要属性，并非无所作为。《老子》中说："道常无为，而无不为。"③人道要效法天道，就管理者来说，"无为"是指人适应自然，自觉服从客观规律的管理行为过程。道家的管理宗旨就是通过"无为"，最后达到"无不治"的管理效果。具体来说，"无为而治"在管理实践中具有以下作用：

第一，"无为"可以减少管理的心理阻力，避免引起反感。道家认为，以智取天下，别人还之以智；以力为出发点，别人还之以力。

《老子》认为："慧智出，有大伪。"④治天下者机智巧诈，被治理者亦因之作奸作伪。因此，在管理中不人为破坏自然规则，顺应自然，就能够防止下属出现心理抵触，使下属在不知不觉中接受管理要求，实施有效管理。

第二，"无为"可以减少冲突。道家认为，过分的利益引诱，会导致相互争斗。管理者既要满足下属的合理需要，又要防止贪欲带来的损害。《老子》说"圣人为腹不为目"⑤，主张生活简单，反对追求官能享乐。管理者

---

① 《孟子·公孙丑下》。

② 《论语·子路》。

③ 《老子》三十七章。

④ 《老子》十八章。

⑤ 《老子》十二章。

"无为""清心寡欲"，即不提供过分利益，就会有利于管理。

第三，"无为"可以充分发挥组织机构的作用。老子有句名言："治大国若烹小鲜。"①意思是"夫烹小鱼者不可扰，扰之则鱼碎；治大国者当无为，为之则民伤"②。在组织中一旦建立起稳定的组织结构，明确各自的分工职责，就应充分发挥其作用。管理者应适当超脱，避免主观、随意决策，不干扰日常的管理工作。这样就能够达到"功成事遂，百姓皆谓我自然"的境界。

汉文帝时，宰相陈平在管理中就贯彻了"无为而治"的思想。汉文帝一次问政府的税收数字，右相周勃答不出来，急得汗流浃背。宰相陈平上前代答，说："各有主者。"意思是让文帝去问专管其事的人——治粟内史。文帝听后很不高兴，便问陈平："各事都各有所管，那你这宰相干什么？"陈平便用道家的道理回答："宰相者，上佐天子，理阴阳，顺四时，下育万物之宜，外镇抚四夷、诸侯，内亲附百姓，使卿大夫各得任其职也。"③这就是历史上有名的"宰相职权论"，充分体现了"无为而治"的管理心理思想。这一思想在唐朝的贞观统治集团的管理中也得到了充分体现。

道家的"无为论"其实是最优管理原则。从正面看，无为而治主张实行开明、自由的管理；从反面看，无为而治是反对蛮干妄为、粗暴干涉。这种"无为而治"的管理思想是中国古代管理心理思想的精髓之一，在现代管理中正发挥着越来越重要的作用。

（五）以和为贵

在中国古代，无论是儒家还是兵家、法家等，都主张追求管理中的"和"。这种"和"既是"和谐""协调"的意思，也有"合作"的含义，因而它实际上是中国"和合文化"的精髓。无论是管理国家、家族或是群体，都应该追求和谐。和谐是管理成功的标志，是管理追求的理想境界。

---

① 《老子》六十章。

② 此为南宋范应元为《老子》作注所说，并将"小鱼"作"小鳞"。转引自朱谦之《老子校释》，中华书局，1963。

③ 《史记·陈丞相世家》。

　　《论语》中说:"礼之用,和为贵。先王之道,斯为美"。①强调先王治理国家的可贵之处就在于使国内上下达于和谐。孔子对于管理国家特别强调"以和为贵"。他说:"盖均无贫,和无寡,安无倾。"②荀子也说:"上得天时,下得地利,中得人和,则财货浑浑如泉源。"③孟子则更明确地提出:"天时不如地利,地利不如人和。"儒家大师都重视"和",将其看成治国的最重要因素。

　　兵家则以《孙子兵法》为代表提出了"不战而屈人之兵,善之善者也"的思想,主张通过"攻心"的方式来使敌方心悦诚服,而避免通过激烈对抗、攻城略地、伤亡流血而造成的不必要的损失。在纷繁复杂、矛盾重重的社会生活中,上下和谐、人际协调,是国家安定、社会发展的先决条件。向朗说:"天地和则万物生,君臣和则国家平。"④

　　"以和为贵"的管理思想具有深刻的辩证思想内涵,"和"又与"同"相对。"和"是指五味调和、八音克谐之意,即多种滋味调配才能有美味佳肴,多种音节和谐才能产生优美的音乐。兵法中则讲得更明确:"知可以战与不可以战者胜……上下同欲者胜……将能而君不御者胜。"⑤前两者是讲内部关系和谐,后者是指审时度势,把握战机,不是绝对不打,而是要以最小的代价换取最大的胜利。这种管理思想在今天仍然具有重要价值。日本著名的企业经营战略专家上野明曾概括成功企业的特征,即不仅重视"和为贵"的想法,而且重视"和而不同"的想法。下级对上级能坦率提出反对意见,上级能谦虚地倾听部下的反对意见的风气,是优秀企业的共同点。这段话显然集中反映了中国古代"以和为贵"的管理思想精华。在现代管理中,我们应该充分地发挥"以和为贵"的管理特色,争取管理上最佳的"和谐"和最好的"合作",以最小的成本获取最高的利润。

---

① 《论语·学而》。

② 《论语·季氏》。

③ 《荀子·富国》。

④ 《襄阳记》。

⑤ 《孙子兵法·谋攻篇》。

三、中国古代管理心理思想的内容与体系

中国古代有非常丰富的心理学思想，但大多数散见于经史子集之中，一些学派或学者虽有自己的逻辑体系，其中不少与现代管理心理学颇有异曲同工之妙，但总体说来，仍然比较零碎。现依据现代管理心理学的体系，进行爬罗剔抉，希望能更为清晰地把握古代管理心理思想的基本内容。

（一）目标管理的心理思想

目标管理是整个管理活动的出发点和归宿，正如美国管理学家哈罗德·孔茨（Harold Koontz）等在《管理学》一书中所说："拥有某种长远的计划的工作部门几乎已成为精心管理的一种标志。"

中国古代虽然没有明确提出目标管理的概念，但类似的思想却是比较丰富的。古人说："不谋万事者，不足谋一时；不谋全局者，不足谋一域。"① 就是要人们具有长远的战略目标。被誉为世界管理学"圣典"的《孙子兵法》也把目标或方向作为首要问题。《孙子兵法》中提出的关系到"国之大事，死生之地，存亡之道"问题的"五事"和"七计"，都把目标作为重要的战略提出。所谓"经五事"是：一曰道（天道、正义），二曰天（时机），三曰地（环境），四曰将（人力），五曰法（制度）。所谓"校七计"是：主孰有道（一要看上级主管决定的方向正确不正确）。将孰有能（二要看主要领导干部的能力强不强）。天地孰得（三要看时机和环境条件好不好）。法令孰行（四要看规章制度执行严不严）。兵众孰强（五要看人力、物力等力量强不强）。士卒孰练（六要看队伍的教育培训搞得好不好）。赏罚孰明（七要看赏罚执行得严明不严明）。《孙子兵法》认为，通过对"五事""七计"的分析，"吾以此知胜负也"。也正因为如此，《孙子兵法》非常注重运筹帷幄，精心计划，设定目标。它写道："夫未战而庙算胜者，得算多也；未战而庙算不胜者，得算少也。多算胜，少算不胜，而况于无算乎！"这说明，在战争之前，计算越周密，就越可能战胜敌人。同样，制定战略、设定目

---

① 转引自李炳彦《兵家全谋》。

标也是个人和组织取得成功的前提条件。

目标，在中国古代又称为"志"，志向远大即目标远大之谓也。孔子说："三军可夺帅也，匹夫不可夺志也。"[①]认为"志"对于个人具有十分重要的意义。明代思想家王守仁也指出："志不立，则如无舵之舟、无衔之马……"说明失去目标就会像没有舵的小船随波逐流，像没有勒的野马四处乱撞。

远大而恰当的目标是管理活动成功的前提，日本管理学家土光敏夫说："目标应该具有这样的性质：从现状来看，要实现它是有困难的，甚至是不可能的，是需要人们有所飞跃的。"中国古代学者也认识到了这个问题，明确提出"志当存高远"的命题。先秦墨翟的"志功"学说认为，功是志外化于具体事业上的具体成就，志大才能功大。宋代张载更直截了当地指出："志大则才大、事业大，故曰'可大'，又曰'富有'；志久则气久、德性久，故曰'可久'，又曰'日新'。"[②]认为志向远大恒久是事业、才能以及品德发展的根本保证。

中国古代学者不但重视制定目标要远大而恰当，而且注重实施目标的心理因素。王勃《滕王阁序》中的"穷且益坚，不坠青云之志"以及苏轼《晁错论》中的"古之立大事者，不惟有超世之才，亦必有坚忍不拔之志"的不朽名句，都说明坚忍不拔、百折不挠的意志品质对于实现目标具有特殊的意义。《荀子·劝学》曾精辟地分析了制定目标与实施目标的辩证关系："无冥冥之志者，无昭昭之明；无惛惛之事者，无赫赫之功。"意思是说如果没有远大的志向，就难以有远见卓识；但如果不能谨慎顽强地去追求目标、努力实践，也难以取得巨大成功。因此，荀子主张在具有远大而明确的目标后必须锲而不舍地去加以实践："不积跬步，无以致千里；不积小流，无以成江海。骐骥一跃，不能十步；驽马十驾，功在不舍。锲而舍之，朽木不折；锲而不舍，金石可镂。"只要不懈地追求目标，总会如愿以偿，摘取胜利的果实。

---

① 《论语·子罕》。

② 《正蒙·至当篇》，《张载集》，中华书局，1978。

（二）人力管理的心理思想

人是管理活动的最重要资源。正如美国著名管理学家彼得·德鲁克（Peter F.Drucker）所说："企业或事业唯一的真正资源是人，管理就是充分开发人力资源以做好工作。"国际商用机器公司创建人沃特森（Watson）也说过："你可以接管我的工厂，烧掉我的厂房，但只要留下我的那些人，我就可以重建国际商用机器公司。"

对人的重视在中国古代管理心理学思想史上也占有十分重要的地位。战国时军事家孙膑说："间于天地之间，莫贵于人。"三国时政治家曹操也说："盖有非常之功，必得非常之人。"认为要想取得不同寻常的成功，就必须得到不同寻常的人才的鼎力相助。

人力管理心理思想是中国古代管理学思想史的重头戏，内容十分丰富，主要涉及人员甄选、任用、培训、激励等问题，现择要介绍如下。

1. 人员甄选的心理思想

人员的甄选在中国古代称为"知人"。知人是用人的基础。中国最古老的历史文献《尚书》就已提出"知人"的必要性："知人则哲，能官人。"意即只有聪明睿智的人，才能了解别人，才能用人得当。汉魏时期的刘劭在《人物志》序言中也写道："夫圣贤之所美，莫美乎聪明；聪明之所贵，莫贵乎知人。知人诚智，则众材得其序，而庶绩之业兴矣。"意思是说，善于知人是圣贤聪明智慧的最显著的特征，也是最可贵的品质。只有知人善任，才能人尽其才，使国家各方面的事业兴旺发达。

古代学者不仅认识到知人的重要性，也了解知人的困难性，如《庄子·列御寇》指出："凡人心险于山川，难于知天。天犹有春秋冬夏旦暮之期，人者，厚貌深情。故有貌愿而益，有长若不肖，有顺怀而达，有坚而缦，有缓而焊。"认为人的心理比山川还要险恶，比苍天还要高深莫测。自然界的春秋冬夏旦暮的循环往复还有定时，人却善于掩饰，不显露于外表，把情感埋藏在内心深处，很难进行测度。

关于知人的方法，中国古代也有比较系统的论述。庄子曾借孔子之口讲了知人的九种方法：

故君子远使之而观其忠，近使之而观其敬，烦使之而观其能，卒然问焉而观其则，急与之期而观其信，委之以财而观其仁，告之以危而观其节，醉之以酒而观其则，杂之以处而观其色。九征至，不肖人得矣。

《吕氏春秋》提出的"八观六验"知人法也颇具特色。它写道：

凡论人，通则观其所礼，贵则观其所进，富则观其所养，听则观其所行，止则观其所好，习则观其所言，穷则观其所不受，贱则观其所不为。喜之以验其守，乐之以验其僻，怒之以验其节，惧之以验其特，哀之以验其人，苦之以验其志。八观六验，此贤主之所以论人也。

"八观"的大致意思是说，当一个人处境顺利时，观察他礼遇的是哪些人；当一个人处于显贵地位时，观察他推荐的是哪些人；当一个人富有时，观察他养的是哪些门客；当一个人听取别人的意见后，观察他采纳的是哪些内容；当一个人无事可做时，观察他有哪些爱好；当一个人处于习以为常的情况时，观察他讲哪些东西；当一个人贫穷时，观察他所接受的是些什么东西；当一个人处于卑贱的地位时，观察他所不为的是些什么事情。"六验"的内容主要是通过一定的方法诱导出相应的情感，并观察一个人在这些情感支配下的所作所为，来了解人的本性。被日本人称为"经营之神"的松下幸之助对"六验"的方法非常赞赏。他还具体解释了"六验"的内容。一是使一个人高兴（喜），借此考验他安分守己的能力。设法使一个人高兴，然后观察他会不会有所节制；如果得意忘形，就不能加以重用。二是使一个人快乐（乐），借此考验他有什么癖性；设法使一个人快乐，他的癖性（如喝酒、打麻将、玩女人等）就会暴露无遗。三是使一个人发怒（怒），借此考验他控制自己的能力；如果一个人缺乏自控、意志薄弱，在工作上自然也难有成就。四是使一个人恐惧（惧），借此考验他有没有独特的作为；如果一个人遇到可怕的事仍能保持自己的立场，凛然无惧，这种人必可大用。五是使一个人哀伤（哀），借此考验他的为人；这是因为一个人在极度悲伤的时候，最容易表现出他的为人。六是使一个人痛苦（苦），借此考验他的志气；那些受到苛刻的待遇或陷入困境就颓废丧志的人，绝不可能成大器。

汉魏时期的刘劭对于知人问题也多有论述且颇具特色。他认为人员甄选中经常会有这样那样的失误，如道听途说、屈服财势、滞于一端等，因此主张通过"八观""五视"来详加考察。所谓"八观"是：

一曰观其夺救，以明间杂；二曰观其感变，以审常度；三曰观其志质，以知其名；四曰观其所由，以辨依似；五曰观其爱敬，以知通塞；六曰观其情机，以辨恕惑；七曰观其所短，以知其长；八曰观其聪明，以知所达。[①]

其中第一条是要求人们在观察人时必须深入到其行为的深层结构中去，而不要只看那些表面的东西，否则就会被那些互相损益、彼此间杂的现象所迷惑；第二条是要求人们在观察人时要善于通过一个人在变动状态下的诸种反应，以了解他在稳定状态下的特征；第三条是要求人们通过观察一个人的气质，以了解其各种异状殊名的才能和性格；第四条是要求人们在观察人时注意其行为的来龙去脉，从而把握他那些似是而非、似非而是的特点；第五条是要求人们在观察人时要分析其爱与敬两种情感，从而了解他的前途是否通达；第六条是要求人们在观察人时通过他的情欲表现来辨明其贤明或卑鄙的志向；第七条是要求人们在观察人的某些短处时，注意他的某些长处；第八条是要求人们在观察人时，要注意分析他的聪明程度，以把握其所达之材是什么。在这里，刘劭精辟地分析了表面现象与深层结构、动态反应与稳定特征、气质与才能性格、情绪欲望与前途志向、短处缺点与长处优点诸方面的辩证关系，在今天看来也不失其意义。"五视"是："居视其所安，达视其所举，富视其所与，穷视其所为，贫视其所取。"[②]意即考察一个人在安全时满足于什么；居官时推荐什么样的人才；富足时支援周济哪些人；不得志时有怎样的表现；贫困时对待财物的态度如何。这样才能断定一个人是否为贤才。

---

① 《人物志·八观》。

② 《人物志·效难》。

2. 人员任用的心理思想

人员甄选是人力管理的基础，人员任用则是人力管理的关键。如果任用不当，不仅达不到知人的目的，还会造成人才资源的浪费。汉魏时期刘劭曾分析过"用人"的诸种难处：

上材已莫知，或所识者在幼贱之中，未达而丧；或所识者未拔而先没；或曲高和寡，唱不见赞；或身卑力微，言不见亮；或器非时好，不见信贵；或不在其位，无由得拔；或在其位，以有所屈迫。是以良材识真，万不一遇也；须识真在位，识百不一有也；以位势值可荐致之士，十不一合也。或明足识真，有所妨夺，不欲贡荐，或好贡荐，而不能识真。①

这里分析了用人过程中主观、客观两方面的困难。从客观方面来看，或者人年少未能显露才华而早逝，或者人未及提拔已先丧，或者举荐者人微言轻不受重视，或者推举意见不合时宜而遭否决，或者不在其位得不到较好的任用表现机会，或者虽在其位但遭到种种阻挠压制。所以，能够被识别甄选的人才大概只有万分之一，其中从一定的职位中被发现的良才又只有百分之一，而能得到最适宜的任用的又只有十分之一。从主观方面看，有的人虽能识鉴真才，但由于害怕自己的地位受威胁而不想推荐；有的人虽有任用良才的愿望，但由于缺乏识别能力而无以推荐。这就是所谓"实知者患于不得达效，不知者亦自以为未识"。

中国古代学者对人员任用的方法与原则也提出了若干弥足珍贵的意见。一是"不縻不疑"。《孙子兵法》写道："故君之所以患于军者三：不知军之不可以进而谓之进，不知军之不可以退而谓之退，是谓縻军。不知三军之事而同三军之政者，则军士惑矣。不知三军之权而同三军之任，则军士疑矣。三军既惑且疑，则诸侯之难至矣。是谓乱军引胜。"这说明，如果不懂得军队不可进或退而强行令其进退，就会束缚军队手脚；不懂得军队内部事务而去干预，就会使将士迷惑不解；不懂得用兵的权谋而干涉军队的指挥，将士就会产生疑虑。同样，在管理过程中必须尊重和信任下属，而不能疑

① 《人物志·效难》。

神疑鬼、动辄干涉。唐太宗说："但有君疑于臣，则下不能上达，欲求尽忠极虑，何可得哉？"①这也说明，用人者倘若怀疑被用者，就不能充分发挥被用者的作用。中国古代流传着不少用人不疑的佳话。例如，汉代大将冯异久镇关中，威名显赫。有人给光武帝刘秀上书，说冯异"威权至重，百姓归心，称咸阳王"，图谋造反。冯异因此惶惧不安，慌忙上书表明心迹。刘秀召见冯异后，将诋毁他的奏章请他过目，并说："将军之于国家，义为君臣，恩犹父子，何嫌何疑，而有惧意？"②仍命冯异为统率大将军。

二是"能与任宜"。刘劭认为，人的才能具有个别差异性，"人材不同，能各有异"，在任用时就必须考虑到这种个别差异性，使具有某种才能的人处于最合适的岗位上。宋代王安石对此也有论述。他认为，用人应该"使大者小者、长者短者、强者弱者无不适其任者焉。如是，则士之愚蒙鄙陋者，皆能奋其所知以效小事，况其贤能智力卓荦者乎？"③只有让最适合的人从事最合适的工作，人适其职，职得其人，才能真正做到世无弃人，人尽其才。中国古代也有不少这方面的事例。例如，汉高祖刘邦在总结自己成功的原因时曾说："夫运筹策帷帐之中，决胜于千里之外，吾不如子房。镇国家，抚百姓，给馈饷，不绝粮道，吾不如萧何。连百万之军，战必胜，攻必取，吾不如韩信。此三者，皆人杰也，吾能用之，此吾所以取天下也。项羽有一范增而不能用，此其所以为我擒也。"④可以说，刘邦的成功之道就在于用人上实现了"能"与"任"的最佳结合。

三是"材与政合"。刘劭认为，在人员任用时不仅要能与任宜，而且要材与政结合，即根据不同的政情和民众心理来任用一定的人才。他写道："是以王化之政，宜于统大，以之治小则迂；辨护之政，宜于治烦，以之治易则无易；策术之政，宜于治难，以之治平则无奇；矫抗之政，宜于治侈，以之治弊则残；谐和之政，宜于治新，以之治旧则虚；公刻之政，宜于纠奸，以之治边则失众；威猛之政，宜于讨乱，以之治善则暴；伎俩之政，宜于治

---

① 《贞观政要·杜谗邪》第二十三。

② 《资治通鉴》卷四十一，《汉纪三十三》。

③ 《王文公文集·材论》。

④ 《史记·高祖本纪》。

富，以之治贫则劳而下困。故量能授官，不可不审也。"①他认为，每一种人才都有具体特殊的能力，并适合在特定的政治领域中发挥优势。在某个领域里显示出才华，并不意味着在另一种政治背景下也能顺利施政，有时甚至会南辕北辙，一败涂地。所以，必须根据不同的政，选拔适合此政的人才。只有为政择才、按政寻才、量能授官，才能政治清明、国泰民安。

四是"用长避短"。中国古代学者非常重视人员任用的扬长避短问题。唐太宗把它奉为用人的原则："人之行能，不能兼备，朕常弃其所短，取其所长。"②清代魏源则分析了长与短的辩证关系："不知人之短，不知人之长，不知人长中之短，不知人短中之长，则不可以用人，不可以教人。"③用人要做到大材大用、小材小用、无材不用，真正的无材之人是极为少见的，所以用人的关键是"用长弃短"。清代诗人顾嗣协在一首题为《杂兴》的诗中形象地说明了用长弃短的道理："骏马能历险，力田不如牛。坚车能载重，渡河不如舟。舍长以就短，智者难为谋。生材贵适用，慎勿多苛求。"

3. 人员激励的心理思想

国际商用机器公司董事长兼总裁沃特森说："一个企业成功的关键在于它能否激发职工的力量和才智，企业的活力来自企业的信念及其对职工的吸引力。"事实上，如何充分地调动人的积极性，最大程度上提高工作效率，是人力管理心理学必须认真加以研究的重要课题。

中国古代兵家很注重人员激励问题，《尉缭子·战威》指出："夫将卒之所以战者，民也；民之所以战者，气也。气实则斗，气夺则走。"唐代李筌也认为，只有"激人之心，励士之气"，才能"发号施令，使人乐闻；兴师动众，使人乐战；交兵接刃，使人乐死"④。总之，只有激励士气，才能赢得战争的胜利。古代兵家总结出一整套行之有效的激励手段，对于现代人力管理还是很有借鉴意义的。

一是榜样激励，即以管理者自身的良好行为激励下属。《尉缭子·战威》说："故战者，必本乎率身以励众士，如心之使四肢也。志不励，则士不死

① 《人物志·材能》。

② 《资治通鉴》，唐纪十四。

③ 《默觚·治篇》。

④ 《太白阴经》卷二，《励士篇》。

节；士不死节，则众不战。"只有将帅身先士卒，才能使士卒听从指挥。孔子对此有非常精辟的概括："其身正，不令而行；其身不正，虽令而不从。"①因此，激励的根本要旨就是以管理者自身的榜样力量去影响人们。

二是关怀激励，即通过管理者的关怀和厚爱去激励下属。《孙子兵法·地形篇》说："视卒如婴儿，故可与之赴深谿；视卒如爱子，故可与之俱死。"意思是看待士兵像对待自己的婴儿一样，他们就可以与你共同涉艰履险；看待士兵像对待自己的爱子一样，他们就可以与你共同拼死疆场。《尉缭子·战威》指出："夫勤劳之师，将必先己，暑不张盖，寒不重衣，险必下步，军井成而后饮，军食熟而后饭，军垒成而后舍，劳佚必以身同之。如此，师虽久而不老不弊。"如果指挥者不能与下属同甘共苦，不能吃苦在先享乐在后，官兵之间就不可能有深厚的心理联系，下属也不可能保持昂奋的士气。相反，如果对下属怀有深厚的情感，像父母那样无微不至地关心他们，就能激励人心，使下属的士气久盛不衰。

三是赏罚激励，即通过奖励和惩罚等强化手段来激励人。《吴子兵法·治兵》说："进有重赏，退有重刑，行之以信。审能达此，胜之主也。"《孙膑兵法·威王问》也说："夫赏者，所以喜众，令士忘死也；罚者，所以正乱，令民畏上也；可以益胜，非其急者也。"这说明古代兵家都把奖赏和惩罚作为激励士气的有效手段。通过奖赏，可以进一步肯定英勇奋战的积极行为；通过惩罚，可以否定和制止贪生怕死的消极行为。赏罚激励的关键是要公平合理，三国时诸葛亮在《赏罚》一文中专门论及这个问题："赏以兴功，罚以禁奸；赏不可不平，罚不可不均。赏赐知其所施，则勇士知其所死；刑罚知其所加，则邪恶知其所畏。故赏不可虚施，罚不可妄加。赏虚施则劳臣怨，罚妄加则直士恨。""赏于无功者离，罚加无罪者怨，喜怒不当者灭。"如果滥赏无功、滥罚无过，只会导致怨声载道，众叛亲离。

四是仪式激励，即通过举行各种仪式来渲染气氛，鼓舞斗志。中国古代兵家很重视仪式的激励功能，如夏后氏誓众于军中，殷人誓众于军门之外，周人誓众于将交白刃之时等。唐代李筌曾分析过仪式激励的意义："夫人以心定言，以言出令，故须振雄略，出劲辞，锐铁石之心，凛风霜之气，

① 《论语·子路》。

发挥号令，申明军法。"①他还草拟了誓词的具体内容："某将军某乙告尔六军将吏士伍等：圣人弦木为弧，剡木为矢，弧矢之利，以威不庭，兼弱攻昧，取乱侮亡。今戎夷不庭，式于王命，皇帝授我斧钺，肃将天威。有进死之荣，无退生之辱。用命赏于祖，不用命戮于社。军无二令，将无二言。勉尔乃诚，以从王事，无干典刑。"②这样的誓词在战争中会时刻萦绕在士卒的耳际，鼓舞他们骁勇作战，驰骋疆场。

五是投险激励，即把下属投置于危险的境地，使他们决一死战，以求生存。《孙子兵法·九地篇》写道："帅与之期，如登高而去其梯；帅与之深入诸侯之地，而发其机……聚三军之众，投之于险，此谓将军之事也。"意思是说，将帅赋予军队任务，就像登高而抽掉梯子一样，使他们有进无退。率领军队深入敌国，就要像击发弩机射出箭一样，使他们勇往直前。烧掉船只，砸烂饭锅，断其退路，表示进则生，退则死，战必胜，不战则亡，刺激军队殊死奋战，这就是所谓"陷之死地然后生""投之亡地然后存"。这种投险激励，在现代管理学中称为"救灾式管理"，即利用灾难式的情况来激发管理人员和全体员工的危机感与责任感，最大限度地发挥出内在潜力，产生特殊的效果。

（三）环境管理的心理思想

管理活动总是发生于一定的时间和空间之中，如何创造一个和谐的管理活动的空间，就是环境管理问题。环境管理在中国古代有着极其深远的渊源，我国古代神话中"大禹治水""精卫填海""女娲补天"等就反映了原始的环境管理精神以及劳动人民关于环境管理的思想。

中国古代学者非常重视环境对于人的个性的影响，如墨家就从"染于苍则苍，染于黄则黄"的人性素丝说出发，要求人们选择良好的环境。《墨子·所染》记载："子墨子见染丝者而叹曰：'染于苍则苍，染于黄则黄。所入者变，其色亦变；五入必，而已则为五色矣。故染不可不慎也。'"认为人之于环境就如同丝之于染料水一样，放入不同颜色的染料水，就会染上各不相同的颜色。荀子也有类似的论述："蓬生麻中，不扶而直；白沙在涅，

①② 《太白阴经》卷三，《誓众军令篇》。

与之俱黑。兰槐之根是为芷，其渐之滫，君子不近，庶人不服，其质非不美也，所渐者然也。故君子居必择乡，游必就士，所以防邪辟而近中正也。"①大意是说，飞蓬生长在麻中间，不去扶它也会自然而直。如果把名叫白芷的香草浸泡在臭水中，君子就不会接近它，普通人也不会佩戴它，它的本质并非不好，而是用以浸泡的水使然。所以君子居家必定要选择好的乡里，出游则要接近有学问、有品行的人。

荀子把外界环境给予个人的影响称为"注错"或"渐"，把个人不断接受外界的影响称为"积靡"或"积"。他不但看到环境对人的影响，"可以为尧、禹，可以为桀、跖，可以为工匠，可以为农贾，在势注错习俗之所积耳"②；也看到了人能够抵御环境的影响，"肉腐出虫，鱼枯生蠹。怠慢忘身，祸灾乃作。强自取柱，柔自取束"③。不良环境对缺乏自我约束与修养者易产生消极的影响，而在自身抵抗力强的人面前是无法乘虚而入的。

明代思想家王廷相把环境分为两个层次，即社会风气的大环境和居住交往的小环境，并论述了这两种环境对人的影响：

凡人之性成于习，圣人教以率之，法以治之，天下古今之风以善为归，以恶为禁，久矣。④

深宫秘禁，妇人与嬉游也；亵狎燕闲，奄竖与诱掖也。彼人也，安有仁孝礼义以默化之哉？习与性成，不骄淫狂荡，则鄙亵惰慢。

社会风气这个大环境好，会使人心归善；居住交往这个小环境差，则会使人心归恶。那些终日在深宫秘禁中与女人嬉游玩乐、亵狎燕闲的公子哥儿，必然形成"骄淫狂荡""鄙亵惰慢"的不良品质。《列女传·母仪》记载的"孟母三迁"的故事，也说明中国古代很重视环境的作用。

中国古代学者不仅考察了环境对于人的个性形成的影响，也注意到物理环境与心理环境的辩证关系。《礼记·乐记》说："人心之动，物使之然也。

---

①③ 《荀子·劝学》。

② 《荀子·荣辱》。

④ 王廷相：《答薛君采论性书》，《王廷相集》（二），中华书局，1989。

感于物而动，故形于声。"刘勰《文心雕龙·物色》篇更道出了心理世界与物理世界的息息相通：

春秋代序，阴阳惨舒，物色之动，心亦摇焉。……献岁发春，悦豫之情畅；滔滔孟夏，郁陶之心凝。天高气清，阴沉之志远；霰雪无垠，矜肃之虑深。岁有其物，物有其容；情以物迁，辞以情发。一叶且或迎意，虫声有足引心。况清风与明月同夜，白日与春林共朝哉！

大意是说，四季交替，阴沉的天气使人感到凄凉，暖和的天气使人感到舒畅，景物的变化使人的心情也跟着动荡起来；新年春光明媚，情怀欢乐而舒畅；初夏阳气蓬勃，心情烦躁而不宁；秋天天高而气象萧森，情思幽远而深沉；冬天大雪纷纷渺无边际，思虑严肃而深沉。唐代诗人常建的《破山寺后禅院》一诗，则形象地表达了深山古寺安宁、恬静的气氛对于愉悦群鸟、空旷人心的作用："清晨入古寺，初日照高林。曲径通幽处，禅房花木深。山光悦鸟性，潭影空人心。万籁此俱寂，惟余钟磬声。"现代环境管理心理学已从多维视野来分析环境的心理功能，而中国古代学者关于这个问题的论述仍是很有启发意义的。

（四）时间管理的心理思想

早在一百多年前，马克思就指出："正像单个人的情况一样，社会发展、社会享用和社会活动的全面性，都取决于时间的节省。一切节约归根到底都是时间的节约。正像单个人必须正确地分配自己的时间，才能以适当的比例获得知识或满足对他的活动所提出的各种要求，社会必须合理地分配自己的时间，才能实现符合社会全部需要的生产。因此，时间的节约，以及劳动时间在不同的生产部门之间有计划的分配，在共同生产的基础上仍然是首要的经济规律。这甚至在更加高得多的程度上成为规律。"[①]这就深刻揭示了时间在整个生产活动中的意义，并说明了世界上的一切财富都是由劳动时间转化而来的规律。在管理活动中，马克思的论断同样是适用的。

---

① 《马克思恩格斯全集》第46卷上册，人民出版社，1979，第120页。

正如美国学者卡斯特（F.E.Kast）所说："管理者应更多地注意到如何去管理他们的时间——一种最有价值的资源。如果能够最优化地利用和明智地分配珍贵的时间，将扩大他们的能量，从而创造更多的财富。"

中国古代学者对时间的价值也有一定的论述。《庄子·知北游》说："人生天地之间，若白驹之过隙，忽然而已。"晋代陶渊明诗云："盛年不重来，一日难再晨。及时当勉励，岁月不待人。"宋代苏东坡非常珍惜时间的价值，曾写诗道："无事此静坐，一日为二日。若活七十岁，便是百四十。"认为静坐读书可以延长人的生命价值。后来人们稍改他的这首诗来讽刺那些浪费时间的人："无事此静卧，卧起日将午。若活七十岁，只算三十五。"

古代兵家关于"兵贵神速"的思想也反映了一定的时间价值观念。《孙子兵法·九地篇》中写道："兵之情主速，乘人之不及，由不虞之道，攻其所不戒也。"认为用兵要迅速快捷，乘敌人措手不及的时机，选择敌人料想不到的道路，攻击敌人毫无戒备的地方。《尉缭子·战权》也主张"兵贵先"："权先加人者，敌不力交；武先加人者，敌无威接，故兵贵先。胜于此则胜彼矣；弗胜于此则弗胜彼矣。"

中国古代学者还论述了若干时间管理的方法。一是把握今天，现在即做。明代文嘉的《今日》诗是很有代表性的："今日复今日，今日何其少！今日又不为，此事何时了？人生百年几今日，今日不为真可惜！若言姑待明朝至，明朝又有明朝事。为君聊赋今日诗，努力请从今日始。"清代康熙皇帝在他的政治管理活动中实践了这一思想："即如今日留一二事未理，明日即多一二事矣。若明日再务安闲，则日后愈多壅积，万机至重，诚难稽延。"既然时间一去不复返，昨天已经过去，明天还未到来，就必须把握住今天。宋代朱敦儒曾从反面说明了这个道理："元是西都散汉，江南今日衰翁。从来颠怪更心风，做尽百般无用。屈指八旬将到，回头万事皆空。云间鸿雁草间虫，共我一般做梦。"①当一个人满头青丝换白发，再想追回逝去的时光，已是水中捞月不可能了。

二是见缝插针，提高效率。古人很重视提高时间的利用率，如葛洪说："不饱食以终日，不弃功于寸阴；鉴逝川之勉志，悼过隙之电速；割游

---

① 《朱敦儒全集·西江月》。

情之不急，损人间之末务；洗忧贫之心，遣广愿之秽，息畋猎博弈之游戏，矫昼寝坐睡之懈怠。"①这里实际上有两层意思，一是"不饱食终日"，即充实自己的生活，使活动尽可能紧凑完善；二是"损人间之末务"，即减少那些斗鸡走狗、畋猎博弈、迎来送往等与活动目标无关的内容，集中精力于目标活动。中国古代的车胤囊萤、孙康映雪、倪宽"带经而锄"、董遇"三余读书"等都是这方面的典范。另外，中国古代学者也初步认识到时间统计的意义，朱熹的"自督"、司马光的"日检"都可称为时间统计的滥觞。

（五）信息管理的心理思想

美国学者唐纳利（Donnelly）等在《管理学基础——职能、行为、模型》一书中指出："管理的成绩在很大程度上取决于在组织中所有各级管理能否获得信息和及时地使用信息。信息是把整个组织结合起来的黏合剂。"在现代社会，信息在管理系统中的地位愈显重要。正如《大趋势》的作者奈斯比特（J.Naisbitt）所说："在我们的新的社会里，战略资源是信息。它不是唯一的资源，但却是最重要的资源。"

中国古代兵家的"知己知彼"观点，可以说是最早的信息管理心理思想。《孙子兵法·谋攻篇》写道："知彼知己者，百战不殆；不知彼而知己，一胜一负；不知彼不知己，每战必殆。"认为了解敌我双方的情况是战争胜利的关键。《地形篇》进一步说：

知吾卒之可以击，而不知敌之不可击，胜之半也；知敌之可击，而不知吾卒之不可以击，胜之半也；知敌之可击，知吾卒之可以击，而不知地形之不可以战，胜之半也。故知兵者，动而不迷，举而不穷。故曰：知彼知己，胜乃不殆；知天知地，胜乃不穷。

即不仅要"知彼知己"，还要"知天知地"，掌握环境、时机等各方面的信息，才能真正地把握战争的主动权，进而赢得胜利。

---

① 《抱朴子·外篇·勖学》。

为了把握竞争对手的信息，《孙子兵法·行军篇》举了32例，说明观察和判断敌情的原则和方法，如："近而静者，恃其险也""远而挑战者，欲人之进也""无约而请和者，谋也""奔走而陈兵者，期也""半进半退者，诱也"，等等。大多是根据某种信息和征兆来获取新信息、推断敌情的。

为了充分收集信息，孙武在《用间》篇中还专门讨论了使用间谍掌握敌情的问题：

故三军之事，莫亲于间，赏莫厚于间，事莫密于间。非圣智不能用间，非仁义不能使间，非微妙不能得间之实。微哉！微哉！无所不用间也！

凡军之所欲击，城之所欲攻，人之所欲杀，必先知其守将、左右、谒者、门者、舍人之姓名，令吾间必索知之。

他认为在战前必须依靠间谍获取敌方的情报，而只有才智过人、用心精细、手段巧妙的将帅才能取得间谍的真实情报。《孙子兵法》还进而把间谍分为五类：因间、内间、反间、死间和生间。所谓"因间"，是指利用敌国乡里的普通人做间谍；所谓"内间"，是指收买敌国的官吏做间谍；所谓"反间"，是指收买或利用敌方派来的间谍为我效力；所谓"死间"，是指故意散布虚假情况，让敌方间谍知道而传给敌方，敌人上当后往往将其处死；所谓"生间"，是指派往敌方侦察后，亲自返回报告敌情的人。"五间俱起，莫知其道，是谓神纪，人君之宝也。"[1]

《吴子兵法·论将》还记载了利用"火力侦察"来获取对方信息的方法：

武侯问曰："两军相望，不知其将，我欲相之，其术如何？"起对曰："令贱而勇者，将轻锐以尝之，务于北，无务于得，观敌之来，一坐一起。其政以理，其追北佯为不及，其见利佯为不知，如此将者，名为智将，勿与战矣。若其众讙哗，旌旗烦乱，其卒自行自止，其兵或纵或横，其追北恐不及，见利恐不得，此为愚将，虽众可获。"

---

① 《孙子兵法·用间篇》。

中国古代信息管理很重视信息传递工具的利用。西周的烽火台（人类最早的通信设备）、春秋以前的置邮、秦朝的驿道等，都是收集信息的有力措施。例如三国时，关羽起兵攻打曹操的樊城，但又怕自己的根据地荆州被东吴乘虚夺去，所以派人在荆州与樊城间筑起若干烽火台。如发现东吴军队袭击荆州，便立即在烽火台燃起烽火，以便及时回师救援。东吴大将吕蒙深知信息的重要性，首先用计巧夺沿江的烽火台，然后神不知鬼不觉地占领了荆州。直至关羽被曹军击败准备回荆州时，才发现根据地已被吕蒙占领。

中国古代还十分重视建立信息的网络系统，疏通信息的传递渠道。如《新唐书·刘晏传》记载，刘晏令"诸道巡院，皆募驶足，置驿相望，四方货殖低昂及它利害，虽甚远，不数日即知，是能权万货重轻，使天下无甚贵贱而物常平，自言如见钱流地上。每朝谒，马上以鞭算"。这位唐代的财政大臣为了迅速掌握全国各地的经济信息，利用朝廷一向以驿道快马传递公文的办法，设置知院官，收集各地庄稼好坏、价格低昂的情报。知院官按时将信息传递给转运使，这样数日内就可收集到全国各地的经济信息。

中国古代的信息管理还注重信息的心理影响，采用适宜的信息刺激。现代心理学的研究表明，对于受教育程度高、阅历深者宜提供双面信息；而对于受教育程度低、阅历浅者宜提供单面信息。《孙子兵法》似乎也意识到了这个问题："犯之以事，勿告以言；犯之以利，勿告以害。"意即只驱使士卒做事情，而不告诉他们这样做的原因；驱使士卒完成某项任务时，只告诉他们有利的一面，而不告诉其危险的一面。这显然是主张提供单方面的信息刺激。

古代这些信息管理的心理思想对科学决策产生了很大的影响。《孙子兵法·计篇》关于决策心理有一著名的论断："夫未战而庙算胜者，得算多也；未战而庙算不胜者，得算少也。多算胜，少算不胜，而况于无算乎？吾以此观之，胜负见矣。"孙武的决策心理思想是以"全胜而非战"为目标，以全面的信息管理为前提，并且包含三条原则："善之善者"的优选原则；"践墨随敌"的调控原则；"奇正相生"的变化原则。所谓"善之善者"的优选原则，就是科学的决策必须来自多项方案的选择，没有选择就没有决策。《孙子兵法·谋攻篇》中的优选原则包含两方面的内容：一是"百战百胜，非善之善者也；不战而屈人之兵，善之善者也"，意即要以能否实现"不战而屈人之兵"的最高理想为标准；二是能够超出众人所知，超出力战取胜的境界。

"见胜不过众人之所知，非善之善者也；战胜而天下曰善，非善之善者也，故举秋毫不为多力，见日月不为明目，闻雷霆不为聪耳。"[①]所谓"践墨随敌"的调控原则，就是决策确定以后，由于情况不断发生变化，在实践过程中要建立反馈，及时调整纠偏。《孙子兵法·九地篇》提出了"践墨随敌，以决战事"，意思是实施既定计划时，要随着敌情的变化不断改变策略，以确保最后的胜利。虽然孙武没能从信息反馈系统的角度来阐述这一思想，但从中可窥见孙子十分重视信息反馈对决策的重要意义。所谓"奇正相生"的变化原则，其含义特别丰富。奇正是指军队作战时的变法和常法，在战法上明攻为正，暗袭为奇；按一般原则作战为正，采用特殊战法为奇。《孙子兵法·势篇》中说"三军之众，可使必受敌而无败者，奇正是也"，意思是统率全军在遭到进攻时保持不败，是因为奇正等方法用得恰到好处。应该说，奇兵、正兵，奇法、正法等都是决策中的备选方案，备选方案越多就越能够应付各种不同的局面，所以即使遭到突然攻击也不会失败。"战势不过奇正，奇正之变，不可胜穷也。奇正相生，如循环之无端，孰能穷之？"[②]作战的情形不过奇正两种情况，然而奇正的变化却是无穷无尽的，奇正相互转化就像循环一样永远没有尽头。作战中善于变化者更易取得胜利。

通过以上初步的爬罗剔抉、归纳整理，我们已经发现中国古代有极其丰富的管理心理学思想的遗产。但是必须看到，其中绝大部分还有待于进一步发掘与整理，这是摆在我们面前的一项紧迫而艰巨的任务。

---

① 《孙子兵法·形篇》。

② 《孙子兵法·势篇》。

四、探究中国古代管理智慧的科学方法

有人谈管理，往往仅将其限制于技术层面，但是，管理并非只是技术层面的问题，除此之外，它尚有心理、价值、观念、文化等问题。美国管理大师彼得·杜拉克（Peter Drucker）把管理与文化直接联系起来，他认为："管理是一种社会职能，隐藏在价值、习俗、信念的传统里，以及政府的政治制度中，管理是——而且应该是——受文化制约……管理也是'文化'。它不是无价值观的科学。"[①] 由此可见，管理不仅仅是一门纯粹的技术科学，它还是一种文化的产物。

现代管理源于西方，植根于西方文化，然而其中许多基本哲理都与中国传统文化有着至深的渊源和高度的暗合。诚然，中国文化有其缺陷，不能盲目复古，但如果因此舍弃中国文化的内在活力，一味盲从于所谓西方式的"科学管理"，只会陷入管理困境。西方学者对中国文化的重视也由来已久。罗素早在 1922 年的《中国问题》一书中就说过："中国文化在某些方面胜过西方，若是为了生存保国，降格以西方，对于中国及对西方国家而言，都不是一件好事。"而当代美国著名管理学家彼德·圣吉（Peter Senge）在《第五项修炼——学习型组织的艺术和实务》中文版的序言中特别评述道："你们（中国）的传统文化中，仍然保留了那些以生命一体的观念来了解万事万物运行的法则，以及对于奥秘的宇宙万物本原所体悟出极高明、精微和深广的古老智慧结晶。"文化与管理的关系，已经成为当前管理学界的一个热门话题。正是这种文化上的差异，带来了管理基因上的特性差异，使不同的文化特质成为不同管理模式差异的根本原因之一。

在人类文明史上，原来并存的几个古老文明，有的中断了，有的转移了，只有东方的中华文明是唯一的例外，她生生不息地延绵了五千多年，没有断代，没有异化，外来文化的冲击和碰撞都被她兼收并蓄地同化融合了。这一事实本身就使人不得不叹服这个文明顽强的生命力和巨大的凝聚力。维系一种文明最本质的东西就是它的文化，文化是一个文明千年历史

---

① 彼得·杜拉克:《杜拉克论管理》，孙忠译，海南出版社，2000。

的积淀，是挥之不去、割之不舍的传统精粹。中国人在五千多年璀璨而悠长的岁月里形成了自己独特的文化，尤其是儒家文化，在国人两千多年的信奉和膜拜下，其文化的基因早已扎根在每一个中国人的行为、思维和价值观之中，并由此形成了自己的国民性格。在某种程度上，我国的民众有着与西方民众不同的思维和行为方式。在这样的民族文化背景下研究管理，我们需要建构出一套适合东方文化的现代管理科学理论，学术界通常采用两种策略来进行这项工作。

其一是吸收和引进现代西方管理科学理论、管理体制，同时对其进行改良，将其植根或渗透自己的民族文化之中。管理越是能够利用管理情境之下的社会传统、价值与信念，就越能够获得更大的成就。任何一种管理理论和技术都是建构在一定社会文化的基础之上的。换言之，任何一种管理制度或体系要起作用的话，必须要有与其相适应的文化载体。因此，在吸收西方先进管理理念、技术的过程中，我们必须要考虑到承载该理论和技术的社会文化。诚然，西方社会文化与中华文化之间存在着固有差异，这正是我们所需改良与本土化之处。改良与本土化的方式之一是将中华文化的精髓植入所引进的理论和技术中，使新的管理理论和技术能与民族文化融为一体，相得益彰。

其二是独自发展出本民族自己的管理科学理论。这首先需要我们对中华民族传统的管理思想和管理智慧进行整理和挖掘。中国五千多年悠长的历史孕育出了大量深邃的管理智慧，中国人从不缺管理思想和管理智慧，所缺乏的是西方的科学精神、科学态度和科学方法。学术界的任务在于遵循西方科学的精神和态度，利用西方现代科学的方法，在对中国古代管理智慧充分理解的基础上，建构出一套适合中华民族文化的管理理论和管理体系。

对待现代管理理论及方法，我们坚持"洋为中用"的原则，吸收其精髓，有选择地结合我国的实际情况加以运用，同时努力将它们与我国传统管理思想融合起来。世界各国的管理既有其特殊性（个性），又有其普遍性（共性）。为实现中华文化与现代管理的融合，我们坚持采取"取长补短"的方针，以达到"殊途同归"的目的。因此我们应该从管理的共性出发，吸收现代管理理论及方法的精髓，融入我国古代的管理思想，创建出有中国特色的管理科学体系。

第七章　中国古代关于梦的学说

神奇的梦自古以来就是人们非常关心的心理现象。早在殷商甲骨卜辞中就有专门的"梦"字，其形像人睡在床上，以手指目，表示睡眠中目有所见。这时，人们关心的是梦之吉凶应验。原始人最初认为梦是灵魂离身而外游，而灵魂外游乃鬼神所指使，梦因而被归结为鬼神对梦者的启示[①]。原始的梦兆迷信很快转化为占梦迷信，在先秦时期就产生了专门的占梦制度、官吏和经典，占梦成为预卜国家吉凶、决定国家大事的一种重要手段，后逐渐成为一种影响甚大的世俗迷信。

从梦的迷信到梦的科学经历了漫长的岁月。心理学界普遍认为对梦的科学研究始于弗洛伊德（S.Freud）的名著《梦的解析》（1899 年），其实在此之前，中国古代学者对于梦的探索从未停止过，从《黄帝内经》的"淫邪发梦"说到《周礼》提出的"六梦说"，从张载的"缘旧于习心"到王廷相的"魄识之感"和"思念之感"，古代学者提出了许多具有真知灼见的梦的学说。

一、关于梦的本质

梦是人在睡眠中的一种精神活动。弗洛伊德在分析梦的本质时曾指出："一切梦的共同特性，第一就是睡眠。梦显然是睡眠中的心理活动。"[②]

《墨子·经上》对睡眠与梦做了如下界说：

---

① 恩格斯在《路德维希·费尔巴哈和德国古典哲学的终结》中曾分析过原始人的梦魂观念："在远古时代，人们还完全不知道自己身体的构造，并且受梦中景象的影响，于是就产生一种观念：他们的思维和感觉不是他们身体的活动，而是一种独特的、寓于这个身体之中而在人死亡时就离开身体的灵魂的活动。"（《马克思恩格斯选集》第 4 卷，人民出版社，1995，第 223 页。）

② 弗洛伊德：《精神分析引论》，高觉敷译，商务印书馆，1984。

卧，知无知也。
梦，卧而以为然也。

这里所说的"知无知"，第一个"知"是指"知"的能力，第二个"知"则是指"知"的活动，意即在睡眠状态下，人们虽然有"知"的活动，虽然有"知"的潜力，但是没有致知的活动。根据刘文英先生的解释，这里所说的"以为然也"有两层意思：一是说"心"以为如此，而事实未必如此，如梦中觉得自己被老虎咬了，实际上，身旁根本没有老虎；二是说"心"以为如此，也就是心还有所活动，即心还有所"知"，如以为自己看见老虎了，以为自己被老虎咬了，就是"知无知"状态下的一种"知"[1]。总括起来，墨子认为睡眠状态下虽然并不发生认识活动，但此时的梦又使人能感觉到自己的活动。显然，梦是介于睡眠与觉醒之间的，既不是完全无知，也不是完全知觉的一种状态。

稍后的荀子对梦也有一种言简意赅的表述：

心，卧则梦，偷则自行，使之则谋。[2]

荀子认为，梦是人在睡眠时的一种特殊心理活动。梦既不同于"自行"（胡思乱想），也不同于"谋"（思考谋断）。在"自行"的状态下，心理活动不受自我控制，好像随便自己在活动，故谓之"偷"。在"谋"的状态下，心理活动明显受到自我的控制（"使"），并具有自觉性（"谋"）。也就是说，在"梦"的状态下，梦者不能自我控制，其结果也不能给人提供谋断。

古代医学家也是从睡眠的角度认识梦的，但他们更多地把梦与人的疾病联系起来。如隋代的巢元方认为："夫虚劳之人，血气衰损，脏腑虚弱，易伤于邪。邪从外集内，未有定舍，反淫于脏，不得定处，与荣卫俱行，

---

① 刘文英：《梦的迷信与梦的探索》，中国社会科学出版社，1989。
② 《荀子·解蔽》。

而与魂魄飞扬，使人卧不得安，喜梦。"①他把梦视为身体虚劳，入睡不安稳的一种现象，这实际上是对《黄帝内经》的阴阳睡梦学说的一种补充。《黄帝内经》曰："是知阴盛则梦涉大水恐惧，阳盛则梦大火燔灼，阴阳俱盛则梦相杀毁伤；上盛则梦飞，下盛则梦堕；甚饱则梦予，甚饥则梦取；肝气盛则梦怒，肺气盛则梦哭；短虫多则梦聚众，长虫多则梦相击毁伤。"②

中国古代学者还注意把睡眠与觉醒区别开来，并探讨它们各自的特点。《庄子·齐物论》较早涉及这一领域："其寐也魂交，其觉也形开。"这里的"魂交"，是指梦象的交错变幻；"觉"则指清醒的意识；"形开"则指在清醒状态下肉体和各个感觉器官都面向外界开放。这里的潜台词是指在睡梦中人的"形闭"，即肉体和各个器官向外界关闭。宋代张载对此心领神会，明确提出了"形开"与"形闭"的概念：

寐，形开而志交诸外也；梦，形闭而气专乎内也。寐所以知新于耳目，梦所以缘旧于习心。医谓饥梦取，饱梦与，凡寐梦所感，专语气于五脏之变，容有取焉尔。③

张载认为，觉醒（"寐"）与睡梦是两种不同的意识状态，觉醒时人的形体及感觉器官向外开放，处于自觉（"志"）的意识状态；而睡梦中气专乎内，形体及感觉器官对外关闭，意识处于不自觉（"志隐"，王夫之注："气专乎内而志隐。"）的潜在状态。这就意味着，觉醒有睡梦的交替、转化，实际上就是"志"，即意识。"形开"与"形闭"与现代心理学的兴奋与抑制颇为相似，在人的神经系统处于兴奋状态（"形开"）时，对外界的刺激要作出应答反应；而当人的神经系统处于抑制状态（"形闭"）时，对外界的刺激则基本上不做应答反应。明代刘玑在解释张载的上述论述时进一步明确了这一思想：

---

① 《诸病源候论》卷二，《虚劳喜梦候》。

② 《素问·脉要精微论第十七》。

③ 《张载集·正蒙·动物篇》。

寤，觉也。形，指此身而言。人之既睡而觉者，此形开而与物相接也。方睡而梦者，此身闭而气专乎内也。①

也就是说，在觉醒状态下，"形开"且要与外界客观事物相接触；而在睡梦状态下，"身闭"且不与外界客观事物相交接。

张载在揭示梦的本质时，不仅从梦与觉醒的生理基础（"形开"与"形闭"）和对外物的关系（"与物相接"与"气专乎内"）上入手，还揭示了觉醒与睡梦时心理活动内容的差异性，即觉醒状态下，人是"知新于耳目"，而睡梦状态下人则是"缘旧于习心"。也就是说，在觉醒状态下不断有新事物、新现象、新材料由耳目反映给大脑，而睡梦状态下的内容只能限于旧有的材料，梦是过去生活经验的一种反映。

南宋朱熹在回答陈安卿的信中对梦的本质也做了非常精详的分析。他写道：

寤寐者，心之动静也。有思无思者，又动中之动静也；有梦无梦者，又静中之动静也。②

朱熹认为，人在觉醒（"寤"）时，心理活动处于"动"的状态，但人有时候思考问题，有时则不思考问题，所以动中仍有动静之分；人在睡眠（"寐"）时，心理活动处于"静"的状态，但人有时候做梦，有时候不做梦，所以静中也有动静之分。做梦就是所谓的"静中之动"，即"若夜间有梦之时，亦是此心之已动"。当然，静中之动的"动"与动中之动的"动"是不可同日而语的。

成书于唐朝之际的《关尹子》一书，对梦的本质也提出了独到的见解。它写道：

夜之所梦，或长于夜，心无时生于齐者，心之所见皆齐国也。既而之

---

① 《正蒙会稿·动物篇》。

② 《朱文公文集·答陈安卿》。

宋、之楚、之晋、之梁，心之所存各异，心无方。①

　　这里明确指出，梦作为一种特殊的心理活动，具有"无时""无方"的特点，不受时间和空间的种种限制。而"心之所存各异"又表明梦境内容的差异性。"人人之梦各异，夜夜之梦各异"②则阐明了人人有梦、夜夜有梦这一现代心理学的基本知识，对破除梦的神秘色彩无疑有一定意义。

　　《关尹子》在揭示梦的本质时尤其注重阐述觉醒与睡梦之间的连续性问题：

　　世之人，以独见者为梦，同见者为觉。殊不知精之所结，亦有一人独见于昼者；神之所合，亦有两人同梦于夜者。二者皆我精神，孰为梦？孰为觉？世之人以暂见者为梦，久见者为觉。殊不知暂之所见者，阴阳之炁；久之所见者，亦阴阳之炁。二者皆我阴阳，孰为梦？孰为觉？③

　　这里虽然有《庄子·齐物论》"梦中化蝶"的色彩，但同时也表明了这样一种观点：觉与梦并非两个绝对不同的境界，两者往往具有连续性。

　　明清之际的科学家方以智用"醒制卧逸"的命题来揭示梦的本质，以独殊的科学思维划分睡梦与觉醒的界限。他写道："梦者，人智所现。醒时所制，如既络之马，卧则逸去。然既经络过，即脱亦驯。其神不昧，反来告形。"④方以智认为，梦也是人的心智活动的一种表现。心智在清醒（觉醒状态）时，各种活动都要受主体意志的支配，就像在缰络控制之下的马一样。在睡梦状态下，人的心智却如脱缰之马，不受控制地活动起来。方以智继而精辟地指出，虽然睡梦中心智活动不受自我控制，但并不能扰乱人的正常的自觉意识。因为既然心智原来就受自我意识的控制，待梦醒过后，主体仍可重新获得控制权。这正像已经被人驯服过的马，虽然有时也会脱缰而去，但回来后仍然听主人的使唤。而且，更重要的是不但睡梦不能搞

① 《关尹子·五鉴》。

② 《关尹子·二柱》。

③ 《关尹子·六匕》。

④ 《药地炮庄》卷三，《大宗师》。

乱人的自觉意识，人的自觉意识还能知道自己曾经做过梦，并能对自己的梦境进行分析。这就是他说的"其神不昧，反来告形"。

中国古代学者在探讨梦的本质时，不仅就睡梦与觉醒的关系进行了研究，还试图在更高的整体综合的层次上把握其特征。这一方面，以王充提出的"梦之精神"和朱熹提出的"神蛰"最为典型。王充从"形朽神亡"的前提出发，排除了对于梦的谶纬迷信说法，提出了"觉见卧闻，俱用精神"①的命题。这里所说的"觉见"，无疑是指在觉醒状态下人的耳目所见所闻；"卧闻"则是指在睡梦状态下人的耳目所见所闻。虽然"觉见"与"卧闻"并非同样内容，但它们都是人的精神活动的产物，只不过前者可谓觉之精神，而后者则可谓梦之精神罢了。

朱熹在用传统的阴阳概念对觉醒与睡梦进行比较时，提出了"神蛰"的命题。他认为，人心之灵是"丽乎阴阳而乘其气"。白昼时，"阳用事，阳主动，故神运魂随而为寤"；夜晚时，"阴用事，阴主静，故魂定神蛰而为寐"。他从动物冬眠中受到启示，提出了"神蛰"的概念，而这一概念具有以下特征②：

第一，"神蛰"之时心智也会有所活动，这就是梦。"若夜间有梦之时，亦是此心已动"，但这毕竟是"静中之动"，与觉醒下的心智活动有所不同。

第二，"神蛰"之时，心智活动外无踪迹。"神之蛰，故虚灵知觉之体沉然潜隐、悄无踪迹，如纯坤之月，万物之生性不可窥其朕。"即梦境只有梦者自知，别人从旁者看不清。

第三，"神蛰"之时，心智活动混乱模糊，梦的形象不如觉醒时清晰。这就是所谓的"寤清而寐浊"。

第四，"神蛰"之时，心智活动缺乏自我控制的能力，"寤有主而寐无主"，即梦寐活动不受自我意识的支配。

由上可见，从"醒制卧逸"到"神蛰"的概念，对梦的活动特征的认识正不断深化，不断地逼近潜意识的概念。在某种意义上说，"神蛰"的概念已是潜意识概念的雏形。

---

① 《论衡·订鬼篇》。

② 刘文英：《梦的迷信与梦的探索》，中国社会科学出版社，1989，第186页。

综观中国古代学者关于梦的本质的论述，大致可以概括为如下的结论：

第一，梦是介于睡眠与觉醒之间的，既不是完全无知也不是完全知觉的一种状态；

第二，梦境中人气专乎内，形体及感觉器官对外关闭，意识处于不自觉的潜伏状态；

第三，梦境中的内容是过去生活经验的一种反映；

第四，梦与睡眠中无梦时的状态有所不同，是心智活动的"静中之动"，换言之，梦也是人的心智活动的一种表现；

第五，梦的心智活动与正常觉醒状态下不同，其表现外无踪迹，旁人无从观察。

二、关于梦的分类

中国古代关于梦的分类，最早可以追溯至史前时代。那时，先民们根据梦对自身的利害关系，把梦分为吉和凶两大类。古代形形色色的占梦之书，虽然内容繁杂，但其要旨不外吉或凶。如号称"中国古代解梦珍品"的《梦林玄解》[①]，分天象、地理、人物、形貌、政事、什物、栋宇、服饰、饮食、蕃彙、飞走、珍玩、文翰共 13 部，130 余目，但其分类无非吉（大吉、主吉）与凶（大凶、主凶）。这种分类纯系迷信，无多大科学价值。由于哲学家、医学家、佛学家等对梦的划分标准不尽相同，所以有多种关于梦的分类。这里择要进行分析。

（一）《周礼》的"六梦"说

《周礼》亦称《周官》或《周官经》，是一部收集周王室官制和战国时代各国制度，添附儒家思想，增减排比而成的汇编。其中对于先秦时期及此前占梦制度及梦的分类的论述，大致代表了中国古代早期对梦的认识水平。《周礼·春官》曰：

---

① （晋）葛洪真本，（明）陈士元增删：《梦林玄解》，叶明鉴编译，朝华出版社，1993。

占六梦之吉凶。一曰正梦，二曰噩梦，三曰思梦，四曰寤梦，五曰喜梦，六曰惧梦。

这里明确提出了"六梦"之梦。

何谓"正梦"？古代各种注本均解释为"正邪"之"正"，如朱熹就认为"思之有善与恶者"，思之善即为正梦，这显然有牵强附会之处。因为"正"与"邪"并列的话，就不必再提其他如思梦、惧梦之类了。所以，我比较赞同刘文英先生的解释：正梦即平平常常、无惊无思、无忧无喜、心境恬淡的自然之梦。

何为"噩梦"？噩梦又称恶梦，是指内容恐怖的梦，并引起以焦虑恐惧为主要表现的睡眠障碍。

何谓"思梦"？"思梦"后世又称"想梦"，指梦中有思念、谋虑活动。

何谓"寤梦"？这是指寤时之梦，即昼梦或白日梦。其特点是同睡眠不发生关系，但却与睡梦有共同的心理特征。寤梦者往往自以为醒，事后方知为梦。

何谓"喜梦"与"惧梦"？这是指梦境染上了浓郁的情绪色彩，或喜乐，或恐惧。

（二）王符的"十梦"说

东汉王符著有《潜夫论》一书，其中《梦列》篇可谓中国古代的《梦的解析》，对梦进行了全方位的研究，其中提出了"十梦"说亦颇具特点：

凡梦：有直，有象，有精，有想，有人，有感，有时，有反，有病，有性。

……先有所梦，后无差忒，谓之直；比拟相肖，谓之象；凝念注神，谓之精；昼有所思，夜梦其事，乍吉乍凶，善恶不信者，谓之想；贵贱贤愚，男女长少，谓之人；风雨寒暑，谓之感；五行王相，谓之时；阴极即吉，阳极即凶，谓之反；观其所疾，察其所梦，谓之病；心精好恶，于事验，谓之性。凡此十者，占梦之大略也。

　　这里提出的"十梦"说，有些是从占梦的角度分析的，也有的是从梦境的内容提出的，还有的是从梦的生理原因探讨的。"十梦"说的主要内容如下。

　　何谓"直梦"？指直接应验的梦，梦后觉醒能直接见到梦境中出现的东西，即"先有所梦，后无差忒"之谓。王符以武王时邑姜娠太叔的梦为例："在昔武王，邑姜方娠太叔，梦帝谓己：'命尔子虞，而与之唐。'及生，手文曰'虞'，因以为名。成王灭唐，遂以封之。此谓直应之梦也。"

　　何谓"象梦"？指具有象征意义的梦，梦境内容通过象征手段表现出梦的底蕴，即"比拟相肖"之谓。王符用《诗经》中"维熊维罴，男子之祥；维虺维蛇，女子之祥"以及"众维鱼矣，实维丰年；旐维旟矣，室家溱溱"的诗句，表达了梦境的象征意义。

　　何谓"精梦"？指由精思产生的梦，在聚精会神、朝思暮想的状态下产生的梦，即"凝念注神"之谓。王符用"孔子日思周公之德，夜即梦之"的例子来说明精梦的含义。

　　何谓"想梦"？指由意想引起的梦，思想的具体内容转化为梦境的内容，这种梦往往是希望某个愿望得到满足的迫切心理造成的。王符说："人有所思，即梦其至；有忧，即梦其事。此谓记想之梦也。"《淮南子·道应训》也记载了一则想梦的案例："尹需学御，三年而无得焉，私自苦痛，常寝想之，中夜梦受秋驾于师。"可见想梦与精梦比较接近，只是精梦的境界更高一些层次罢了。

　　何谓"人梦"？人梦又称"人位之梦"，指由于人的地位不同，虽梦的内容相同而其象征意义不同。王符解释说，同样的事情，"贵人梦之即为祥，贱人梦之即为妖，君子梦之即为荣，小人梦之即为辱。此谓人位之梦也"。古代的占梦术常常据此释梦。如《梦林玄解》中的"梦手拍山"条，在位者梦之加官，平民百姓梦此将遇贵人，妇人梦此将得荣华福禄之子。这里虽然有若干封建迷信的基调，但不同的人梦同而象征意义不同已为现代心理学所验证。

　　何谓"感梦"？感梦又称"感气之梦"，指由于感受风雨寒暑的变化所引起的梦。王符解释说："阴雨之梦，使人厌迷；阳旱之梦，使人乱离；大寒之梦，使人怨悲；大风之梦，使人飘飞。此谓感气之梦也。"中国古代的医学和哲学都比较重视"感气"对人的梦境乃至疾病的影响，认为不同的气候条件会造成相应的梦境内容，产生不同的疾病。

何谓"时梦"？时梦又称"应时之梦"，指由于季节因素造成的梦。感梦侧重于气候，而时梦侧重于季节，都是自然因素对人的梦境的影响。王符解释说："春梦发生，夏梦高明，秋冬梦熟藏。此谓应时之梦也。"[①]

何谓"反梦"？反梦又称"极反之梦"，指梦后应验之事与梦境内容恰恰相反。王符举例加以说明："晋文公于城濮之战，梦楚子伏己而盬其脑，是大恶也。及战，乃大胜。此谓极反之梦也。""反梦"在古代典籍中多有记载，如《庄子·齐物论》："梦饮酒者，旦而哭泣；梦哭泣者，旦而田猎。"弗洛伊德在分析不愉快的梦时认为"梦是一种受压抑的愿望经过变形的满足"，这实际上就是反梦的一种表现形式。

何谓"病梦"？病梦又称"气之梦"，指由于身体某些部位的病变所引起的梦。王符解释说："阴病梦寒，阳病梦热；内病梦乱，外病梦发；百病之梦，或散或集。此谓气之梦也。"关于"病梦"，中国古代医家多有论述，王符可能是根据医学理论做出的归纳，详细内容下一节讨论。

何谓"性梦"？性梦又称"性情之梦"，指由于人的性情和好恶不同所引起的梦，即"人之情心，好恶不同，或以此吉，或以此凶"之谓也。这里所说的"性"不是弗洛伊德所言的"性欲"，而是梦的性情特征。这一点《关尹子·六匕》讲得非常透彻："好仁者，多梦松柏桃李；好义者，多梦兵刀金铁；好礼者，多梦簠簋笾豆；好智者，多梦江湖川泽；好信者，多梦山岳原野。"

（三）陈士元的"九梦"说

明代陈士元是中国古代热衷于研究梦的专家，经他增删的《梦林玄解》被称为古代的"解梦珍品"，而他编撰的《梦占逸旨》在综合诸家梦说的基础上，对梦的分类也提出了一家之言。他写道：

感变九端，畴（谁）识其由然哉？一曰气盛，二曰气虚，三曰邪寓，

---

① 《潜夫论》。

四日体滞，五日情溢，六日直叶，七日比象，八日反极，九日厉妖。^①

这里所说的"气盛""气虚"和"邪寓"三类，是概括了古代医学理论的成果而提出的。如"气盛"，在《黄帝内经·素问·脉要精微论第十七》和《黄帝内经·灵枢·淫邪发梦第四十三》中均已提及。

"气虚"，在《黄帝内经·素问·方盛衰论第八十》中也明确提出了其10 种梦象。"邪寓"在《黄帝内经·灵枢·淫邪发梦第四十三》中亦有记载，谓邪气客寓五脏、六腑、阴器、颈项、腿胫、股肱、胞殖等所产生的 15 种梦象。

这里所说的"直叶"和"反极"与王符提出的"直梦"和"反梦"基本相同，不再赘述。重点考察一下体滞、情溢、比象和厉妖四种。

何谓"体滞"？指身体的某个部位受外物的影响处于非正常状态而引起的梦。例如："口有含，则梦强言而喑；足有绊，则梦强行而蹙；首堕枕，则梦跻高而坠；卧藉徽绳，则梦蛇虺；卧藉彩衣，则梦虎豹；发挂树枝，则梦倒悬。"可见，这实际上是肉体的知觉凝滞于某种东西而产生的梦境。

何谓"情溢"？指情绪反应过度所引起的梦。这比前人简单地用某一种情绪如喜或惧来命名显然更为科学。陈士元写道："过喜则梦开，过怒则梦闭，过恐则梦匿，过忧则梦嗔，过哀则梦救，过忿则梦詈，过惊则梦狂。"这里用"情"替代了七种情绪，而"溢"字则将不适度的过分情绪表现加以概括，颇具创见。

何谓"比象"？指通过缘象比类来反映梦象中的人事之象征意义。这里的"比象"比以往的简单的"象"字更为全面科学，事类相似谓之比。陈士元说："将莅官则梦棺，将得钱则梦秽，将贵显则梦登高，将雨则梦鱼，将食则梦呼犬，将遭丧祸则梦衣白，将沐恩宠则梦衣锦，谋为不遂则梦荆棘泥涂。"这里，"棺"与"官"、"鱼"和"雨"，为读音的类似；"秽"与"钱"同为脏物；"贵显"与"登高"同为向上高升；"荆棘泥涂"与"谋为不遂"同为事情不顺；"食"与"呼犬"、"丧"与"衣白"、"恩宠"与"衣锦"，在生活中也往往相关。

----

① 《梦占逸旨·内篇感变第十》。

何为"厉妖"？指厉鬼、妖怪作祟而得梦。陈士元说："强死之鬼，依人为殃；聚怨之人，鬼将有报。其见之梦寐者，则由己之志虑疑猜，神气昏乱，然后鬼厉乘其额瑕，肆其怪孽，故祸灾立著，福祉难祈也。乃若晋侯受絷于秦伯，燕王贬徙于房州，则又其次矣。"这里虽然有鬼神的迷信说教，但其中所言"志虑疑猜，神气昏乱"状态，实际上也是指心理、精神的错乱所造成的梦境内容的荒诞怪乱。

除了以上的三种梦的分类，还有佛教关于梦的分类，如《法苑珠林·眠梦篇·三性部》引《善见律》："梦有四种：一四大不和梦；二先见梦；三天人梦；四想梦。"这里所说的"四大不和"是指人体内地、水、火、风"四大"不调和造成的心神散逸；"先见"是指白昼之见；"天人"则是指天人感应所梦；"想梦"与前之所述"想梦"相似。其他如《大智度论》《大毗婆沙论》等也提出了关于梦的分类的学说，但神学色彩颇浓，且影响不大，在此不详述。

三、关于梦的原因

梦的原因问题是梦的理论的关键，梦的学说往往是以关于梦的成因的解释为特质的。现代心理学关于梦的成因的阐述主要有两大派别：一派以弗洛伊德的精神分析解释为代表，认为梦是人的无意识的表现，是人们坚持不懈地追求实现受抑制的愿望（主要是性欲）的结果；另一派以美国哈佛大学的霍布森（Allan Hobson）、麦卡莱（Robert McCarly）为代表，他们在1977年提出了"激活—合成"的假设，从纯粹神经生理的角度向弗洛伊德发难，即认为快速眼动睡眠（REM）期间，脑干（即脊髓往上生长的部分，也是大脑最原始的部分，人类漫长的进化史中基本没有变过）随机产生各种电信号，激活前脑（进化的大脑）中控制情绪、运动、视觉和听力的区域，为了从这些随机信号中理出头绪，前脑于是根据这些素材"合成"了具有叙事结构的梦。2009年，霍布森在《自然》杂志刊发的一篇文章中认为，做梦是大脑的一种热身运动，它通过夜间锻炼保持白日意识的清晰有力——为醒后即将到来的视觉、听觉和情绪做好准备。以上这两种梦的解释模型各有特点。我们看看中国古代学者是如何解释梦的成因的。

（一）生理因素与梦

中国古代医学家非常重视由于生理因素所产生的梦，尤其强调外界自然因素通过人体引起体内的变化所导致的梦。《黄帝内经·灵枢·淫邪发梦第四十三》："黄帝曰：'愿闻邪淫泮衍，奈何？'岐伯曰：'正邪从外袭内，而未有定舍，反淫于藏，不得定处，与营卫俱行，而与魂魄飞扬，使人卧不得安而喜梦……'"这里实际上揭示了睡眠中"淫邪发梦"的三个阶段：一是"正邪从外袭内，而未有定舍"，即外界因素在人睡眠时不知不觉中对肉体产生各种刺激，这些刺激并非人体的正常需要，因而人体不能对此产生正常的反应；二是"反淫于藏，不得定处，与营卫俱行"，即外部刺激由表及里，影响至脏腑，掺入人体正常的营卫之气而在体内运行；三是"与魂魄飞扬，使人卧不得安而喜梦"，即属于阴阳之精气的魂魄在营卫之气受到干扰的情况下，也会离开五脏而导致精神不安，进而由于精神不安而在其活动中产生梦象。

从现代科学来看，上述描述虽然显得十分幼稚，但是其合理的科学精神内核却是不容忽视的：第一，它提出睡眠过程中的外部刺激可以激发睡者梦象；第二，它揭示睡眠中梦象的产生有一定的生理基础；第三，它认为睡眠中梦象活动是人的精神失去控制状态下的产物。

外界刺激导致人体的营卫之气运行紊乱，阴阳失调，从而产生了不同的梦境。气盛时的梦境："是知阴盛则梦涉大水恐惧，阳盛则梦大火燔灼，阴阳俱盛则梦相杀毁伤；上盛则梦飞，下盛则梦堕；甚饱则梦予，甚饥则梦取；肝气盛则梦怒，肺气盛则梦哭；短虫多则梦聚众，长虫多则梦相击毁伤。"[①]气虚时的梦境："是以肺气虚，则使人梦见白物，见人斩血藉藉，得其时，则梦见兵战。肾气虚，则使人梦见舟船溺人，得其时，则梦伏水中，若有畏恐。肝气虚，则梦见菌香生草，得其时，则梦伏树下不敢起。心气虚，则梦救火阳物，得其时，则梦燔灼。脾气虚，则梦饮食不足，得其时，则梦筑垣盖屋。"[②]虽然古代医学把五脏六腑与各种梦境一一对应不一定有充

---

① 《黄帝内经·素问·脉要精微论第十七》。

② 《黄帝内经·素问·方盛衰论第八十》。

分的科学依据，但却显示出其有相当丰富的临床经验。现代心理学的研究表明，梦象的内容确实同所受的某种刺激、被刺激的某种感官、受影响的某个脏腑和人体部位，以及大脑皮层的某个兴奋区有关。所以，不能轻易抹杀古代学者在这方面探索的意义。

（二）生活经验与梦

中国古代学者把梦视为一种正常的心理现象，认为梦是心理活动长链中的一个环节，只不过梦这种心理活动更多地与过去的生活经验相联系而已，这就是张载所说的"梦所以缘旧于习心"[1]。北宋时期的二程（即程颢、程颐）对此也有一段精彩论述。他们写道：

今人所梦见事，岂特一日之间所有之事？亦有数十年前之事。梦见之者，只为心中旧有此事，平日忽有事与此事相感，或气相感，然后发出来。故虽白日所憎恶者，亦有时见于梦也。譬如水为风激而成浪，风既息，浪犹汹涌未已也。[2]

二程认为，梦和其他心理现象一样，都是人对于外物做出的感应。这种感应与其他心理活动不同的地方，在于它不是一种瞬间的即时反应，而是一种"延迟反应"，它既可以是白天经历之事的反应，也可以是数年前所经历之事的反应，正像风停息以后波浪仍然汹涌澎湃。

斯皮里多诺夫在《心理·睡眠·健康》一书中写道："现代的科学证明，做梦并不是神秘莫测的事。来自外界及有机体内部的各种各样的刺激印在大脑皮层中，作为印象的痕迹多年保存在那里。睡眠时在皮层未充分抑制的情况下，这些痕迹就活跃起来，有时以离奇的、无秩序的、歪曲的形式出现。但梦常常是反映人们所知道的、看见过的、听见过的事物。"[3]细心的读者一定会发现，九百多年前的二程的论述同这段引文是有异曲同工之

---

① 《张载集·正蒙·动物篇》。

② 《二程集·河南程氏遗书》卷十八。

③ 恩·伊·斯皮里多诺夫：《心理·睡眠·健康》，程乾译，人民体育出版社，1980，第35页。

妙的。

（三）心理因素与梦

中国古代学者认为，梦既是心理活动的过程，又是心理活动的结果。梦与心理因素有着密不可分的关系。

1. 思维与梦

关于思维与梦的关系，在梦的分类中提到的精梦、想梦已有涉及，东汉王充提出的"精念存想"概念则较好地揭示了梦与思想因素的关系。王充在批评占梦术的虚妄性时，对梦境中离奇古怪的内容进行了如下解释：

夫精念存想，或泄于目，或泄于口，或泄于耳。泄于目，目见其形；泄于耳，耳闻其声；泄于口，口言其事。昼日则鬼见，暮卧则梦闻。独卧空室之中，若有所畏惧，则梦见夫人据案其身哭矣。觉见卧闻，俱用精神；畏惧存想，同一实也。[①]

"精念存想"，是指思想活动一直执着于某一事物，同王符所说的"凝念注神"意颇为相近，这种过于投入的思维活动对于人的所见所闻自然有所影响，白天会出现幻觉，睡眠时则会出现梦幻。

北宋的二程用"精神既至"来概括思维活动的影响。"刘安节问：高宗得傅说于梦，何理也？子曰：其心求贤辅，虽寤寐不忘也。故精神既至，则兆见乎梦，文王卜猎而获太公，亦犹是也。"[②]二程认为，梦的出现是人们废寝忘食、锲而不舍地追求某种目标或事物的结果，是思维长期持续而产生的。

宋代的另一位学者李觏则用"心之溺"来归纳梦与思维的关系："梦者之在寝也，居其傍者无异见，耳目鼻口手足率故形也。魂之所游，则或羽而仙，或冠而朝，或宫室舆马，女妇奏舞，兴乎其前，忽富骤荣，乐无有极。及其觉也，抚其躬，亡毛发之得。于是始知其妄而笑，此无他，独其

---

① 《论衡·订鬼篇》。
② 《二程集·圣贤篇》。

心之溺焉耳。"①他认为在梦境中别人虽无从察觉,但是自己却忽而化为飞鸟,忽而化为神仙,忽而做起皇帝。一旦梦醒始觉荒唐,但这是人经常追求、持续思考的"心之溺"所造成的。

2. 情绪与梦

与认知活动中的思维一样,作为意向活动中的情绪也与梦有着非常密切的关系。陈士元的"情溢"较好地概括了情绪所产生的梦,而明代著名戏曲家汤显祖也明确提出"梦生于情""因情成梦,因梦成戏"②的剧作主导思想,其实这未必不是现实生活的写照。

清代无神论者熊伯龙有一篇讨论梦的专文《梦辨》,在肯定王充关于"精念存想"对于梦的影响的同时,提出了"忧乐存心"的情绪致梦说。他写道:

> 《订鬼篇》曰:"凡天地之间有鬼,皆人思念存想之所致也。"至于梦,更属"思念存想之所致"矣。日之所思,夜则梦之。有验,有不验者。验者,偶与梦合,愚人不知,遂以为验,其实偶然适合,非兆之先见也。男子不梦生产,妇人不梦弓马,吴人不梦楚事,小儿不梦寿庆,士不梦负扆担簦,农不梦治经、读史,贾不梦樵采、捕鱼。成事,唐玄宗好祈坛,梦玄元皇帝;宋子业耽淫戏,梦女子相骂;谢朓梦中得句,李白梦笔生花:皆忧乐存心之所致也。③

事实上,思维活动总是伴随着一定的情感体验,好之乐之是一种积极的情绪体验,忧之惧之则是一种消极的情绪体验,这些体验越是深刻、持久,对人的梦的影响也就越大。

中国古代学者中对梦的原因的研究最全面、最深入、最细致者,可能非明代思想家王廷相莫属。他在《雅述·下篇》中对梦的成因进行了颇为系统的阐述,全文如下:

---

① 《李觏集》卷二十。

② 参见《汤显祖全集》,《玉茗堂尺牍》之三、之四。

③ 《无何集·梦辨四篇》。

　　梦之说二：有感于魄识者，有感于思念者。何谓魄识之感？五脏百骸，皆具知觉，故气清而畅则天游，肥滞而浊则身欲飞扬而复堕；心豁净则游广漠之野，心烦迫则踽踽冥窒；而迷蛇之扰我也，以带系，雷之震于耳也，以鼓入；饥则取，饱则与，热则火，寒则水。推此类也，五脏魄识之感著矣。何谓思念之感？道非至人，思扰莫能绝也。故首尾一事，在未寐之前则为思，既寐之后即为梦，是梦即思也，思即梦也。凡旧之所履，昼之所为，入梦也则为缘习之感；凡未尝所见，未尝所闻，入梦也则为因衍之感。谈怪变而鬼神罔象作，见台榭而天阙王宫至，忏蟾蜍也，以踏前之误，遇女子也以瘗骼之恩，反覆变化，忽鱼忽人，寐觉两忘，梦中说梦。推此类也，人心思念之感著矣。夫梦中之事，即世中之事也，缘象比类，岂无偶合？要之漫涣无据，靡兆我者多矣。

　　王廷相认为，梦是正常的心理现象，"梦中之事即世中之事"，也是人对于客观现实的反映。他从"魄识之感"与"思念之感"两个方面对梦的原因进行了分析：

　　一曰"魄识之感"。这主要包括了形气、心境、外部刺激和内部刺激等四个方面与梦的关系。

　　第一，形、气与梦。王廷相认为，做梦与人的形、气有一定的关系。王廷相认为，形气清畅，则其梦遨游天空；形气肥浊，则"身欲飞扬也而复堕"。

　　第二，心境与梦。王廷相认为，做梦与人的心境有一定关系。心境愉快豁达，其梦则游"广漠之野"；心境烦闷苦恼，其梦则至"踽踽冥窒"。

　　第三，外部刺激与梦。王廷相认为，做梦与外部环境刺激有一定关系。如身上系着带子，其梦则易见蛇扰；鼓声进入耳朵，其梦则易闻雷霆。

　　第四，内部刺激与梦。王廷相认为，做梦与内部器官的刺激有一定关系。如饥者做梦常常是饮食，饱者做梦常常是排泄；体热则易梦火，体寒则易梦水等。

　　上述四个方面虽然不一定完全正确，但大致反映了产生梦的主要途径。

　　二曰"思念之感"。王廷相认为，梦是思维的延续，未寐以前是思，既寐以后则为梦。因此，梦这种心理现象并非神秘莫测，它总是人对于客观世界的反映。过去的活动，白天的作为，在梦中都是"缘习之感"；梦中也会出现过去未曾见过闻过的离奇的东西，但这些并不是"漫涣无据"的。天阙王宫，不过是亭台楼榭的幻影；鬼神冈象，不过是人间怪物的变化；忽鱼忽人，不过是各种表象的偶然组合。后来弗洛伊德用"浓缩""转移""化装""润饰"等概念来解释梦境的离奇多变，在某种程度上王廷相的描述与弗洛伊德有暗合之处。

四、关于梦的功能

关于梦的心理功能，中国古代的占梦术将其无限放大，做出了许多牵强附会的解释。但仍有不少严肃的学者对这一问题进行了有益的探索，主要研究了梦的以下三个方面的功能。

（一）梦的诊断性功能

梦的诊断性功能即通过梦象观脏象，从而对疾病进行诊断。《黄帝内经·灵枢·淫邪发梦第四十三》曾讨论过外界的淫邪之气作用于不同的内部器官而通过梦境的形式表现出来："厥气客于心，则梦见丘山烟火。客于肺，则梦飞扬，见金铁之奇物。客于肝，则梦山林树木。客于脾，则梦见丘陵大泽，坏屋风雨。客于肾，则梦临渊，没居水中。客于膀胱，则梦游行。客于胃，则梦饮食。客于大肠，则梦田野。客于小肠，则梦聚邑冲衢。客于胆，则梦斗讼自刳。客于阴器，则梦接内。客于项，则梦斩首。客于胫，则梦行走而不能前，及居深地窌苑中。客于股肱，则梦礼节拜起。客于胞䐈，则梦溲便。凡此十五不足者，至而补之立已也。"反过来看，如果出现上述梦境，则有必要检查相关的脏腑器官了。正因为此，唐朝著名医学家孙思邈在节引上述内容后评论道："善诊候者，亦可深思此意，乃善尽美矣。"[1] 在此之前的名医巢元方也指出："寻其兹梦，以设法治，则病无所逃矣。"[2]

---

[1] 《备急千金要方·诊候第四》。

[2] 《诸病源候论》卷四，《虚劳病诸候下·六十二虚劳喜梦候》。

（二）梦的预见性功能

关于梦的预见性功能，中国古代历来有两种对立的说法。一种说法是充分肯定甚至无限夸大梦的预见性功能，占梦迷信大多持此说。明代郭子章也试图从理论上说明梦的先兆预见功能。他说：

天下之来物，有吉有凶、有祸有福、有祥有殃、有休有咎，芒乎笏乎，言之如吹影，思之如镂尘。夫人乃有梦而知之者，往往预以告人，而及其吉凶、祸福、祥殃、休咎之应岁著也，晓然若目睹其事而无毫发僭爽。夫人与阴阳通气，身与乾坤并形，吉凶往复，潜相关通，故曰：心应枣，肝应榆，我通天地；将阴梦水，将晴梦火，故曰：梦中有天地存焉，而何足以异哉！①

在郭子章看来，对于人来说，即将发生的事自然有吉、有凶、有福、有祸，但有人能有先见之明，在睡梦中看见先兆，而且后来之所验同梦境内容完全相同。其原因在于"人与阴阳通气，身与乾坤并形，吉凶往复，潜相关通"，即人与天地自然之间有着微妙的感应关系。事实上，自然界的"天机"并不是毫不泄露的，一些重大的自然变异如地震等，在潜伏状态时就会通过各种通道向人体递送某些信息，对人体产生若干刺激，这些刺激在某些人的睡眠中就会形之于梦，梦象之内容很快又得到验证。这里所说的"潜相关通"可能还不应完全否定，现代超心理学的若干研究已经证明了它的存在，但对其机制尚未充分知晓。

一种说法是基本否定梦的预见性功能，把某些梦兆的"预见"归之为偶然的巧合。熊伯龙有一段典型的文字：

有验，有不验者。验者，偶与梦合。愚人不知，遂以为验。其实偶然适合，非兆之先见也。②

---

① 《马迁纪梦》，转引自《古今图书集成》卷一百四十五《庶征典》。

② 《无何集·梦辨四篇》。

熊伯龙认为，梦并不具有预见性功能，梦境内容总有验与不验两种可能性，验者只不过是偶然的巧合而已。古代讲"直梦"或梦之预见或先兆时，总喜欢引用《诗经》中的"熊罴虺蛇，男女之祥"来佐证，熊伯龙用阴阳之气的表现加以说明："生男阳气盛，阳盛则肠热，故梦刚物；生女阴气盛，阴盛则肠冷，故梦柔物。犹身冷梦水，身热梦火也。"[①]他进而用反面例证来说明梦的预见性的偶然色彩：

> 非妇人有娠者梦尽同也，且又非得是梦者必获男女之效也。……世亦有梦熊罴生女，梦虺蛇生男者。诗人言其验者，其不验者不言耳。[②]

这段话的潜台词是说，其实梦之不验者为绝大多数，人们习以为常，故"不言"之。而梦之验者甚少，偶有验之则称奇叹妙而言之。如果只抓住极少数的偶合应验事例，显然是失之公允的。

（三）梦的创造性功能

古今中外车载斗量的案例以及现代科学的研究成果已经证明梦具有创造性功能。英国剑桥大学哈钦森（Hutchinson）教授的问卷调查表明，70%以上有相关贡献的学者认为，在他们的创造性活动中，梦境发挥了重要的启示作用。德国化学家凯库勒（F.A.Kekule）的苯分子结构式、门捷列夫（D.I.Mendeleefv）的元素周期表、塔尔蒂尼（I.Tartini）的《魔鬼的颤音奏鸣曲》等，据说都是梦的杰作。

中国古代典籍中记载的梦的创造性案例也非常之多，如司马相如梦作《大人赋》[③]，谢灵运梦得"池塘生春草"佳句[④]，唐朝玄宗梦作《凌波

---

①② 《无何集·梦辨四篇》。

③ 《西京杂记》："相如将献赋，未知所为，梦一黄衣翁谓之曰：'可为《大人赋》'。遂作《大人赋》，言神仙之事以献之，赐锦四匹。"

④ 《古今诗话》："谢灵运，会稽人，玄子孙。尝与弟惠连吟弄，弟不在，思不得。晚梦惠连，忽得'池塘生春草，园柳变鸣禽'之句，以为神助。"

曲》①，李贺梦吟《梦天》②，苏轼梦赋《裙带词》③等。但是，中国古代学者却很少探究梦中能进行创造性活动的原因。清代学者李仲伦的片言只字就显得格外难得了。他说：

> 梦中创见之思者，精专所极，积思而梦。④

"创见之思"是指创造性思维，"精专"是指精神对于某个问题的专心致志，"积思"是指人对于某个问题的长期思考。也就是说，梦中产生的创造性思维是人们对于问题长期反复的思索所导致的顿然领悟。这自然只是描述一种结果，而未能揭示其中的内在机制，即为什么在清醒状态下长期未能解决的问题，会在梦中豁然开朗。虽然现代科学对此已有各种假设，如"释放说""信息说"等，但迄今仍无令人信服的研究成果，尤其是缺乏可靠的实证研究资料。因此，我们也不必苛求中国古代的学者。

综上所述，中国古代学者在梦的本质、梦的分类、梦的原因和梦的功能诸方面，都进行了大量的、缜密的探索，形成了独特的中国梦文化，其中虽不乏迷信、幼稚之见解，但也有许多真知灼见，值得系统总结，深入研究。

第八章　中国近代的教育心理思想

从 1840 年鸦片战争到 1919 年五四运动，近八十年的历史，是近代教

---

① 《太平广记》："玄宗在东都，昼寝于殿，梦一女子容色艳秾，梳交心髻，大帔广裳，拜于床下。上曰：'汝是何人？'曰：'妾是陛下凌波池中龙女，卫宫护驾，妾实有功。今陛下洞晓钧天之音，乞赐一曲，以光族类。'上于梦中为鼓胡琴，拾新旧之声，为《凌波曲》。"

② 《白孔六帖》："李贺梦中作《梦天》云：'老兔寒蟾泣天色，云楼半开壁斜白。玉轮轧露湿团光，鸾珮相逢桂香陌。'"

③ 《东坡志林·梦寐》："轼初自蜀应举京师，道过华清宫，梦明皇令赋《太真妃裙带词》，觉而记之。"

④ 《周礼纂训·春官·占梦》。

育心理学的形成史。一方面，西方近代教育心理学由日本间接输入我国；另一方面，近代学者严复、王筠、康有为、梁启超、蔡元培等，在其改革社会和文化教育的主张中或者涉及近代教育心理学的内容，或者直接引用和应用了近代教育心理学。他们对教育心理学从古代的萌芽状态过渡到近代形式做出了重要贡献。

近代学者关于教育心理问题的论述主要集中在基本理论问题、学科心理、教学心理、德育心理等方面，现分别加以介绍。

一、基本理论问题

教育心理学的一个基本理论问题是关于心理发展的动力问题。对此，近代学者论述颇多。被称为最早向西方探索救国真理的先驱者之一的魏源，就提出过一些颇有价值的观点。他认为，人的聪明才智是先天的资质与后天的人为相结合而形成的，而以后天为主："敏者与鲁者共学，敏不获而鲁反获之。敏者日鲁，鲁者日敏。岂天人之相易耶？曰：是天人之参也。"[①]他强调环境对于人的心理发展的作用，如认为居住在山里的人，"难与论舟行之险"；生活在湖边的人，则"难与论梯陡之险"；生长在富裕环境中的人，"不可与论贫"；处于安闲适意境地的人，则"不可与虑猝"。[②]康有为在解释孔子"性相近"的命题时，认为"相近则平等之谓"[③]，并且指出一个人的好坏是由其后天所处的环境和学习造成的："习于正则正，习于邪则邪。"[④]他还非常重视学习对于人的心理发展的意义，认为学习是人类独有的能力，"学也者，由人为之，勉强至逆者也。不独土石不能，草木不能，禽兽之灵者亦不能也[⑤]。"

梁启超在《变法通议·学校总论》中更明确指出："智恶乎开？开于学。学恶乎立？立于教。……亡而存之，废而举之，愚而智之，弱而强之，条

---

①② 魏源：《默觚上》。

③ 康有为：《长兴学记》。

④ 康有为：《大同书》。

⑤ 同③。

理万端，皆归本于学校。"简言之，教育是开发人的智力的根本途径。他还说了一段很有近代教育心理学意味的话："盖人类之可能性，非常之大，教育之目的，即在扩张其可能性。愈用愈发达，愈不用亦愈退化，证之生理，乃不乏其例。今有二人于此，年岁相若，体质相若，衣服之厚薄亦相若，乃一则畏寒，一则不畏寒，则皮肤中可能性发达之程度异也。盖人之皮肤中反抗外界刺激之可能性，愈受强迫，愈益发达……人之精神，亦复如是。昔人谓精神愈用而愈出，实为名言。"①他从生理学用进废退的规律出发，说明人的心理发展在很大程度上取决于人的主观能动性，而这种主观能动性是可以通过教育加以培养和提高的。近代民主革命家章太炎也有类似主张，他吸收了达尔文（C.R.Darwin）进化论的成果，认为人类及其心理是由动物进化而来的，是有机体适应环境和遗传交互作用的结果。在人类心理的进化过程中，也遵循着生物器官的"用进废退"的原则，如人的智力不能发挥作用，就会退化到动物的水平："故知人之怠用其智力者，萎废而为獿蜼（猿猴），人迫之使入于幽谷，夭阏天明，令其官骸不得用其智力者，亦萎废而为獿蜼。"②他特别强调社会环境对人的心理的影响，如在批评康有为"中国民智未开"的观点时指出："人心之智慧，自竞争而后发生。今日之民智，不必恃他事以开之，而但恃革命以开之。"③

人的全面发展的心理学问题，是教育心理学的基本理论问题之一，也是近代教育心理学与古代教育心理思想的重要分野之一。对此，近代学者阐释颇详。康有为是较早对全面发展的教育进行论述的近代学者，梁启超在《南海康先生传》中就称："其为教也，德育居十之七，智育居十之三，而体育亦特重焉。"康有为在《长兴学记》中对古人的"志于道，据于德，依于仁，游于艺"进行了新的解释，用德育、智育、体育的内容对此重新组合，颇具特色。

王国维在《论教育之宗旨》中也明确论述了全面发展教育的心理学意义。他写道："教育之宗旨何在？在使人为完全之人物而已。何谓完全之人

---

① 梁启超：《现代教育之弊端》，载夷夏编，河北人民出版社，2004。

② 章太炎：《原变》。

③ 章太炎：《驳康有为论革命书》。

物？谓人之能力无不发达且调和是也。人之能力分为内外二者：一曰身体之能力，一曰精神之能力。发达其身体而萎缩其精神，或发达其精神而罢敝其身体，皆非所谓完全者也。完全之人物，精神与身体必不可不为调和之发达。而精神之中又分为三部：知力、感情及意志是也。对此三者而有真美善之理想："真"者知力之理想，"美"者感情之理想，"善"者意志之理想也。完全之人物不可不备真美善之三德，欲达此理想，于是教育之事起。教育之事亦分为三部：智育、德育（即意育）、美育（即情育）是也。"他还说明了智育、德育、美育三者的内在关系及实施各育的基本途径，并且用下图表示其基本思想：

$$\text{教育之宗旨}\begin{cases}\text{体育} \\ \text{心育}\begin{cases}\text{智育} \\ \text{德育} \\ \text{美育}\end{cases}\end{cases}\text{完全之人物}$$

曾任教育总长的蔡元培对全面发展教育的理解别具一格，认为主要包括军国民主义教育（体育）、实利主义教育（基本相当于智育）、德育、世界观教育与美育。"以心理学各方面衡之，军国民主义毗于意志，实利主义毗于知识，德育兼意志情感二方面，美育毗于情感，而世界观则统三者而一之。"[1]他还用人的身体来比喻："军国民主义者，筋骨也，用以自卫；实利主义者，胃肠也，用以营养；公民道德者，呼吸机循环机也，周贯全体；美育者，神经系也，所以传导；世界观者，心理作用也，附丽于神经系而无迹象之可求。此即五者不可偏废之理也。"[2]应该指出，蔡元培虽然肯定各育的内在联系，强调在教育实践中不可偏废，但又机械地认为军国民主义教育当占10%，实利主义教育当占40%，德育当占其20%，美育当占25%，世界观教育则占其5%，这就不免流于形式之弊了。

---

[1] 蔡元培：《对于教育方针之意见》，载高平叔编《蔡元培教育论集》，湖南教育出版社，1987，第46—47页。

[2] 同上书，47页。

二、学科心理思想

在学科心理方面，王筠所作的《教童子法》堪称杰作。他对识字、阅读和作文等语文教学中的关键问题，从教育心理的角度进行了阐释。

关于识字心理，首先，王筠提出了先识字后阅读的观点，认为"蒙养之时，识字为先，不必遽读书"，"识字时，专心致志于识字，不可打算读经"。对于那些愚钝的学生更是如此，"如弟子钝，则识千余字后，乃为之讲，能识二千字，乃可读书"。其次，他提出了先识纯体字后识合体字的观点，主张"先取象形、指事之纯体教之。……纯体字既识，乃教以合体字。又须先易讲者，而后及难讲者"。一般说来，纯体字较合体字笔画少，结构简单，易学易认，所以王筠的观点既符合先易后难的一般教学原则，也符合现代汉字心理的研究成果。再次，他提出了词与直观印象紧密结合的观点。他说："识日月字，即以天上日月告之；识上下字，即以在上在下之物告之，乃为切实。"又说："识字必裁方寸纸，依正体书之，背面写篆。独体字，非篆不可识。"这实际上与现代"看图识字"卡片极为相似，体现了识字心理的直观原则。

关于阅读心理，王筠的见解颇有价值。首先，他主张必须把讲解、诘问与启发思考结合起来，调动学生的阅读积极性："学生是人，不是猪狗，读书而不讲，是念藏经也，嚼木札也，钝者或俯首受驱使，敏者必不甘心。"其次，为了保证阅读的效率和质量，在阅读的内容和方法上，他主张"精读强记，约取实得"。精读的方法有二。一是札录："每读一书，遇意所喜好，即札录之。录讫，乃朗诵十余遍，粘之壁间。每日必十余段，少亦六七段。掩卷闲步，即就壁间观所粘录，日三五次为常，务期精熟，一字不遗。"二是圈点："入学后，每科必买直省乡墨，篇篇皆使学之圈之抹之，乃是切实功夫。功夫有进步，不妨圈其所抹，抹其所圈，不是圈他抹他，乃是圈我抹我也。即读经书，一有所见，即写之书眉，以便他日涂改。若所读书，都是干干净净，绝无一字，可知是不用心也。"通过札录与圈点两种熟读方法，可以提高阅读的积极性和自觉性，较之单调朗读更有助于理解和识记。强记的方法亦有二。一是连号法："其师教之读书，用连号法。初日诵一纸，次日又诵一纸，并初日所诵诵之。三日又并初日、次日、所诵诵之，如是渐增引至十一日，乃除去初日所诵。每日皆连诵十号，诵至一周遂成十周。人即中下，亦无不烂熟矣。"从现代教育心理学的角度分析，这实际上是平均分配和逐日累进的"循环记字法"，其特点是复习的次数先密后疏，恰好与遗忘速度先快后慢的规律相暗合。二是暗诵法："吾乡有秀才……然其作文，则似手不释卷者。或问其故，则曰："我有二十篇熟文，每日必从心里过一两遍（不可出声，若只是从唇边过，则不济事）"可见，暗诵法的特点是用"重现"来巩固记忆。

关于作文心理，王筠也有精辟论述。首先，他主张作文的命题必须切合学童经验："我见何子贞太史教其侄作诗，题目皆自撰，以目前所遇之事为题，是可法也。"其次，他主张不要束缚学生的想象与思维，而应任其纵横驰骋："作诗文必须放，放之如野马，踢跳咆嗥，不受羁绊，久之必自厌而收束矣，此时加以衔辔，必俯首乐从。且弟子将脱换时，其文必变而不佳。此时必不可督责之；但涵养诱掖，待其自化，则文境必大进。"为了培养学生的写作兴趣，调动他们的写作积极性，他还主张多"圈"少"抹"："即令作论，以写书为主，不许说空话，以放为主，越多越好，但于其虚字不顺者，少改易之，以圈为主。"①

此外，蔡元培先生在《华工学校讲义》中所列文字、图画、音乐、戏剧、诗歌、历史、地理、建筑、雕刻、装饰等学科的教育，也有一定的心理内容，如他在讲音乐学科时说："合各种高下之声，而调之以时价，文之以谐音，和之以音色，组之而为调、为曲，是为音乐。故音乐者，以有节奏之变动为系统，而又不稍滞于迹象者也。其在生理上，有节宣呼吸、动荡血脉之动。而在心理上，则人生之通式，社会之变态，宇宙之大观，皆得缘是而领会之。此其所以感人深，而移风易俗易也。"关于诗歌学科，他则说："人皆有情。若喜、若怒、若哀、若乐、若爱、若惧、若怨望、若急迫，凡一切心理上之状态，皆情也。情动于中，则声发于外，于是有郁、俞、噫、咨、吁、嗟、乌呼、咄咄、荷荷等词，是谓叹词。虽然，情之动也，心与事物为缘。若者为其发动之因，若者为其希望之果。且情之程度，

① 杨鸿昌：《王筠〈教童子法〉一书中的心理学思想》，《河北大学学报》，1962年第3期。

或由弱而强，或由强而弱，或由甲种之情而嬗为乙种，或合数种之情而冶诸一炉，有决非简单之叹词所能写者，于是以抑扬之声调、复杂之语言形容之。而诗歌作焉。"如果说王筠是研究学科心理最具深度的近代学者，那么蔡元培则是涉及学科心理最具广度的一位学者。

三、教学心理思想

近代学者关于教学心理的思想较为丰富，并且已经明确提出把实验心理学和儿童心理学的研究成果直接引入教学过程。蔡元培在1918年发表的《新教育与旧教育之歧点》一文中就指出："故治新教育者，必以实验教育学为根柢。实验教育学者，欧美最新之科学，自实验心理学出，而尤与实验儿童心理学相关。"近代学者关于教学心理的论述主要有以下几个方面。

第一，教学必须循序渐进。蔡元培在1901年所作的《学堂教科论》中就对此有所论述："登高自卑，入室由户，循序不乱，凡事皆然，人智启发之次，宁有异乎？童子之入塾也，未知善恶之道而课以明新，未习弟子之职而语以君国，譬之婴孩舍乳而食肉，山人入水而求鱼，使其神思之径，忽断忽续，若昧若明。以此为常，则事无大小，既无执因求果之术，更无见微知著之几，皆将颠倒重轻，衡决首尾。见卵而求时夜，救火而呼丈人，此害于乱者二也。"他认为，启发人的智慧同做任何事一样，都必须由浅而深、由卑登高，才能有所成效。梁启超在《教育政策私议》中也有类似主张："求学譬如登楼，不经初级，而欲飞升绝顶，未有不中途挫跌者。"如果不经过最低阶梯而想一下子飞升到最高的地方，就必然会在中途遭遇挫折，摔跌下来。他还吸收了日本教育心理教科书的成果，列出了"儿童身心发达表"。认为"教育之次第"，必须根据儿童身心发展之次第，"其不可以躐等进也明矣"。

第二，教学必须引起学生的兴趣。王筠在《教童子法》中说："学生是人，不是猪狗，读书而不讲，是念藏经也，嚼木札也，钝者或俯首受驱使，敏者必不甘心。人皆寻乐，谁肯寻苦，读书虽不如嬉戏乐，然书中得有乐趣，亦相从矣。"他认为，如果学生不能从书中得到乐趣，就会视学习如畏途而放弃。蔡元培也明确指出："我们教书，并不是像注水入瓶一样，注满了就算完事，最要是引起学生读书的兴味。"①为了调动学生的学习兴趣，梁启超主张在教学的空闲时间让学生"或游苑囿以观生物，或习体操以强筋骨，或演音乐以调神魂"，如果"立监佐史以莅之，正襟危坐以围之，庭内湫隘，养气不足，圈禁拘管，有如重囚，对卷茫然，更无生趣。以此而求其成学，所以师劳而功半，又从而怨之也"。②梁启超还指出，教学不能为兴趣而兴趣，只有给学生一定的压力，使其努力学习，才能使智力得到较充分的发展："故教育儿童，徒以趣味教育，俾其毫无勉强，必不能扩张儿童之可能性也。"③

第三，教学必须唤起学生的注意。蔡元培认为，注意力是教学必不可少的心理条件，对提高学习效率有重要意义，"心理之学，注意为要，传称心不在则视不见，听不闻，食不知味，此其显者。塾师之课读也，有声无义，里谚谓之小僧诵经，固已味同嚼蜡，倦此循环。夫人之心思，自酣睡以外，固不能无所寄"。④的确，谁能指望一个睡意蒙眬的人能够维持正常的学习呢？

第四，教学必须记忆与理解相结合。梁启超对此解释颇为精详，他在《变法通义·论幼学》中指出："故教童子者，导之以悟性甚易，强之以记性甚难。何以故？悟性主往（以锐人为主），其事顺，其道通，通故灵；记性主回（如返照然），其事逆，其道塞，塞故钝。是故生而二性备者上也。若不得兼，则与其强记，不如其善悟。何以故？人之所异于物者，为其有大脑也，故能悟为人道之极。凡有记也，亦求悟也；为其无所记，则无以为悟也。悟赢而记绌者，其所记恒足以佐其所悟之用（吾之所谓善悟者指此，非尽弃记性也，然其所记者，实多从求悟得来耳，不可误会）；记赢而悟绌者，蓄积虽多，皆为弃材。惟其顺也、通也、灵也，故专以悟性导人者，其记性亦必随之而增；惟其逆也、塞也、钝也，故专以记性强人者，其悟性亦必随之而减。"在他看来，记性与悟性（记忆与理解）是教学过程中两个

---

① 蔡元培：《普通教育和职业教育》，载高平叔编《蔡元培教育论集》，湖南教育出版社，1987，第303-304页。

② 梁启超：《变法通议·论幼学》。

③ 梁启超：《现代教育之弊端》。

④ 蔡元培：《学堂教科论》。

重要的心理因素，两者相辅相成，不可分离。他尤重悟性，认为它是记性的基础，培养学生的记性，如果离开悟性也难有所成，如果强迫学生死记硬背，就是"窒脑"，使脑力一天天受到损伤。

第五，教学必须因材施教。王筠在《教童子法》中说："教弟子如植木，但培养浇灌之，令其参天蔽日，其大本可为栋梁，即其小枝亦可为小器具。"他认为，教育的真谛就是根据学生的材质进行有针对性的培养，使大本的为栋梁，小枝的为器具，各得其所。如果不考虑学生的特点，用统一的模式要求学生，就是教师的罪过。蔡元培认为，不顾学生的"性质"和"资禀"，以不变应万变，以"一法"对待所有的学生，实质是摧残儿童，这是旧教育的根本弊端。"新教育则否，在深知儿童身心发达之程序，而择种种适当之方法以助之。如农学家之于植物焉，干则灌溉之，弱则支持之，畏寒则置之温室，需食则资以肥料，好光则覆以有色之玻璃；其间种类之别、多寡之量，皆几经实验之结果，而后选定之；且随时试验，随时改良，决不敢挟成见以从事焉。"①

第六，教学必须有良好的环境。康有为在《大同书·小学院》中是这样设计理想的教学环境的："学地当择山水佳处……不得在林暗谷幽、岩洞崎岖、水泽沮洳之处。盖林谷幽暗，不通风气，则养生不宜；岩谷崎岖，则于童子之跳动恐有损坠之患；水泽沮洳，则湿气过感，精神不爽也。儿童当知识甫开之时，尤易感染学习，故孟子之圣，而近学宫则陈俎豆，近墓地则效葬埋，近市则为买卖，故所邻染不可不慎也。"这里在一定程度上已揭示出学校的环境对学生心理的影响。

四、德育心理思想

重视德育是近代学者的一致主张，他们都把德育作为整个教育系统的重要组成部分，并且对德育的心理意义、原则与方法进行了若干论述。

严复较早从宏观的角度论述过德育的意义，认为德育"关系国家最大"。梁启超则从微观的角度阐述通过德育养成良好品格的意义，他在《论中国

---

① 蔡元培：《新教育与旧教育之歧点》。

国民之品格》中说:"品格者,人之所以为人,借以自立于一群之内者也。人必保持其高尚之品格,以受他人之尊敬,然后足以自存,否则人格不具,将为世所不齿。"

关于德育的原则与方法,近代学者也多有阐发。康有为在《大同书》中就主张德育应从幼儿时期抓起:"况人道蒙养之始,以育德为先。令其童幼熏德善良,习于正则正,习于邪则邪,入兰室则香,居鲍肆则臭。故人生终身之德性,皆于童幼数年预为印模。"又指出:"德性不习定,至长大后气质坚强,习行惯熟,终身不能化矣。"在德育的形式上,他尤重视礼乐的心理功能,认为行礼可以使学生的肌肉皮肤锻炼得更强健,肌腱骨骼的关节更牢固,并使人懂得社会交往的规范和国家法律的要求;音乐则可以用来涵养学生的性情,调和学生的气血,平衡学生的身体,焕发学生的精神。

梁启超对于德育问题论述颇多,在《德育鉴》《新民说》《十种德性相反相成义》等文中,他对"新民"所必须具备的各种品德提出了明确要求,认为独立、合群、进取、冒险、自信、自治、自尊等心理品质是新兴资产阶级培养人才的基本素质。他强调人的自我教育:"故不待劝勉,不待逼迫,而能自置于规矩绳墨之间,若是者,谓之自治。"①也就是说,必须自觉地用社会的道德规范来约束自己,而不应在外在的压力下被动地做各种道德行为。为了锻炼自我教育的能力,他特别重视道德意志的培养:"人之生也,与忧患俱来;苟不尔,则从古圣哲,可以不出世矣。种种烦恼,皆为我练心之助;种种危险,皆为我练胆之助;随处皆我之学校也。我正患无就学之地,而时时有此天造地设之学堂以饷之,不亦幸乎!我辈遇烦恼遇危险时,作如是观,未有不洒然自得者。"②这里揭示了一个重要真理,即道德意志的培养不一定要在惊天动地的大事业中进行,而可以从平时的件件小事着手。他对于各种品德的内在联系颇具创见,在《十种德性相反相成义》一文中,对独立与合群、自由与制裁、自信与虚心、利己与爱他、破坏与成立的关系进行了比较全面的论述,认为这些品德"形质相反,其精神相成,而为凡人类所当具有缺一不可者"。我们认为,全面地分析各种品德的内在结构

---

① 梁启超:《新民说》。

② 梁启超:《自由书·养心语录》。

及相互关系，较之孤立地、片面地理解各种品德，自然更有其合理性。

蔡元培先生对于德育也有精辟见解。他在 1916 年编写了《华工学校讲义》，内有德育 30 篇、智育 10 篇。德育 30 篇包括合群、舍己为群、尽力于公益、己所不欲勿施于人、责己重而责人轻、勿畏强而侮弱、戒失信、戒狎侮、戒毁谤、戒骂詈、理智与迷信、循理与畏威、坚忍与顽固、镇定与冷淡、热心与野心、英锐与浮躁、果敢与鲁莽、精细与多疑、尚洁与太洁、互助与倚赖、爱情与淫欲、方正与拘泥、谨慎与畏葸、有恒与保守等内容，不少篇从心理学的角度进行分析，透辟入里，令人折服，产生了较大的社会影响。当时全国通行的中学语文教科书曾选取其中若干篇作为课文，台湾大学中文系也将此编为《蔡元培先生著德育讲义》，由林其容教授详加注释于 1961 年出版，被认为是现代青年的"入德之门"。

蔡元培对于德育心理的最重要贡献或许就是他的"以美育代宗教"的学说。他于 1917 年 4 月 8 日在北京神州学会的演说词就是以此为题的，他指出，美育可以陶冶人的感情，使人有高尚纯洁的习惯，可以使人去私忘我，使人性日趋和谐平等，可以美化人的生活，忘却忧患，使人沉醉在美的享受之中。[1]因此，他主张要美化学校的环境，以引起学生"清醇之兴趣，高尚之精神"。他还从心理学角度阐述了美育与智育的关系及其对人生活动的意义："美育者，应用美学之理论于教育，以陶养感情为目的者也。人生不外乎意志，人与人互相关系，莫大乎行为，故教育之目的，在使人人有适当之行为，即以德育为中心是也。顾欲求行为之适当，必有两方面之准备：一方面，计较利害，考察因果，以冷静之头脑判定之；凡保身卫国之德，属于此类，赖智育之助者也。又一方面，不顾祸福，不计生死，以热烈之感情奔赴之；凡与人同乐、舍己为群之德，属于此类，赖美育之助者也。所以美育者，与智育相辅而行，以图德育之完成者也。"[2]

综上所述，近代中国的教育心理学有两个显著特质。第一，它保留着古代教育心理思想的形式。一方面，近代学者在社会危机面前不得不把主要的精力放在匡时救世的社会宣传上，很少有关于教育心理的专论。这样，

---

① 高平叔编《蔡元培教育论集》，湖南教育出版社，1987，第 168–172 页。

② 同上书，第 490 页。

他们的教育心理思想就与其政治、社会、教育等其他思想浑然一体，成为其社会变革舆论的组成部分。另一方面，近代学者还基本继承着古代学者的研究方法，即主要是经验式的描述或思辨式的宏论，而很少有实验研究。我们从魏源、康有为、梁启超、章太炎等人的教育心理思想中可以清楚地看出这一特点。第二，它已初步涉及近代教育心理学的某些内容，由于近代学者如魏源、严复、康有为、梁启超、蔡元培等都是博古通今、学贯中西的大学者，他们或多或少地已经接触到西方近代教育心理学的内容，有的甚至直接翻译过西方教育心理学的著作，如王国维就翻译了美国禄尔克的《教育心理学》，梁启超在分析儿童身心发展的历程时就直接从日本的教育心理学教科书里得到启示。所以这就使他们在论述教育心理学问题时的思维方式和视角与古代学者不尽相同，带有近代教育心理学的某些特点。因此，近代学者在我国古代教育心理思想过渡到近代教育心理学的过程中起了不可忽视的中介作用，从而对推动我国现代教育心理学的建立和发展具有重要的历史意义。

第二编

人物学派

　　我走上研究中国心理学史的道路，与本编的两篇论文有关。1981 年，当我还在上海师范大学读书时，受燕国材先生的影响，先后撰写了几篇研究中国心理学史的文章。其中《张载的学习心理思想》在《江苏师院学报》上发表，收入本书的《二程心理思想研究》被心理学的权威核心期刊《心理学报》录用，而《朱熹心理思想研究》则收录在潘菽、高觉敷先生主编的《中国古代心理学思想研究》一书中。初战告捷对于一个年轻学生的激励是巨大的，从此，我走进了这个青灯伴故纸的领域，选择了孤独而神圣的事业。

第九章 二程心理思想研究

程颢（1032—1085），字伯淳，又称明道先生。程颐（1033—1107），字正叔，又称伊川先生。程颢和程颐是嫡亲兄弟，河南洛阳人，北宋时期的著名思想家，当时和后世并称为"二程"。二程是宋明理学的奠基者，他们的思想对后世尤其是对朱熹的影响较大。二程的心理思想比较丰富，在他们的整个思想体系中所占的地位也至关重要，有人称二程之学为"身心之学"或"心性之学"就说明了这一点。二程的心理思想见于《二程全书》，其中以《遗书》和《粹言》较为缜密。在二程的著作中，有些标明明道先生语或伊川先生语，有些则统称二程先生语。我们认为，二程的心理思想和他们的其他思想一样，也是大同小异的。因此，在本章中，对二程的心理思想就不另加区别。

一、二程论"心"

二程的最高哲学范畴是"理"。"理"作为绝对本性而衍生出宇宙万物。二程的最高心理范畴则是"心"。他们说："心是理，理是心"[1]，"理与心一"[2]。心简直成了理的代名词。

二程唯心主义心理观的起点，就是把心和理混为一谈，把产生心理活动的主体同作用于人们心理的对象等同起来。由此出发，人的心理就可以成为脱离人体而独立存在并且主宰人体的玄妙东西。二程说："在天为命，

---

[1] 程颢、程颐：《二程集·河南程氏遗书》，王孝鱼点校，中华书局，第139页。

[2] 同上书，第76页。

在义为理，在人为性，主于身为心，其实一也。"[①] "心之精微，至隐至妙，无声无臭，然其理明达暴著，若悬日月，其知微之显欤！"[②] "有言：'未感时，知何所寓？'曰：'操则存，舍则亡，出入无时，莫知其乡。'更怎生寻所寓？只是有操而已。"[③] "心，生道也。有是心，斯具是形以生。"[④] "人之身有形体，未必能为主。……唯心则三军之众不可夺也。若并心做主不得，则更有甚？"

这里明确指出，心是一个神秘莫测、玄之又玄、神通广大的本体。心不仅主宰着人体，而且先"有是心"，然后才"具是形"，[⑤]它"出入无时，人亦不觉"，"只外面有些隙罅便走了"。[⑥]我们不知道它居于何处，位于何方。所以，人的心理活动简直是不可知的了。

列宁说过："心理的东西、意识等等是物质（即物理的东西）的最高产物，是叫作人的头脑的这样一块特别复杂的物质的机能。"[⑦]离开了人的形体，离开了人脑，就不可能产生人的心理活动。二程虽然也看到了人心与人体的联系，但由于不了解心理活动的本质，从而根本倒置了心身关系。在世界上最美的花朵——人类的心理现象面前，二程只是困惑地赞赏、盲目地崇拜它的红花绿叶，而看不到深植于土壤之中的根须。他们当然不懂，渺小有限的形体怎能容得下广大无限的人心呢？

刘安节问："'心有限量乎？'曰：'天下无性外之物，以有限量之形气用之，不以其道，安能广大其心也？'"[⑧]二程认为，人心没有限量，包容天地；人体则有限量，具体而微。如果把两者拴在一起，把人心隶属于形体，就会使人心受到束缚。这就是二程把心、身孤立起来，片面化、绝对化的原因所在。后来，南宋时陆九渊说"唯心无形"，他的学生杨简说"人心自

---

① 《二程集·河南程氏遗书》，第 204 页。

② 参见陈俊民《蓝田吕氏遗著辑校》，中华书局，1993。

③ 《朱子语类》卷九十六。

④ 《近思录》卷一。

⑤ 同①，第 274 页。

⑥ 同①，第 53 页。

⑦ 中共中央马克思恩格斯列宁斯大林著作编译局编《列宁选集》第 2 卷，人民出版社，1995，第 170 页。

⑧ 《二程集·河南程氏粹言》，第 1252 页。

善，人心自灵，人心自明，人心即神，人心即道"，而把人心完全彻底地从人身主体中区分开来，异化出去，无限膨胀，变成独立的、不必依赖的纯粹意识、绝对精神，应该说是滥觞于二程。

二程的唯心主义心理观不仅表现在心身关系方面，也表现在心物关系方面。二程说："万物皆备于我。心与事遇，则内之所重者更互而见。"[①]"'寂然不动'，万象森然已具在；'感而遂通'，感则只是自内感，不是外面将一件物来感于此也。""如明鉴在此，万物毕照，是鉴之常，难为使之不照。人心不能不交感万物，亦难为使之不思虑。若欲免此，唯是心有主。"[②]这里，二程把人心看作一个毕照万物的明镜，客观事物的道理都是人心本有、由人心派生出来的。人心虽然不能不交感万物，但这不是正常的心理现象，而是心无所主的病态或变态。二程说："'致知在格物'，非由外铄我也，我固有之也。因物有迁，迷而不知，则天理灭矣，故圣人欲格之。"[③]外物之理不过是启发心中固有之理的手段，人对客观世界的认识最终只能在内心完成。

二程虽然抹杀了人的心理是对客观事物的反映这个基本观点，但毕竟还没有像佛氏那样甩掉人的主体自身。所以，撕去心物关系的唯心主义的外衣，二程对心理活动内容规律的阐述也有合理的见解。例如他们说："有一物而相离者，如形无影不害其成形，水无波不害其为水。有两物而必相须者，心无目不能视，目无心不能识也。"[④]潘菽教授在《心理学简札》中说："如果比较全面地来看，应该说整个人体是心理活动的主体。"他还对那些只见树木、不见森林，认为只要有脑就有人的心理的说法提出了批评。我们可看到，二程也初步揭示了人的心理活动所赖以产生的物质器官之间有着内在的联系。在上段引文中，心是有形的物体，但是心不能单独产生人的心理活动；它只有和"目"结合起来，协调活动，才能有"视"、有"识"，产生人的视觉活动，这就比孟子"心之官则思"的命题深刻多了。

---

① 《二程集·河南程氏粹言》，第 1270 页。

② 《二程集·河南程氏遗书》，第 154、168–169 页。

③ 同上书，第 316 页。

④ 同①，第 1260 页。

二、二程论"性"

我国古代思想家所说的性，大多是一个"心理—伦理"的结构。人性如何形成，这是心理学要解决的问题；人性善恶问题，则属于伦理学的范畴。

二程论性，袭用了张载区别天命之性和气质之性的思想，对告子的生之谓性、孟子的性善论和韩愈、李翱的性品类说等进行了综合改造，使人性问题不止于伦理学的善恶和政治论的等级，而更具有心理学的意义。二程说："性即是理，理则自尧、舜至于涂人，一也。"①

"人自孩提，圣人之质已完，只先于偏胜处发。"②"论性而不及气，则不备；论气而不及性，则不明。"③"'生之谓性'，性即气，气即性，生之谓也。人生气禀，理有善恶，然不是性中元有此两物相对而生也。"④在这几段话中，二程提出了双重人性论。人性的本源是纯理，至善如水，这个天命之性对于尧舜和一般人都是相同的，它是可以不与人的身体搭界的人性。由于二程认为人的本性至善如水，人皆可以尧舜，人皆可以成圣，这在心理学上就揭示了人类的智能、性格等遗传素质就其发展的可能性而言是平等的。

二程还认为，当可能性变为现实性，当抽象的天命之性通过"气"的中介降落到人体，同具体的气质之性一起构成人性时，人们的遗传素质就不可能完全相同，而表现为智能、气质和性格等方面的差异。由于人的气禀不同，有清浊偏正之殊，也就产生了智愚、贤不肖的差异。所以二程说："禀气有清浊，故其材质有厚薄。""气之所钟，有偏正，故有人物之殊；有清浊，故有智愚之等。"⑤"今人言天性柔缓，天性刚急，俗言天成，皆生来如此，此训所禀受也。"⑥

---

① 《二程集·河南程氏遗书》，第 204 页。

② 《中庸或问》卷三。

③ 《二程集·河南程氏粹言》，第 1253 页。

④ 同①，第 10 页。

⑤ 同③，第 1266 页。

⑥ 同①，第 313 页。

二程承认人的遗传素质有先天差异，但又认为决定人的心理发展的，不在于先天的遗传差异，而在后天的环境和教育。人的气禀虽各不相同，才虽有善不善之分，但这些并非绝对不可改变。他们说："性出于天，才出于气，气清则才清，气浊则才浊。譬犹木焉，曲直者性也，可以为栋梁、可以为榱桷者才也。才则有善与不善，性则无不善。'惟上智与下愚不移'，非谓不可移也，而有不移之理。所以不移者，只有两般：为自暴自弃，不肯学也。使其肯学，不自暴自弃，安不可移哉？"①"人苟以善自治，则无不可移者，虽昏愚之至，皆可渐磨而进也。"②"善修身者，不患器质之不美，而患师学之不明。"③可见，二程是比较重视后天学习和自我修养在心理发展中的作用的。二程还说，人性如水，有的"流而至海，终无所污"，有的"流而未远，固已渐浊"，有的"出而甚远，方有所浊"，"有浊之多者，有浊之少者"，其根本原因在于各人用力不同："用力敏勇则疾清，用力缓怠则迟清。"④后天的澄治之功，对于保持或返回本源的天命之性既是必要的，又是可能的。

尽管澄治之功是那么娇媚迷人，尽管它已内在地和二程的大前提相矛盾，但它仍不过是嫁接在二程的唯心主义心理大树上的一朵不结果的花。如果说二程肯定后天的努力在心理发展中的作用还有些唯物主义的色彩，那么，他们关于努力的具体方法，则又给它蒙上一层厚厚的唯心主义的神秘阴影了。

二程有句名言："涵养须用敬，进学则在致知。"他们认为最重要的澄治之功就是"敬"。朱熹说："'敬'之一字，真圣门之纲领，存养之要法。"⑤二程从"心即理"的前提出发，主张用"居敬"的方法来修心养性："学者不必远求。近取诸身，只明人理，敬而已矣。"⑥

"所谓敬者，主一之谓敬。所谓一者，无适之谓一。……但存此涵养，

---

① 《二程集·河南程氏遗书》，第252页。

② 《论语集注·阳货》。

③ 同①，第69页。

④ 同①，第10–11页。

⑤ 《朱子语类》卷十二。

⑥ 同①，第20页。

久之自然天理明。"①二程认为，所谓敬，就是要心有所主，集中注意，专心致志，而不能有稍微地松散。这是很有心理学的味道的。有人说，它是一种"经常严肃地打点着某种行为的心理状态"，这话颇有见地。二程以为，只要依靠心理上的敬，而不必通过社会实践的作用，就可达到"存天理，灭人欲"的境地，万事皆通了。这无疑过分夸大了心理的作用。但我们又认为，二程的所谓"敬"，并不是"禅宗所谓'在本空寂体上生般若智'的唯心主义认识论的儒家版"，因为二程并不主张人们无思无虑、兀然静坐、碌碌无为。他们的敬，同宋尹、孟荀所说的"一意专心"在实质上是相同的。

三、二程论"知"

首先，二程对有知与无知进行了区别。他们说："动物有知，植物无知，其性自异，但赋形于天地，其理则一。"②这是说，并非任何有生命的物质都有"知"这种心理活动，"知"是动物所特有的。为什么动物有"知"，植物无"知"？二程没有解释，朱熹后来说："动物有血气，故能知。"③二程又说："死者不可谓有知，不可谓无知。"④这是说，人死之后处于有知与无知之间，为什么？二程也没有解释，朱熹后来这样解释："然人死虽终归于散，然亦未便散尽，故祭祀有感格之理。先祖世次远者，气之有无不可知。然奉祭祀者既是他子孙，毕竟只是一气，所以有感通之理。"⑤这种折中的说法为鬼神论开了方便之门，最终把人的心理活动与人的主体分离开来，使认识心理失去了物质基础。

其次，二程对真知与常知进行了区别。他们说："真知与常知异。尝见一田夫，曾被虎伤，有人说虎伤人，众莫不惊，独田夫色动异于众。若虎能伤人，虽三尺童子莫不知之，然未尝真知。真知须如田夫乃是。故人知

---

① 《二程集·河南程氏遗书》，第 169 页。

② 同上书，第 315 页。

③ 《朱子语类》卷四。

④ 同①，第 66 页。

⑤ 《朱子语类》卷三。

不善而犹为不善,是亦未尝真知。若真知,决不为矣。"①这是说人的认识有两种,一种是亲身经历过的"真知",一种是间接得来的"常知",这种把认识与生活经验联系起来的见解是理论思维的进步,具有合理因素。

最后,二程对"闻见之知"与"德性之知"进行了区别。他们说:"闻见之知,非德性之知。物交物则知之,非内也,今之所谓博物多能者是也。德性之知,不假闻见。"②所谓闻见之知,即我们所说的感知,它是"物交物"即感官作用于客观事物而产生的;所谓德性之知,则是超感官、先天固有的神秘主义知识。二程肯定闻见之知来源于与物接触,这是正确的;但他们否认闻见之知在人的认识过程中的作用,认为德性之知不凭借闻见之知,而是主观自生的,这是一种唯心主义的先验论。二程为什么要抹杀闻见之知的作用呢?从认识上讲有两方面的原因。一是说:"耳目能视听而不能远者,气有限也,心无远近。"③意思是说,耳目虽然能够产生视觉听觉,认识客观事物,但它们由于受"气"的限制,无法把握较远空间所存在的事物,而思维则可以超越时间和空间,不受任何限制。这样的看法并不错,但是二程把思维的功能与通过感官获得的材料割裂开来,看不到它们之间的必然联系。二是认为知为人心所固有。"尝喻以心知天,犹居京师往长安,但知出西门便可到长安。此犹是言作两处。若要诚实,只在京师,便是到长安,更不可别求长安。只心便是天,尽之便知性,知性便知天。当处便认取,更不可外求。"④既然知识系人心固有,当然就没有什么必要去心外求理,发挥感官的闻见之知的作用了。

《二程集》中记载了程伊川帮助患者克服视错觉的故事:"有患心疾,见物皆狮子。伊川教之以见即直前捕执之,无物也,久之疑疾遂愈。"⑤伊川让患者通过行为操作(捕执)来消除视错觉,这同现代医学心理学的行为矫正疗法原理有相通之处。

二程关于记忆也有所论述。关于有意记忆与无意记忆问题,《二程集》

---

① 《二程集·河南程氏遗书》,第 16 页。

② 同上书,第 317 页。

③ 《二程集·河南程氏粹言》,第 1252 页。

④ 同①,第 15 页。

⑤ 《二程集·河南程氏外书》,第 415 页。

载："侯仲良曰：'夫子在讲筵，必广引博喻，以晓人主。一日，讲既退，范尧夫揖曰：美哉！何记忆之富也！子对曰：以不记忆也。若有心于记忆，亦不能记矣。'"[1]二程强调无意识记忆在记忆中的作用，这是弥足珍贵的，但他们忽视了有意识记忆的作用，却又是片面的。关于记忆时间与记忆效果的问题，《二程集》载："又问：'夜气如何？'曰：'此只是言休息时气清耳。至平旦之气，未与事接，亦清。只如小儿读书，早晨便记得也。'"[2]二程认为早晨和夜晚的记忆效果较佳，这是由于人们此时"未与事接"的缘故，这实际上已涉及现代心理学中前摄抑制与倒摄抑制的问题。

言意（言语与思维）问题是我国古代思想史上的一个重要问题。魏晋时期就有所谓"言意之辩"。嵇康等主张"言不尽意"，王弼等主张"得意忘言"，欧阳建等则主张"言尽意"。他们都是片面地强调了语言与思维关系的某一方面。迄至宋代，二程则将上述几种观点融会贯通，他们说："得意则可以忘言，然无言又不见其意。"[3]意思是说，语言是思维的物质外壳，人们在把握了思维的具体内容后可能会忘记它的表现形式；但是，离开了语言的外部表现形式，也无从表达具体的思维内容。他们又说："心之精微，口不能宣；加之素拙于文辞，又吏事匆匆，未能精虑，当否佇报，然举大要，亦当近之矣。"[4]意思是说，语言虽然是表达思维的工具，但它往往不能充分地表达人的思想，其原因是思维的丰富和语言的贫乏。可见，二程关于言语与思维关系的论述还是比较辩证的。

四、二程论"情"

二程所说的心、性有时还可以脱离人身而孑然独立，他们所说的情，则完全丧失了这种神秘的自由，而与人的形体密切相关。程颐在《颜子所好何学论》一文中说："形既生矣，外物触其形而动于中矣。其中动而七情出焉，曰喜怒哀乐爱恶欲。情既炽而益荡，其性凿矣。是故觉者约其情使

---

① 《二程集·河南程氏粹言》，第 1197 页。

② 《二程集·河南程氏遗书》，第 289 页。

③ 《二程集·河南程氏外书》，第 351 页。

④ 《二程集·河南程氏文集》，第 461 页。

合于中，正其心，养其性，故曰性其情。愚者则不知制之，纵其情而至于邪僻，梏其性而亡之，故曰情其性。"①这一段话是二程论情的基本思想。从中我们至少可看出如下三点。

第一，二程认为，人的情是人体对于外物的反应。"外物触其性"，引起人体的"中动"，从而产生了人的情。他们还用水和波的关系来加以说明："问：喜怒出于性否？曰：固是。才有生识便有性，有性便有情，无性安得情？又问：喜怒出于外，如何？曰：非出于外，感于外而发于中也。问：性之有喜怒，犹水之有波否？曰：然。湛然平静如镜者，水之性也。及遇沙石，或地势不平，便有湍激；或风行其上，便为波涛汹涌。"②二程认为，人性本如流水，湛然平静，只是由于水底沙石的影响、地形的变化或水上风力的作用，才产生出波涛汹涌的激流——情，情是人对内外部刺激的反应。这个解释无疑是正确的。而且把情定义为一种心理的波动状态，也是值得肯定的。我们不妨看看西方现代心理学家扬（P.T.Young）对情绪的界说，扬把情绪总结概括为：起源于心理状况的感情过程的激烈扰乱，并显示出平滑肌、腺体和总体行为的身体变化的感情过程或状态的激烈扰乱。如果避开生理状况不谈，二程和扬的定义不是异曲同工吗？燕国材先生认为，许多心理学论著把情绪定义为"态度的体验"是含混不清的，我国古代从《关尹子》到二程著作，把情绪表述为心理的波澜或扰动状态却比较符合实际。我们以为这个看法是可取的。

第二，二程把人的基本情感分为喜、怒、哀、乐、爱、恶、欲七种。③在中国古代心理思想史上，七情说大致有三种：一种以《礼记》《荀子》为代表，归七情为喜、怒、哀、乐、爱、恶、欲；一种以《黄帝内经》为代表，说七情是喜、怒、忧、思、悲、恐、惊；一种以李翱等为代表，认为七情有喜、怒、哀、惧、爱、恶、欲。二程提出的七情说和荀子的完全一致，虽与后两种大同小异，也算是一家之言。

第三，二程主张"性其情"，反对"情其性"，这是指要正心养性，节制

---

① 《二程集·河南程氏文集》，第 577 页。

② 《二程集·河南程氏遗书》，第 204 页。

③ 同①。

情欲。我们以为，二程并不是如有些学者所说的"禁欲主义者"（包括朱熹等理学家们也是如此）。虽然他们唱过"饿死事极小，失节事极大"的卫道歌，且为历代统治阶级所津津乐道，但我们不能如某些学者那样，就据此断言他们是"禁欲主义者"。二程所说的情欲有特定的内涵，例如他们说："若夫恻隐之类，皆情也，凡动者谓之情。"[①]他们在上神宗皇帝疏中也说："既合礼典，又顺人情，虽无知之人必不敢以为非是。"二程还批评佛氏不近人情："佛有发，而僧复毁形；佛有妻子舍之，而僧绝其类。若使人尽为此，则老者何养？幼者何长？以至剪帛为衲，夜食欲省，举事皆反常，不近人情。"[②]可见，二程所要摒弃的主要是不合礼典，乐其所不当乐，不乐其所当乐，慕其所不当慕，不慕其所当慕的私欲，亦即"炽而益荡"的情欲。

我们再具体地剖析二程关于欲的论述，也可以证明上述结论是言之成理的。他们说："欲，非必盘乐也，心有所向，无非欲也。"[③]"不欲则不惑。所欲不必沉溺，只有所向便是欲。"二程在这里实际上区分了广义的和狭义的两种欲。广义的欲，是人心对客观事物的指向；狭义的欲，主要指盘乐和沉溺。只有狭义的欲才不符合天理，才是不善的私欲。二程说："甚矣，欲之害人也！人为不善，欲诱之也。诱之而不知，则至于灭天理而不知反。故目则欲色，耳则欲声，鼻则欲香，口则欲味，体则欲安，此皆有以使之也。"[④]二程用伦理的尺度来衡量心理，用天理来灭人欲，并不能说明他们是摒弃一切欲望的"禁欲主义者"。

李泽厚先生在《孔子再评价》一文中说得好，正因为"孔子和儒家积极入世的人生态度"，"肯定日常世俗生活的合理性和身心需求的正当性，它也就避免了、抵制了舍弃或轻视现实人生的悲观主义和宗教出世观念"。我们认为，二程正是贯彻发展了孔子和儒家对情欲采取克制、节导的方针。新旧儒学是一脉相承的。

怎样灭掉私欲？二程提出了以知窒欲的知欲对立论，认为人的知识、

① 《二程集·河南程氏遗书》，第 105 页。

② 《二程集·河南程氏外书》，第 409 页。

③ 《二程集·河南程氏粹言》，第 1259 页。

④ 同上书，第 1260 页。

人的理性、人的思维可以消除人的不正当的情欲。有人问："何以窒其欲？"二程回答："思而已矣。学莫贵于思，唯思为能窒欲。"①应该说，这比老子主张"绝圣弃智""无知无欲"的知欲同一论要高明得多。

二程对恐惧情绪颇有卓见。《遗书》载："或问'独处一室，或行暗中，多有惊惧，何也？'曰：'只是烛理不明。若能烛理，则知所惧者妄，又何惧焉？有人虽知此，然不免惧心者，只是气不充。须是涵养久，则气充，自然物动不得。然有惧心，亦是敬不足。'"②这里明确指出，人的恐惧情绪的产生在于没有认识事物的道理。如果知道恐惧对象不过是个虚妄之物，还有什么可害怕的呢？如果明白了事物之理还不免害怕，则是由于"气不充""敬不足"之故，是个人的气质、涵养的问题了。

二程进而提出了两条克服恐惧情绪的办法：一是"明理可以治惧"③；二是"目畏尖物，此事不得放过，便与克下。室中率置尖物，须以理胜它，尖必不刺人也，何畏之有！"④第一条是"明理法"，用知识来治疗恐惧心理。第二条是"适应法"，越怕尖物，就越要接近它，把它放置在室内，朝夕相见，常思其理，自然会逐渐适应，习以为常。1924 年美国心理学家华生（J.B.Watson）训练儿童克服对老鼠等的恐惧，就是采用的这种"适应法"，并且辅以强化作用。

二程对"怒"这种情绪也有精辟见解。程明道在写给张子厚的信中说："夫人之情易发而难制者，惟怒为甚。第能于怒时遽忘其怒，而观理之是非，亦可见外诱之不足恶，而于道亦思过半矣。"⑤怒，是七情之中最容易发出，同时又是最难以克制的。人将发怒时，要忘掉怒心，转移目标，而明理之是非，这样就能平息怒气，出现心平气和的局面。

---

① 《二程集·河南程氏遗书》，第 319 页。

② 同上书，第 190 页。

③ 同上书，第 12 页。

④ 同上书，第 51 页。

⑤ 程颢：《定性书》。

五、二程论“学”

如前所述，二程的心理观从根本上讲是唯心主义的，但他们的心理思想中也有一些唯物主义的成分。二程的学习心理思想便是如此。他们认为，知识虽系人心所固有，但不穷究外物之理，就不能启发心中的知识，就不能达到人心的自我认识，也就不能改变气质、返回善性。因此，他们很重视人的学习，强调格物致知。

二程对学习心理论述颇多，这里着重分析几条较有价值的论述。

第一，幼学。二程认为，幼学在人心理发展的长河中作用甚大。人的智能性格、道德品质基本上是幼年时期形成的：“‘少成若天性，习惯成自然’，虽圣人复出，不易此言。”①所以二程特别重视早期学习，强调幼学早成。他们说：“古人自幼学，耳目游处，所见皆善，至长而不见异物，故易以成就。今人自少所见皆不善，才能言便习秽恶，日日消铄，更有甚天理？”②这不仅指出了幼学的重要意义、可能性和必要性，也揭示了一些幼学的规律性，如环境的作用、幼学的易成，等等。另外，二程还提倡胎教和保傅之教，这些对朱熹等人也有较大影响。

第二，深思。二程对思维在学习中的作用评价很高。他们说：“为学之道，必本于思，思则得之，不思则不得也。”③“学者要思得之。了此，便是彻上彻下之道。”④“不深思则不能造于道，不深思而得者，其得易失。”⑤二程和张载一样，把思维看成是学习成功与否的关键，及记忆是否牢固的前提，这是正确的。

二程对思维的规律和方法也有一些论述。例如，他们认为灵感是思维的结果：“思虑久后，睿自然生。”⑥张旭所以能“见担夫与公主争道”和“公

---

① 《二程集·河南程氏遗书》，第 323 页。

② 同上书，第 35 页。

③ 同上书，第 324 页。

④ 《四书集注》卷十。

⑤ 同①，第 324 页。

⑥ 同上书，第 186 页。

孙大娘舞剑"，而后悟出笔法，乃因他"心常思念至此而感发"。因此，"须是思，方有感悟处，若不思，怎生得如此"①？原型的启发固然重要，但若无持久的思维，怎会产生人的灵感？可见二程的感悟，同邵雍、周敦颐的顿悟还是有区别的。顺便提及，"感悟"一词似乎比"灵感"一词更能说明灵感的本质。

二程还提出了"多路思维法"："若于一事上思未得，且别换一事思之，不可专守着这一事。"②二程认为，人们在学习中对某个问题往往百思不得其解，其原因是"人之知识，于这里蔽着，虽强思亦不通也"③。所以，要善于灵活地转移自己的思维路线。必须强调指出，二程的"多路思维法"同现代心理学所研究的"多路思维法"在本质上是一致的。

第三，积习。积习是学习的重要途径，没有量的积累就没有质的飞跃，也就达不到"脱然贯通"的境界。所以二程说："若只格一物便通众理，虽颜子亦不敢如此道。须是今日格一件，明日又格一件，积习既多，然后脱然自有贯通处。"④他们认为，积习主要包括"诵诗书，考古今，察物情，揆人事，反覆研究而思索之"⑤的渐修功夫。应该承认，二程所说的由积习至脱然贯通的途径，虽然还"不是对众多事物和现象的科学归纳和总结，找出其中的规律性，实现认识过程从感性到理性的飞跃，而是通过众物之理的启发直达心中之理的神秘觉悟"，但它毕竟包含了注重闻见之知、追求事物之理的要素，这对于学习是有一定意义的。

第四，自得。二程讲究深思积习，格物致知，更重反身内求的自得功夫。二程把自得看成是学习最宝贵、最切实、最简捷的途径。他们一再指出："学莫贵于自得，得非外也，故曰自得"⑥，"自得者所守固，而自信者所行不疑"⑦，"学而不自得，则至老而益衰"，"义有至精，理有至奥，能

---

① ② 《二程集·河南程氏遗书》，第 186 页。

③ 同上书，第 186–187 页。

④ 同上书，第 188 页。

⑤ 《二程集·河南程氏粹言》，第 1191 页。

⑥ 同①，第 316 页。

⑦ 同①，第 318 页。

自得之,可谓善学矣"①。我们认为,二程所说的自得,一方面有博学反约,"观物理以察己"的学习功夫,这对于发挥学习者的主动积极性、巩固所学的知识是很重要的;但另一方面,二程所说的自得又有与外求物理相对立的意义。二程说:"大凡学问,闻之知之,皆不为得。得者,须默识心通。学者欲有所得,须是笃,诚意烛理。"②这样,他们的学习心理最终归为唯心主义的体系,自得也就成了脱离正常性思维的神秘觉悟。

第十章　朱熹心理思想简论

朱熹(1130—1200),字元晦,亦字仲晦,号晦庵,晚年自称晦翁,又号云谷老人、沧州病叟。先世江西婺源人,生于福建尤溪。

朱熹的心理思想非常丰富。在中国心理史上,他是继荀子以后比较全面系统地研究人的心理的思想家。清代全祖望称他"致广大,尽精微,综罗百代"③,"广大"和"精微"也正是朱熹心理思想的特色。他对中国心理思想史上的一些重要概念和命题几乎全都做了周详的研究和精微的辨析,并且发前人之未见,提出了许多精辟的见解。陈钟凡说:

熹以心为统摄全部精神作用之主宰,以实理言谓之性;其发动处谓之情,动之甚者谓之欲,发动之力谓之才;意者计议发动之主向,志则表明发动之目的也。熹分析心象为数事,且排比而成一定之系统,中国言心理者,至是乃远于玄学而近于科学矣。④

朱熹博学多识、著作浩瀚,是我国古代最著名的思想家之一。他的心

---

① 《二程集·河南程氏粹言》,第1189页。

② 《二程集·河南程氏遗书》,第178页。

③ 《宋元学案》卷四十八《晦翁学案》。

④ 陈钟凡:《两宋思想述评》,商务印书馆,1933,第218页。

理思想主要见于《四书集注》《朱文公文集》和《朱子语类》等书。这里并不奢求全面论述朱熹的心理思想，只准备就几个主要方面对他的普通心理思想做一些讨论。

一、朱熹论"心"

朱熹认为，人心有形而下的"肺肝五脏之心"与形而上的"操舍存亡之心"，不可一概而论：

> 问：人心形而上下如何？曰：如肺肝五脏之心，却是实有一物；若今学者所论操舍存亡之心，则自是神明不测。故五脏之心受病，则可用药补之，这个心则非菖蒲、茯苓所可补也。[①]
>
> 凡物有心而其中必虚，如饮食中鸡心猪心之属，切开可见。人心亦然。只这些虚处，便包藏许多道理，弥纶天地，该括古今，推广得来，盖天盖地，莫不由此，此所以为人心之妙欤！[②]

在这里，朱熹把物质的心和精神的心做了比较。这种比较本来可以得出唯物论的解释，即把精神的心看成是物质的心之产物，朱熹却把精神的心视为可以脱离物质的心孑然独立的"神明"。他认为，人心虽然在物质上与鸡心、猪心同属一类，而且对于精神的心有一定的影响，如果"人在病心"，物质的心受到损害，精神的心理活动就不能正常进行，但是，精神的心并不是由这个物质的心所产生，而不过是以后者为寓所罢了。他还说："人心妙不测，出入乘气机。凝冰亦焦火，渊沦复天飞。"[③]列宁在《唯物主义和经验批判主义》中批评心理学史上的"嵌入说"时指出："嵌入说否认思想是头脑的机能，否认感觉是人的中枢神经系统的机能，也就是说，为了破坏唯物主义而否认生理学的最起码的真理。"[④]这个批评对朱熹也是适

---

① 《朱子语类》卷五。

② 《朱子语类》卷九十八。

③ 《朱文公文集》卷四。

④ 《列宁全集》第 18 卷，人民出版社，1988，第 87 页。

用的。

在心物关系上，朱熹把人的心理看成是物质的根源。他说："静观灵台妙，万化此从出。云胡自芜秽，反受众形役。厚味纷朵颐，妍姿坐倾国。崩奔不自悟，驰骛靡终毕。君看穆天子，万里穷辙迹。不有祈招诗，徐方御宸极。"①在朱熹看来，精神的心不仅能造化万物，而且可以摆脱众形的束缚达到自我创造的境界！这同费希特（J.G.Fichte）把世界看成是我们的自我所创造的非我，同黑格尔（G.W.F.Hegel）和叔本华（A.Schopenhauer）把世界视为"绝对观念"或"意志"的产物②，在本质是一致的。

朱熹进而对心理活动的外延做了较全面的揭示。他说：

性者，心之理；情者，心之动。才便是那情之会恁地者。……要之，千头万绪，皆是从心上来。③

性是未动，情是已动，心包得已动未动。盖心之未动则为性，已动则为情，所谓"心统性情"也。④

心，譬水也；性，水之理也。性所以立乎水之静，情所以行乎水之动，欲则水之流而至于滥也。才者，水之气力所以能流者，然其流有急有缓，则是才之不同。⑤

朱熹认为，"心"主要包括了性、情、才三方面的内容。性包括天地之性与气质之性，是心的未动状态，它说明心理活动为什么会产生的道理；情包括知、记、思和情欲、意志等，是心的已动状态，它是心理活动的具体表现；才包括材质与才能，是心之力，它是心理活动千姿百态、各不相同的原因所在。关于"性"与"才"，各家无甚分歧，这里我们着重分析"情"。

张立文先生认为："朱熹所说的'情'，相当于感情。"⑥我们认为，如果仅限于"感情"，则大大缩小了其外延。请看：

---

① 《朱文公文集》卷四。

② 《列宁全集》第 18 卷，第 236 页。

③④⑤ 《朱子语类》卷五。

⑥　张立文：《朱熹思想研究》，中国社会科学出版社，1981，第 510 页。

心之为物，实主于身，其体则有仁、义、礼、智之性，其用则有恻隐、羞恶、恭敬、是非之情，浑然在中，随感而应，各有攸主，而不可乱也。[①]

心是神明之舍，为一身之主宰。性便是许多道理，得之于天而具于心者。发于智识念虑处，皆是情，故曰"心统性情"也。[②]

其为喜怒哀乐，即情之发用处。[③]

问：情比意如何？曰：情又是意底骨子。志与意都属情。[④]

在这里，"情"显然包括了认知、情感和意志三方面的内容，基本上相当于现代心理学所说的心理过程。

二、朱熹论"性"

朱熹对北宋时期张载、二程等提出的"天地之性"和"气质之性"的两重人性论非常推崇，赞曰：

诸子说性恶与善恶混，使张、程之说早出，则这许多说话，自不用纷争。故张、程之说立，则诸子之说泯矣。[⑤]

朱熹认为，所谓"性"，包括了天地之性与气质之性，前者是先验的"理"使然，后者是先验的"理"与后天的"气"混合而成。天地之性指人的"仁义礼智之禀"，气质之性则指"知觉运动"[⑥]等心理现象。这两个方面密不可分："有气质之性，无天命之性，亦做人不得；有天命之性，无气质之性，亦做人不得。"[⑦]朱熹把前人的性论分为两类：一类以孟子为代

---

① 《朱子四书或问·大学或问》卷二。

② 《朱子语类》卷九十八。

③ 《朱子语类》卷九十五。

④ 《朱子语类》卷五。

⑤⑥⑦ 《朱子语类》卷四。

表，主张人性善；一类以告子、荀子、扬雄和韩愈等为代表，主张生之谓性、性恶、性善恶混和性三品论。朱熹认为，这两种人性论都是片面的，前一类只讲了人的"天地之性"，而忽视了"气质之性"，后一类则反之。所以，朱熹批评孟子"说性善，他只见得大本处，未说得气质之性细碎处"①，孟子"只论性，不论气，但不全备"②，也批评告子、荀子等，"告子不知性之为理，而以所谓气者当之"③，"荀、扬、韩诸人虽是论性，其实只说得气。荀子只见得不好人底性，便说做恶；扬子见半善半恶底人，便说善恶混；韩子见天下有许多般人，所以立为三品之说"④。

马克思说："吃、喝、性行为等等，固然也是真正的人的机能。但是，如果使这些机能脱离了人的其他活动，并使它们成为最后的和唯一的终极目的，那么，在这种抽象中，它们就是动物的机能。"⑤告子脱离人的社会性谈自然性，其致命弱点就在于把人性归为"动物的机能"了。孟子和朱熹正是抓住这个弱点而发难的，孟子说，如果"生之谓性"能够成立，那么"犬之性犹牛之性，牛之性犹人之性"⑥。朱熹则批评告子："盖徒知知觉运动之蠢然者，人与物同；而不知仁义礼智之粹然者，人与物异也。"⑦

朱熹和孟子都很重视人的仁义礼智等社会属性，并把它同人与犬牛禽兽所共有的自然属性区别开来，这是其合理的方面。但是，他们都脱离了人与动物共有的自然属性，脱离了吃、喝、性行为等机能，而奢谈什么仁义礼智的社会属性，把它视为没出娘胎就有的"本然之性"，先于人的形体而存在，先于人的自然性而产生，这就完全是唯心主义的先验论、头足倒置的人性论了。

人的气质之性是怎样形成和发展的呢？朱熹认为，人性本同，"皆是天地之正气"，但落实到具体的人成为个性时，则千姿百态，"自有美有

---

① ② ④ 《朱子语类》卷四。

③ 朱熹：《孟子集注·告子章句上》。

⑤ 马克思、恩格斯：《马克思恩格斯全集》第 42 卷，中共中央马克思恩格斯列宁斯大林著作编译局译，人民出版社，1979，第 94 页。

⑥ 《孟子·告子上》。

⑦ 《孟子集注·告子章句上》。

恶"①。他说：

> 人性虽同，禀气不能无偏重。有得木气重者，则恻隐之心常多，而羞恶、辞逊、是非之心为其所塞而不发；有得金气重者，则羞恶之心常多，而恻隐、辞逊、是非之心为其所塞而不发。水火亦然。唯阴阳合德，五性全备，然后中正而为圣人也。②

> 人之性皆善。然而有生下来善底，有生下来便恶底，此是气禀不同。且如天地之运，万端而无穷，其可见者，日月清明气候和正之时，人生而禀此气，则为清明浑厚之气，须做个好人；若是日月昏暗，寒暑反常，皆是天地之戾气，人若禀此气，则为不好底人，何疑！③

人的气质大致有"生而知之""学而知之""困而学之"和"困而不学"四等，这种差异是由于阴阳五行的运转的变化与日月气候的清明和正不同造成的。而人们禀气的昏明、清浊、正偏和纯驳不同，则要借助于父母的身体实现："或问：'人禀天地五行之气，然父母所生，与是气相值而然否？'曰：'便是这气须从人身上过来……'"④可见，朱熹的人性论是"理—气—人"的三部曲。虽然这个曲子主调宣扬人的"所受定分"，然其要旨不过是说明后天努力变化气质的艰巨性罢了。朱熹认为，气质不仅由遗传即娘胎"禀定"，"习染"也是一定重要途径："人性皆善，而其类有善恶之殊者，气习之染也。故君子有教，则人皆可以复于善，而不当复论其类之恶矣。"⑤因此他主张学以变化气质：

> 所论变化气质，方可言学，此意甚善。但如鄙意，则以为学乃能变化气质耳。若不读书穷理，主敬存心，而徒切切计较于今昨是非之间，恐其劳而无补也。⑥

> 盖人性虽无不善，而气禀有不同者，故闻道有蚤莫，行道有难易，然

---

① ② ③ ④ 《朱子语类》卷四。

⑤ 《论语集注·卫灵公》。

⑥ 《朱文公文集》卷四十九。

能自强不息，则其至一也。^①

只有经过后天的学习，"读书穷理，主敬存心"，才能补其所劣，复归本善之性。到这里，朱熹的人性论体系才算真正完成了。

三、朱熹论"知"

朱熹认为，"知"是人的知觉思虑等心理活动："知与意皆从心出来。知则主于别识，意则主于营为。"^②《朱子语类》进而从生理心理的角度对"知"做了说明：

> 问："动物有知，植物无知，何也？"曰："动物有血气，故能知。植物虽不可言知，然一般生意亦可默见。若戕贼之，便枯悴不复悦泽，亦似有知者。……"因举康节云："植物向下，头向下。'本乎地者亲下'，故浊；动物向上，人头向上。'本乎天者亲上'，故清。猕猴之类能如人立，故特灵怪。如鸟兽头多横生，故有知无知相半。"^③

朱熹把有无血气和头的长向作为判断"知"的生理因素。他认为，有无血气是区分有知无知的标准，动物有血气，故有知；植物无血气，故不可言知。他还认为，头的长向是判别知之高低的准绳，鸟兽因头横生，故"有知无知相半"；猕猴因为能像人一样直立，"故特灵怪"。这种见解虽非进化论，但比亚里士多德和荀子的心理"阶梯说"^④无疑进了一大步。

朱熹把知的过程分为两个阶段：一个是"知之端"，指"耳之有闻、目

---

① 《中庸章句》。

② 《朱子语类》卷十五。

③ 《朱子语类》卷四。

④ 参见李约瑟《中国科学技术史》第 1 卷，科学出版社，1975；燕国材《先秦心理思想研究》，湖南人民出版社，1981，第 229 页。

之有见"①,"只见得表,不见得里;只见得粗,不见得精"②的知;另一个是"知之尽",是由表及里、"分别取舍"的知。他把这种理性认识作为知的终结,这是错误的。但他又认为"心之有知与耳之有闻、目之有见为一等时节"③,把认识过程统一起来,这是合理的。他又写道:

> 耳司听,目司视,各有所职而不能思,是以蔽于外物。既不能思而蔽于外物,则亦一物而已。又以外物交于此物,其引之而去不难矣。心则能思,而以思为职。凡事物之来,心得其职,则得其理,而物不能蔽;失其职,则不得其理,而物来蔽之。此三者,皆天之所以与我者,而心为大。若能有以立之,则事无不思,而耳目之欲不能夺之矣。④

他认为,耳目等分工管听和视,听觉和视觉等是感官接触外物所产生的。但由于耳目不具有思的功能,往往被外物所引诱。而"心"却是能思维的器官,它不直接与外物接触,只是对耳目所获得的感知进行反思。朱熹关于记忆的论述也颇有心理学意味:

> 心官至灵,藏往知来。⑤
>
> "人有尽记得一生以来履历事者,此是智以藏往否?"曰:"此是魄强,所以记得多。"⑥
>
> 人之能思虑计画者,魂之为也;能记忆辨别者,魄之为也。⑦
>
> 会思量讨度底便是魂,会记当去底便是魄。又曰:"见于目而明,耳而聪者,是魄之用。"⑧

在这里,心作为"藏往知来"的器官已不是"神明不测"的东西了。

---

① 《朱文公文集》卷四十二。

② 《朱子语类》卷十五。

③ 《朱文公文集》卷四十八。

④ 《孟子集注·告子章句上》。

⑤ 《朱子语类》卷五。

⑥⑦⑧ 《朱子语类》卷三。

心同人的眼、耳一样，都是物质实体。朱熹特别强调记忆的生理基础，强调它与"思虑计画"的区别。他认为，"心能强记"与"人之视能明，听能聪"一样，都是"有这魄，便有这神"①，与人的形体密切相关。这同现代心理学越来越把记忆归为某种生理过程的理论有暗合之处。

关于记忆与思维的辩证关系，朱熹的论述也很有见地。他认为，记忆是思维的基础，能"助其思量"；思维又是记忆的条件，如果"心里不思量，看如何也记不子细"②。因此，只有记忆与思维协同工作，在记忆的基础上理解，在理解的参与下记忆，才能"心与理一，永远不忘"③。

四、朱熹论"情"与"欲"

朱熹所说的"情"有广义狭义之分。广义的情相当于心理过程，在前面已论及。这里仅讨论狭义的情，即人的情绪情感。

朱熹认为，情是心理的波流，是物作用于人而产生的"喜怒哀乐，乃是感物而有，犹镜中之影，镜未照物，安得有影"④！但他又说："喜怒哀乐，情也；其未发，则性也。"⑤"恻隐、羞恶、辞让、是非，情也。仁义礼智，性也。心，统性情者也。"⑥这就把心理的东西说成是伦理的产物，把人的情绪情感说成是先验道德的表现形态，陷入了唯心主义的泥淖。

什么是"欲"呢？朱熹认为，欲是"水之波澜"，是比情更为激烈的心理活动。他说："心如水，性犹水之静，情则水之流，欲则水之波澜，但波澜有好底，有不好底。欲之好底，如'我欲仁'之类；不好底则一向奔驰出去，若波涛翻浪；大段不好底欲则灭却天理，如水之壅决，无所不害。"⑦

美国心理学家马斯洛（A.H.Maslow）把人的需要分为两大类：一类是沿

① 《朱子语类》卷三。

②③ 《朱子语类》卷十。

④ 《朱子语类》卷九十六。

⑤ 《中庸章句》。

⑥ 《孟子集注·公孙丑章句上》。

⑦ 《朱子语类》卷五。

生物系谱上升方向逐渐变弱的本能或冲动，包括饮食、性欲、防御等生理需要；一类是随生物进化过程而逐渐显现的潜能或需要，包括爱恋、友谊、尊重和自我实现等。朱熹的划分似乎更侧重伦理方面，但也认为有两种欲：一种是"好底"欲，包括人的最基本的生理需求，如饥而欲食、渴而欲饮之类，也包括欲仁欲善的理想；另一种是"不好底"欲，包括人们追求奢侈的物质生活和不合乎天理的需求，如"要求美味"①之类，朱熹称后者为人欲、物欲或私欲。

在两种欲的关系上，马斯洛认为只有人的基本生理需要满足后，才能进入更高层次的需要，最高层次就是所谓"自我实现"（self-actualization）。朱熹则恰好相反，他说："人生都是天理，人欲却是后来没巴鼻生底。"②

朱熹对待情欲的态度是具体分析、分别对待。他认为，情欲有善有恶，例如同样是怒，"血气之怒"为恶，"义理之怒"为善；作为情绪的愤怒是"不可有"的，作为情感的义愤则"不可无"③。"饥便食，渴便饮，只得顺他。穷口腹之欲，便不是。"④只有恶的情欲、发而不中节的情欲才会影响人心之正，而善的情欲，则是万万去不得。朱熹说：

> 心有喜怒忧乐则不得其正，非谓全欲无此，此乃情之所不能无。但发而中节，则是；发不中节，则有偏而不得其正矣。⑤

> 以为歌舞八音之节，可以养人之性情，而荡涤其邪秽，消融其渣滓，故学者之终，所以至于义精仁熟，而自和顺于道德者，必于此而得之，是学之成也。⑥

善的情欲既然能培养人们的心理品质，使人们归顺于封建的伦理道德，朱熹当然要将之发扬光大了。心理为伦理服务，这是中国古代心理思想史的一大特色。

对于那些"不好底"情欲，朱熹认为有两条方法加以"惩窒消治"。

---

① ② ③ 《朱子语类》卷十三。

④ 《朱子语类》卷九十六。

⑤ 《朱子语类》卷十六。

⑥ 《论语集注·泰伯》。

一曰"敬"："人之心性，敬则常存，不敬则不存。"① "敬则天理常明，自然人欲惩窒消治。"② 二曰"学"："未知学问，此心浑为人欲。既知学问，则天理自然发见，而人欲渐渐消去者，固是好矣。"③ 这两条"惩窒消治"的方法，实际上也揭示了"不好底"情欲产生之途径。这就是说，不敬和不学，即人心的驰走散乱、无畏放纵和不学无术的愚昧无知状态，是产生"不好底"情欲之根源。现代心理学的研究表明，认知因素在情欲产生中起着重要作用，情欲是通过认知活动的折射而产生的，认知活动可以调节人的情欲。朱熹的上述见解，在一定意义上反映了情欲与认知水平之间的关系。

五、朱熹论"意"与"志"

朱熹对"意"阐发颇详，且有独到之处。他说："意者，心之所发。"④

问："意是心之运用处，是发处？"曰："运用是发了。"问："情亦是发处，何以别？"曰："情是性之发，情是发出恁地，意是主张要恁地。如爱那物是情，所以去爱那物是意。"⑤

问："情、意如何体认？"曰："性、情则一。性是不动，情是动处，意则有主向。如好恶是情，'好好色，恶恶臭'，便是意。"⑥

情是会做底，意是去百般计较做底。意因有是情而后用。⑦

恒，常久之意。张子曰：有恒者，不贰其心。⑧

未动而能动者，理也；未动而欲动者，意也。⑨

综合上述六条，我们可以看出，朱熹论"意"主要有四层意思。第一，朱熹认为，"意"同"情"一样，都是心之所发，但"意"是指"主张要恁地""人心有主向"的心理活动。这说明"意"有指向一定的目的的。第二，

①② 《朱子语类》卷十二。

③ 《朱子语类》卷十三。

④⑤⑥⑦⑨ 《朱子语类》卷五。

⑧ 《论语集注·述而》。

朱熹认为"意"不仅是"主张要恁地",而且是"去百般计较做底",这说明"意"又有千方百计地克服困难的含义。第三,朱熹指出了"意"与"恒"的关系,提出了"常久之意"的概念,这说明"意"也有坚持不懈的恒心之意思。第四,朱熹认为"意"是"未动而欲动"时的心理活动。这颇有见地。一方面,他说明了意与知的不同之处,"知则主于别识,意则主于营为",意是与人的行动有密切关系的心理活动;另一方面,也指出了意与行的不同之处,意只是"欲动"而不是"在动",它规定意志行动的方向,但意志不等于行动。

朱熹对"志"也有若干论述。他说:"志者,心之所之。"①

> 心之所之谓之志。……志乎此,则念念在此而为之不厌矣。②
> 学者大要立志。所谓志者……只是直截要学尧舜。③
> 立志要如饥渴之于饮食。才有悠悠,便是志不立。④

可见,"志"与"意"有若干相同之处,也有一些不同之点。相同之处表现为"心之所之"与"心有主向""如饥渴"与"百般计较做底""念念在此"与"常久之意"等不分轩轾。

不同之点表现在四个方面。第一,"志"含有"直截要学尧舜""以圣贤为己任"和不要"自视为卑"⑤的意思,这不仅说明"志"比"意"有更为明确的目的,也反映了"志"有"吾可以成圣贤"的信心。如果把"志"与"意"结合起来,就包括了决心、信心和恒心三方面的内容。第二,"志"与人的行动不如"意"那么密切。朱熹说:"若曰我之志只是要做个好人,识些道理便休,宜乎功夫不进,日夕渐渐消靡。今须思量天之所以与我者,必须是光明正大,必不应只如此而止,就自家性分上尽做得去,不到圣贤地位不休。如此立志,自是歇不住,自是尽有功夫可做。

---

① 《朱子语类》卷五。

② 《论语集注·为政》。

③④⑤ 《朱子语类》卷八。

如颜子之'欲罢不能'……"①可见，如果志而不行，志则日夕渐消，"虽能立志……此心亦泛然而无主，悠悠终日，亦只是虚言"②。只有立志且做，下苦功夫，锲而不舍，"不到圣贤地位不休"，志与行才能统一。第三，"志"是公然主张，"意"是"私地潜行"。朱熹认为，"志与意都属情"，都是"心之动"，但"志"之动是对事物的指向，它是心"寂然不动"的状态，而"意"之动则是去实行"志"，是"志"的"经营往来"或曰"志底脚"，"志"方发出来便唤作"意"。③由意志到行动要经过"志—意—行"的过程。第四，立志比记忆、思维更重要，是养成道德品质的基础。朱熹说："书不记，熟读可记；义不精，细思可精；唯有志不立，直是无著力处。只如今贪利禄而不贪道义，要作贵人而不要作好人，皆是志不立之病。"④这同北宋的张载认为志向的远大恒久是"事业大""德性久"的根本保证的说法基本一致⑤，也给心理的"志"涂上了浓厚的伦理色彩。

六、朱熹论"才"

朱熹所谓"才"，主要有两种含义。一是"材质"：

或问：《集注》言"才，犹材质"，"才"与"材"字之别如何？曰："才"字是就理义上说，"材"字是就用上说。……又问："才"字是以其能解作用底说，材质是合形体说否？曰：是兼形体说，便是说那好底材。又问：如说材料相似否？曰：是。⑥

才是心之力，是有气力去做底。⑦

---

① 《朱子语类》卷一百一十八。

② 《朱子语类》卷十八。

③ 《朱子语类》卷五。

④ 《朱文公文集》卷二十四。

⑤ 参见朱永新《张载的学习心理思想》，《江苏师院学报》1981 年第 4 期。

⑥ 《朱子语类》卷五十九。

⑦ 同③。

可见，材质是性的先验能力，相当于素质。二是"才能"，基本相当于智能：

> 舜功问：才是能为此者，如今人曰才能？曰：然。①
> 才美，谓智能技艺之美。②

朱熹进而论述了"才"与"情"的关系。他说："性者，心之理；情者，心之动。才便是那情之会恁地者。情与才绝相近。但情是遇物而发，路陌曲折恁地去底；才是那会如此底。要之，千头万绪，皆是从心上来。"③这里所说的"情"，是广义的心理过程，即心的活动状态。"才"则指材质或才能，是心理的静态。朱熹认为，"情"与"才"关系非常密切。"情"是遇物而发，是外物作用于主体所产生的，才则是说明情为什么会如此而发。情取决于才，动态的心理过程由静态的自然素质和智能水平所规定，是其表现形式。因此，以情可以观才，通过心理活动及其外在表现，可以知道一个人的素质或智能；以才可以测情，了解一个人的素质或智能水平，也可以预料他的心理活动及其外在表现。

朱熹"才论"中最精彩的部分，是他对于"志""才""术"三者关系的论述。他说：

> 士之所以能立天下之事者，以其有志而已。然非才则无以济其志，非术则无以辅其才。是以古之君子，未有不兼是三者，而能有为于世者也。④

从心理学角度分析，这段文字至少有以下三方面的意义。

第一，它说明"志"与"才"的关系。朱熹认为，一个人之所以能立天下之事，有所作为，关键在于他有志向、有信心。但是，志向的实现须

---

① 《朱子语类》卷五十九。
② 《论语集注·泰伯》。
③ 《朱子语类》卷五。
④ 《朱文公文集》卷七十七。

以"才"，即一定的素质或智为基础，如果徒具所谓"志"，就不能成大气候。有志无才或志大才疏，岂能有所作为、成其事业？所以朱熹说"非才则无以济其志"。

第二，它说明"术"与"才"的关系。"术"，是技能或方法的意思，指那些在个体固定下来的行动方式。两者互相联系又互相制约，"术"须以一定的"才"为基础，技能技巧的形成有赖于一个人的素质或智能；"术"也会带来"才"的提高，即掌握一定的技能技巧会使一个人的素质或智能水平得到改善。所以他说"非术则无以辅其才"。

第三，它说了"志""才""术"三者的统一性。朱熹认为，一个人要"有为于世"，就必须"兼是三者"，不可偏废。

第十一章　陆九渊心理思想述要

陆九渊，字子静，称象山先生。江西抚州金溪（今江西抚州临川区）人。生于 1139 年（南宋高宗绍兴九年），卒于 1193 年（南宋光宗绍熙四年）。陆九渊出身于一个没落的地方豪族地主家庭，1172 年试南宫，中选。嗣后任隆兴府靖安主簿等地方官职，1189 年光宗即位，诏知荆门军。

在南宋程朱"理学"盛行之际，陆九渊建立了一个与其抗衡的"心学"体系。陆九渊的"心学"体系中包含了颇为丰富的心理思想，心理学家张耀翔先生在《中国心理学的发展史略》一文中说：

中国古时虽无"心理学"名目，但属于这一科的研究，则散见于群籍，美不胜收。不仅有理论的或叙述的心理研究，且有客观的及实验的研究。不仅讨论学理，且极注重应用，他们称这种研究为"性理"为"心学"。①

---

① 张耀翔：《心理学文集》，上海人民出版社，1983，第 201 页。

陆九渊的"心学",经过他的学生杨简、袁燮、舒璘、傅子云等人的发挥,以及明代陈献章、王守仁等的提倡,在中国思想史上产生了一定的影响。陆九渊反对著书立说,一生只留下少量诗文,大部分是与师友论学的书札和讲学的语录。他的著作,在1205年(开禧元年)由其长子陆持之编成《象山先生全集》,1212年(嘉定五年)由袁燮付梓印行。1980年经中华书局参阅各种版本,点校出版了《陆九渊集》。

这里试从心理学角度,对陆九渊的心理观、学习说和修养论三个方面进行一些研究。

一、陆九渊的心理观

陆九渊的学说是以"心学"命名的。"心",是通向其心理思想殿堂的门户。那么,陆九渊所说的"心"究竟是什么呢?我们认为主要有以下三个方面的内容。

(一)"心于五官最尊大"

我国古代思想家通常都把"心"看成是思维的器官,孟子曾明确地说"心之官则思"。陆九渊也承袭了这一说法:

> 人非木石,安得无心?心于五官最尊大。《洪范》曰:"思曰睿,睿作圣。"孟子曰:"心之官则思,思则得之,不思则不得也。"[①]

陆九渊认为,"心官"是人类思维活动赖以进行的物质实体。有没有心,能不能进行思维活动,这是人与木石的区别所在。他不仅强调了"心官"进行思维活动的功能,也看到了"心官"对于耳目等感觉器官的制约性。陆九渊说:

---

① 陆九渊:《与李宰》,《陆九渊集》卷十一,中华书局,1980,第149页。(以下所引《陆九渊集》,皆为中华书局1980年版。)

此心之灵苟无壅蔽昧没，则痛痒无不知者。国之治忽，民之休戚，彝伦之叙斁，士大夫学问之是非，心术之邪正，接于耳目而冥于其心，则此心之灵，必有壅蔽昧没者矣。①

陆九渊认为，人的耳、目和皮肤等是产生听觉、视觉和痛痒觉的物质器官，但仅有这些感觉器官还不足以产生感觉。这是正确的。以视觉为例，物体通过光线，由人眼折光系统（角膜、房水、水晶体等）而成像在视网膜上，引起了神经兴奋，传到大脑皮层而产生视觉。可见，即使比较低级的心理活动，也有大脑皮层活动的参与。

陆九渊强调"心于五官最尊大"，对于说明思维的生理机制和认识功用有一定意义。但是，他没有像荀子那样，在重视感知的基础上"思索以通之"②，而是效法孟子，否认感知，强调不依赖于感知的内铄自求。陆九渊说：

义理之在人心，实天之所与，而不可泯灭焉者也。彼其受蔽于物而至于悖理违义，盖亦弗思焉耳。诚能反而思之，则是非取舍盖有隐然而动，判然而明，决然而无疑者矣。③

陆九渊主张摒除闻见，闭门反思，依靠人心的自我觉悟来把握天赋予我的"义理"，这是主观唯心主义心理观的典型表现。

（二）"人而不忠信，何以异于禽兽者"

陆九渊把"心官"和思维活动作为区别人与木石的标志，进而又把"忠信"的心理特性作为区别人与禽兽的根本。他说：

---

① 《陆九渊集》卷十三《与郑溥之》，第 178 页。

② 《荀子·劝学》。

③ 《陆九渊集》卷三十二《思则得之》，第 376 页。

忠信之名，圣人初非外立其德以教天下，盖皆人之所固有，心之所同然者也。[①]

呜呼！忠信之于人亦大矣。欲有所主，舍是其可乎？故夫子两以告门人弟子，而子张之问崇德，亦以是告之；至于赞《易》，则又以为"忠信所以进德也"。诚以忠信之于人，如木之有本，非是则无以为木也，如水之有源，非是则无以为水也。人而不忠信，果何以为人乎哉？鹦鹉鸲鹆，能人之言，猩猩猿狙，能人之技，人而不忠信，何以异于禽兽者乎？[②]

陆九渊认为，"忠信"是人所具有的心理特性。"忠"，是不欺的意思；"信"，是"不妄"之谓。这都是人类心理的社会性内容，鹦鹉鸲鹆虽然能像人一样言语，猩猩猿狙虽然具有人的技能，但终因它们不具有"忠信"的心理特性，而不能跨出禽兽之列。

在这里，陆九渊已经初步运用了比较的方法，对人类和动物的心理做了对比研究。但是，这种比较是极其粗劣和蹩脚的。首先，人类心理的社会性不是先天就有的，而是后天长期社会实践的产物，人类本身就是劳动的产物。恩格斯说："首先是劳动，然后是语言和劳动一起，成了两个最主要的推动力，在它们的影响下，猿脑就逐渐地过渡到人脑。"[③]其次，动物的所谓言语和动作技能与人类有着本质不同。恩格斯在《自然辩证法》中指出，虽然鸟类能够在某种程度上学会说话，动物也具有从事有计划的，经过思考的行动的能力，但是，"动物仅仅利用外部自然界，简单地以自身的存在在自然界中引起变化；而人则通过他所作出的改变来使自然界为自己的目的服务，来支配自然界。这便是人同其他动物的最终的本质的差别，而造成这一差别的又是劳动。"[④]这段话对于心理学研究中"人兽不分"倾向的批判可谓鞭辟入里。

---

① 《陆九渊集》卷三十二，《主忠信》，第374页。

② 《陆九渊集》卷三十二，《主忠信》，第374–375页。

③ 《马克思恩格斯选集》第4卷，人民出版社，1995，第377页。

④ 同上书，第383页。

（三）"惟心无形"与"人同此心"

陆九渊不仅论证了人区别于木石和禽兽的心理特性，还对人类心理的具体特点做了很多论述。现从两个方面分析如次。

1. "惟心无形"

陆九渊说：

其他体尽有形，惟心无形，然何故能摄制人如此之甚？[①]

《书》云"人心惟危，道心惟微。"解者多指人心为人欲，道心为天理，此说非是。心一也，人安有二心？自人而言，则曰惟危；自道而言，则曰惟微。罔念作狂，克念作圣，非危乎？无声无臭，无形无体，非微乎？[②]

陆九渊不同意朱熹区分人心、道心，认为人无二心。而心又是一个"无声无臭、无形无体"的东西。

有人认为，陆九渊这一说法同他"心于五官最尊大"是矛盾的，是"对'心'用了颠来倒去的安置"[③]，我认为并非如此。庄子曾经说："渺乎小哉！所以属于人也。謷乎大哉！独成其天。"[④]心官之小，因为其寓于人的形体之内；惟心无形，乃心理活动纷繁复杂，难以捉摸。这正是人类心理的"广大无际，变通无方；倏焉而视，又倏焉而听；倏焉而言，又倏焉而动；倏焉而至千里之外，又倏焉而穷九霄之上"[⑤]的原因所在。

2. "人同此心"

据说陆九渊三四岁时，就"思天地何所穷际，不得，至于不食"[⑥]，后来十余岁时，因为看到古书中关于宇宙的解释，而悟出了"宇宙便是吾心，

---

① 《陆九渊集》卷三十五，《语录下》，第448页。

② 《陆九渊集》卷三十四，《语录上》，第395-396页。

③ 夏甄陶：《陆九渊的"心学"剖析》，载《中国哲学史研究》，1981第4期。

④ 《庄子·德充符》。

⑤ 杨简：《慈湖遗书》卷二，《二陆先生祠记》。

⑥ 《陆九渊集》卷三十六，《年谱》，第482页。

吾心即是宇宙"①的道理，因而说：

> 东海有圣人出焉，此心同也，此理同也。西海有圣人出焉，此心同也，此理同也。南海北海有圣人出焉，此心同也，此理同也。千百世之上至千百世之下，有圣人出焉，此心此理，亦莫不同也。②

陆九渊还写道：

> 心只是一个心，某之心，吾友之心，上而千百载圣贤之心，下而千百载复有一圣贤，其心亦只如此。心之体甚大，若能尽我之心，便与天同。③

在陆九渊看来，人类的心理活动或精神现象，虽然千种万般，有差异，不齐同，但就其固有的"本心"却是同一的。任继愈先生认为："陆九渊的'本心'说，先假定人人的心大致相同。这个出发点就是主观唯心主义的。"④我们认为这个看法是值得商榷的。人作为一个类的存在，必然具有若干共同的东西，这从心理学的角度而言是正确的。张耀翔先生说，这里包含着一个"惹人注目的假定——人类心理大约相同，个别差异不致甚大"⑤。我们认为，这个说法有一定道理。

二、陆九渊的学习说

1175 年（宋孝宗淳熙二年）春，著名学者吕祖谦为了调和朱熹与陆九渊兄弟之间的分歧，邀约了他们在信州鹅湖寺（今江西铅山县境内）相会。这次会议规模颇大，参加者不仅有朱、陆双方的很多朋友和门徒，还有浙江一带的学者，时间达近旬日之久，史称"鹅湖之会"。

---

①② 《陆九渊集》卷三十六，《年谱》，第 483 页。

③ 《陆九渊集》卷三十五，《语录下》，第 444 页。

④ 任继愈主编《中国哲学史》第 3 册，人民出版社，1964，第 258 页。

⑤ 张耀翔：《心理学文集》，上海人民出版社，1983，第 202 页。

"鹅湖之会"的讨论中心是"为学之方"。朱熹从理学唯心主义的心理观出发，主张学习应该"泛观博览，而后归之约"；陆九渊兄弟从心学唯心主义的心理观出发，主张学习应该"先发明人之本心，而后使之博览"①。会上，陆九龄为了说明其观点，首先作诗：

孩提知爱长知钦，古圣相传只此心。
大抵有基方筑室，未闻无址忽成岑。
留情传注翻蓁塞，着意精微转陆沉。
珍重友朋相切琢，须知至乐在于今。②

在陆九龄看来，人的心理根本不是人对于客观事物的反映，而是所谓天赋的"此心"。人生下来就有"知爱"的本能，长大后又自然会"知钦"。这个天生"此心"，犹如建筑房屋、垒成高山的基础一样重要，是学习的前提条件，是一切事物的出发点。这首诗并非即兴所赋，而是与其弟陆九渊"议论致辩"了一夜，精心思考后的创作。朱熹对此颇为不满，诗念了四句时，便对吕祖谦说："子寿（陆九龄）早已上了子静舡了也。"诗罢，双方又展开了讨论。陆九渊和其兄诗云：

墟墓兴哀宗庙钦，斯人千古不磨心。
涓流积至沧溟水，拳石崇成泰华岑。
易简工夫终久大，支离事业竟浮沉。
欲知自下升高处，真伪先须辨古今。③

陆九渊进一步论证了"此心"千古不磨的先验性和永恒性。他认为，只有从发明"此心"出发的易简工夫，才能发扬光大，犹如涓涓细流聚为沧溟之水，拳拳小石垒成泰山华岳。而朱熹的学习说不过是"支离事业"，

———————————

① 《陆九渊集》卷三十六，《年谱》，第 491 页。

② 《陆九渊集》卷三十四，《语录上》，第 427 页。

③ 同上书，第 427–428 页。

毕竟要飘浮沉没。朱熹听后神色黯然，大不高兴。三年以后始和一诗云：

德业流风夙所钦，别记三载更关心。

偶携藜杖出寒谷，又枉篮舆度远岑。

旧学商量加邃密，新知培养转深沉。

只愁说到无言处，不信人间有古今。①

"鹅湖之会"讨论的问题已涉及学习心理的一些理论了。这里再从学习的意义、学习的过程和心理条件，以及学习的原则和方法三个方面，对陆九渊的学习说做一些分析。

（一）学习的意义

关于学习对人的心理发展的意义，荀子从"知"和"行"两方面做过阐述："君子博学而日参省乎己，则知明而行无过矣。"②张载等则从人性的角度加以说明："为学大益，在自求变化气质。"③

陆九渊对学习也是非常重视的。他说：

学能变化气质。④

夫所谓智者，是其识之甚明，而无所不知者也。夫其识之甚明，而无所不知者，不可以多得也。然识之不明，岂无可以致明之道乎？有所不知，岂无可以致知之道乎？学也者，是所以致明致知之道也。⑤

在陆九渊看来，学习对于人心理发展的意义是很重要的。它不仅可以变化人的气质，使人成为圣人贤者；不仅能使人致明致知，改过迁善，而且

---

① 《陆九渊集》卷三十六，《年谱》，第490页。

② 《荀子·劝学》。

③ 《经学理窟·义理》。

④ 《陆九渊集》卷三十五，《语录下》，第462页。

⑤ 《陆九渊集》卷三十二，《好学近乎知》，第372页。

是人赖以生存的前提，就如鱼儿一刻也不能离开水一样。陆九渊的论述可谓集诸说之大成了。

有人或许会说，陆九渊不是反对读书，主张"剥落""格除"人的知识学问吗？是的，陆九渊的确说过："然田地不净洁，亦读书不得。若读书，则是假寇兵，资盗粮。"①甚至还说"不识一字，亦还我堂堂地做个人"。但是，我们不能据此得出他不重视学习的结论。在陆九渊看来，学习固然重要，但更重要的是有纯正的学习动机，"尊德性而道问学"。黄宗羲说："先生之尊德性，何尝不加功于学古笃行，紫阳之道问学，何尝不致力于反身修德，特以示学者之入门各有先后，曰'此其所以异耳'。"②这还是颇为中肯的。

（二）学习的过程和心理条件

陆九渊认为，学习的过程应该是博学在先，力行在后。只有循序渐进，方有所获。如果还没有达到明善知理的境界，就去从事践行，结果只能是欲登高山而陷深谷，要向南方反走到了北方。③

陆九渊把学习过程与学习的心理条件结合起来，并声称此是他的独创。他说：

> 大凡为学须要有所立，《语》云："己欲立而立人"。卓然不为流俗所移，乃为有立。须思量天之所以与我者是甚底？为复是要做人否？理会得这个明白，然后方可谓之学问。故孟子云："学问之道，求其放心而已矣。"如博学、审问、明辨、慎思、笃行，亦谓此也。此须是有志方可。④

> 吾之学问与诸处异者，只是在我全无杜撰，虽千言万语，只是觉得他底在我不曾添一些。近有议吾者云："除了'先立乎其大者'一句，全无伎

---

① 《陆九渊集》卷三十五，《语录下》，第463页。

② 《宋元学案》卷五十八，《象山学案》。

③ 《陆九渊集》卷一，《与胡季随》，第7页。

④ 同①，第438页。

俩。"吾闻之曰:"诚然。"①

陆九渊所说的"先立乎其大",就是指立志,在心理学上称为动机或志向,它是推动人进行学习的内部动力。我国古代自孔子起就相当重视志在学习中的作用。朱熹甚至说:"为学在立志,不干气禀强弱事。"②陆九渊之所以重视志在学习中的作用,乃因为他把志看作人的一切心理活动的出发点。他说:

耳目之所接,念虑之所及,虽万变不穷,然观其经营,要其归宿,则举系于其初之所向。布乎四体,形乎动静,宣之于言语,见之于施为,酝酿陶冶,涵浸长养,日益日进而不自知者,盖其所向一定,而势有所必然耳。③

人们的感觉、思维、言语和行为无不"系于其初之所向",由志所支配,学习活动更是如此了。

心理学的研究表明,人们的动机是在需要的基础上产生的,但持久而强烈的动机与人的认识水平有密切关系。由思虑引起的愿望所推动的行动,是意志的行动。只有对于为什么要行动,行动要达到什么目标以及如何行动有比较明白的认识,才能为达到目的而做坚持不懈的努力。这说明,人们的知识及智力在动机的形成中起重要作用。陆九渊也看到了这一点,他说:"……志个甚底?须是有智识,然后有志愿。"④陆九渊的这个论断还是很有见地的。

(三)学习的原则和方法

清人皮锡瑞曾把宋朝称作经学上的"变古时代",认为经学发展到这时

---

① 《陆九渊集》卷三十四,《语录上》,第 400 页。

② 《朱子语类》卷八。

③ 《陆九渊集》卷三十二,《毋友不如己者》,第 375 页。

④ 《陆九渊集》卷三十五,《语录下》,第 450 页。

就"风气大变"①。宋仁宗时，宋痒等上奏曰："先策论，则文词者留心于治乱矣；简程式，则闳博者得以驰骋矣；问大义，则执经者不专于记诵矣。"②陆九渊的"心学"正是这种变古疑古思潮的结果，是对两汉以来儒家烦琐经学形式的否定。他关于学习原则和方法的意见也反映了这个特点。

1. 自立精神

自立，就是独立思考，而不盲从古人或迷信书本。陆九渊反对"随人脚跟，学人言语"③，主张"凡事只看其理如何，不要看其人是谁"④。他说：

学者不自着实理会，只管看人口头言语，所以不能进。且如做一文字，须是反覆穷究去，不得又换思量，皆要穷到穷处，项项分明。⑤

自立，还要有怀疑精神。陆九渊说："为学患无疑，疑则有进。"⑥"小疑则小进，大疑则大进。"⑦陆九渊自己就充满怀疑精神，他甚至认为儒家的经典著作《论语》中也有不少"无头柄的说话"。

自立，还要有自信心，不能自暴自弃。陆九渊认为："孩提之童，无不知爱其亲，及其长也，无不知敬其兄。先王之时，庠序之教，抑申斯义以致其知，使不失其本心而已。尧舜之道不过如此。此非有甚高难行之事……"⑧因此，不能自己瞧不起自己，成为自暴自弃者。

2. 切磨辩明

在具备自立精神的同时，还要与志同道合的人鞭策切磨，与意见不合的人相与辩明。陆九渊说：

---

① 参见《经学历史》,《经学变古时代》,中华书局，1963，第220-264页。

② 《宋史纪事本末》卷三十八,《学校科举之制》,中华书局，1977，第369页。

③ 《陆九渊集》卷三十五,《语录下》,第461页。

④ 同上书，第468页。

⑤ 同上书，第434-435页。

⑥ 同上书，第472页。

⑦ 《陆九渊集》卷三十六,《年谱》,第482页。

⑧ 《陆九渊集》卷十九,《贵溪重修县学记》,第237页。

人患无朋友，无闻见。①

格物致知是下手处。《中庸》言博学、审问、慎思、明辨，是格物之方。读书亲师友是学，思则在己，问与辨皆须在人。②

大抵讲学，有同道中鞭策切磨者，有道不同而相与辩明者。如孟子与杨墨告子辩，此是道不同而与之辩明者也。如舜禹益皋陶相与都俞吁咈，夫子与颜渊、仲弓、闵子骞相与问答，是同道中发明浸灌，鞭策切磨者也。③

陆九渊进而论述了辩论心理的一些问题。他认为，与人商量讨论，首先要虚心听取对方的言谈，把握对方的论点。如果对方的意见与我不合，就必须"平心思之"；如果思考而未能安，"又须平心定气与之辩论"。人们在争论时，往往产生强烈的情绪，人的认识活动的范围往往会缩小，人被引起激情体验的认识对象所局限，理智分析能力会受到抑制。因此，陆九渊要人们："虽贵伸己意，不可自屈，不可附会而亦须有惟恐我见未尽，而他须别有所长之心乃可。"④

3.涵泳工夫

涵泳工夫，指不要过于急躁。朱熹说："所谓涵泳者，只是子细读书之异名也。"⑤陆九渊对涵泳工夫论述颇多，曾用"读书切戒在慌忙，涵泳工夫兴味长"的诗句来说明他的观点。

涵泳工夫，首先不能用心太急。陆九渊说："用心急者多不晓了，用心平者多晓了。英爽者用心一紧，亦且颠倒眩惑；况昏钝者岂可紧用心耶？昆仲向学之志甚勤，所甚病者，是不合相推激得用心太紧耳。"⑥

---

① 《陆九渊集》卷十,《与张季海》, 第 131 页。

② 《陆九渊集》卷二十一,《学说》, 第 263 页。

③ 《陆九渊集》卷四,《与诸葛诚之》, 第 50 页。

④ 同上书,《与彭世昌》, 第 58 页。

⑤ 《朱子语类》卷一百一十六。

⑥ 《陆九渊集》卷六,《与包详道》, 第 82 页。

涵泳工夫，其次不能强加揣量。陆九渊说："大抵读书，诂训既通之后，但平心读之，不必强加揣量，则无非浸灌、培益、鞭策、磨励之功。或有未通晓处，姑缺之无害。且以其明白昭晰者日加涵泳，则自然日充日明，后日本原深厚，则向来未晓者将亦有涣然冰释者矣。"①

涵泳工夫，再次是要由易至难。陆九渊说："学者读书，先于易晓处沉涵熟复，切己致思，则他难晓者涣然冰释矣。若先看难晓处，终不能达。"②

三、陆九渊的修养论

我国古代心理史上自杨朱、庄子、宋尹、孟子就有所谓"养生""养心"之说，重视修养问题可以说是古代思想史的一大特点，张耀翔先生认为这是中国对于应用心理学的最大贡献。陆九渊的修养论是建立在他主观唯心主义心理观的基础之上的。他说：

> 此天之所以予我者，非由外铄我也。思则得之，得此者也；先立乎其大者，立此者也；积善者，积此者也；集义者，集此者也；知德者，知此者也；进德者，进此者也。③

陆九渊的这一说法源于孟子。孟子说："尽其心者，知其性也。知其性，则知天矣。存其心，养其性，所以事天也。"④孟子和陆九渊都把修养心性看成是扩充人的善良本心，对天赋予我的品质进行存、养、积、进等的工夫，这是典型的唯心主义的修养论。

但是，如果我们仅停留在这个研究水平，对陆九渊修养论的评价仅止于这一点，那还是相当不够的。诚如包遵信先生所说，那不过是往前人垒起的箭垛上再插进一支现代标记的利箭而已。

---

① 《陆九渊集》卷七，《与邵中孚》，第 92 页。

② 《陆九渊集》卷三十四，《语录上》，第 407–408 页。

③ 《陆九渊集》卷一，《与邵叔谊》，第 1 页。

④ 《孟子·尽心上》。

陆九渊的修养论主要见于他对《周易》的解释和发挥。他说：

履，德之基也；谦，德之柄也；复，德之本也；恒，德之固也；损，德
之修也；益，德之裕也；困，德之辨也；井，德之地也；巽，德之制也。[①]

九卦之列，君子修身之要，其序如此，缺一不可也。[②]

因此，陆九渊的修养论可以用"履""谦""复""恒""损""益""困"
"井""巽"九个字加以概括。现依次分析如下。

一曰"履"。履，行也。从孔子开始，重视"行"可以说是我国古代学
术思想的一个优良传统。这反映在修养论上，就是特别重视道德实践，重
视道德行为的训练，重视道德习惯的培养。陆九渊的修养论也非常重视
"行"，他认为"行"是修养的出发点。陆九渊说：

"履，德之基也"，谓以行为德之基也。基，始也，德自行而进也。不
行则德何由而积？[③]

只有"行"，人的道德修养水平才能有所长进，良好的品质才能由此而
日积。"行"的要求是"和"。这就是要遵循一定的行为准则，不可妄为越轨。
陆九渊说："行有不和，以不由礼故也。能由礼则和矣。"[④]

二曰"谦"。谦，有而不居，不盈不骄也。陆九渊认为，谦虚的品质是
道德修养之柄，谦受益，满招损。只有虚怀若谷，良好的道德品质才能不
断积累。他说：

"谦，德之柄也"，有而不居为谦，谦者，不盈也。盈则其德丧矣。常
执不盈之心，则德乃日积，故曰："德之柄。"[⑤]

陆九渊认为，只有谦虚的人才能自觉地遵循一定的行为准则，达到孔

---

①②③④⑤ 见《陆九渊集》卷三十四，《语录上》，第416—418页。

子"从心所欲，不逾矩"的境地；相反"自尊大，则不能由礼，卑以自牧，乃能自节制以礼"①。他还说，只有谦虚的人才会受到人们的尊重："不谦则必自尊自耀，自尊则人必贱之，自耀则德丧；能谦则自卑自晦，自卑则人尊之，自晦则德益光显。"②

三曰"复"。复，指复归到本善的人性，陆九渊批评了告子的"湍水之论"、荀子的"性恶之说"以及韩愈的性品级论，而推崇孟子的性善论。他认为，复归到人的本善之性，是道德修养的根本所在。陆九渊说：

> 既能谦然后能复，复者阳复，为复善之义。人性本善，其不善者迁于物也。知物之为害，而能自反，则知善者乃吾性之固有，循吾固有而进德，则沛然无他适矣。故曰："复，德之本也。"③

陆九渊认为，天赋予我的本心都是至善完好的，其所以不善乃因为外物的诱惑。如果"循吾固有而进德"，就能像孟子所说的"若火之始然，泉之始达"。因此，他要人们"言动之微，念虑之隐，必察其为物所诱与否"④，从点滴小事、一言一行做起。

四曰"恒"。恒，持久经常也。在心理学中，这是一条重要的意志品质。陆九渊认为，一个人的道德修养只有经常不断、持之以恒地积累，才能得到巩固。反之，就会得而复失，一无所获。他说：

> 知复则内外合矣，然而不常，则其德不固，所谓虽得之，必失之，故曰："恒，德之固也。"⑤

陆九渊认为要做到"恒"是相当不容易的，"人之生，动用酢酬，事变非一，人情于此多至厌倦，是不恒其德者也"⑥。他还认为，如果能具有"终始惟一"的恒心，像孔子所说的那样，"无终食之间违仁，造次必于是，颠沛必于是"，人的道德修养水平就会不断提高，"时乃日新"。

五曰"损"。损，指去除那些"害德"的欲望。陆九渊承袭了孟子"养

---

①②③④⑤⑥　见《陆九渊集》卷三十四，《语录上》，第416—418页。

心莫善于寡欲"的思想，认为人的欲望会妨害修养。他说："夫所以害吾心者何也？欲也。欲之多，则心之存者必寡，欲之寡，则心之存者必多。故君子不患夫心之不存，而患夫欲之不寡，欲去则心自存矣。然则所以保吾心之良者，岂不在于去吾心之害乎？"①因此，陆九渊说：

> 君子之修德，必去其害德者，则德日进矣，故曰："损，德之修也。"②

人的欲望是不可能去除的，所以荀子说："凡语治而待寡欲者，无以节欲而困于多欲者也。"③陆九渊虽知其难，却要固执而行。他说："'损，先难而后易'：人情逆之则难，顺之则易，凡损抑其过，必逆乎情，故先难；既损抑以归于善，则顺乎本心，故后易。"④

六曰"益"。益，迁善之谓也。陆九渊认为，"天下有益于己者，莫如善"⑤，只有从善如流，"见善如不及，见不善如探汤"，才能使人的道德修养不断充裕。他说：

> 善日积则宽裕，故曰："益，德之裕也。"⑥
>
> 益者，迁善以益己之德，故其德长进而宽裕。设者，侈张也，有侈大不诚实之意，如是则非所以为益也。⑦

"益"的反面是"设"，即不诚实，无"愧耻之心"。陆九渊很强调"知耻"，他认为，一个人如果明知不善而不迁不改，就是无耻之徒；一个人如果无知耻之心，就不能算真正的人，与"鳞毛羽鬣、山栖水育、牢居野牧者"⑧没有什么区别。

七曰"困"。困，指在困境中磨炼。孟子很重视磨炼在修养中的意义。他说："故天将降大任于是人也，必先苦其心志，劳其筋骨，饿其体肤，空

---

① 《陆九渊集》卷三十二，《养心莫善于寡欲》，第380页。

② 《陆九渊集》卷三十四，《语录上》，第417页。

③ 《荀子·正名》。

④⑤⑥⑦ 《陆九渊集》卷三十四，《语录上》，第417页。

⑧ 同①，《人不可以无耻》，第376页。

乏其身，行拂乱其所为，所以动心忍性，曾益其所不能。"①陆九渊也是如此。他说：

> 不临患难难处之地，未足以见其德，故曰："困，德之辨也。"②
> 不修德者，遇穷困则陨获丧亡而已。君子遇穷困，则德益进，道益通。③

这里，实际上已提出了一个心理测验方法。诸葛亮在《心书》中谈及"知人之情"的七条方法，其中之一就是"告之以祸难，以观其勇"。陆九渊主张使人临患难难处之地，遇穷困窘迫之时，以辨别其修养的水平，也是给予特殊刺激，然后观察其反应的实验方法。

八曰"井"。井，指养人利物，无私忘我。人与人之间的交往是通过物质和心理两条途径同时进行的，人们的社会关系也包括了心理关系。如何处理好人际关系，减少矛盾、避免冲突，是社会心理的重要内容之一。陆九渊认为要做到这一点，就应该养人利物，无私忘我。他说：

> 井以养人利物为事，君子之德亦犹是也，故曰："井，德之地也。"④

陆九渊要求人们"博施济众"，重"义"而不求"利"，"明理"而忘己"，这样，人们的道德修养才会有安身之地。所谓"井"，同他的"发明本心"论是一致的。"心之体甚大，若能尽我之心，便与天同。"⑤事物的"道"和"理"都在我的心中，何必去人世争夺，何必要外求呢？

九曰"巽"。巽，顺时制宜也。陆九渊认为，人们的道德修养虽然要遵循一定的行为准则，但也不能过于拘泥、死搬硬套，而应据不同的时间和场合，"随轻重而立"，"不以一定而悖理"。他说：

---

① 《孟子·告子下》。
②③④ 《陆九渊集》卷三十四，《语录上》，第417页。
⑤ 《陆九渊集》卷三十五，《语录下》，第444页。

夫然可以有为，有为者，常顺时制宜。不顺时制宜者，一方一曲之士，非盛德之事也。顺时制宜，非随俗合污，如禹、稷、颜子是已，故曰："巽，德之制也。"①

陆九渊注重发挥人的主观能动作用，反对迷信权威和教条。他认为，只有一方一曲之士才随俗合污，而禹、稷、颜子这样有作为的人，总是审时度势、因时行事的。

在我国古代心理思想史上，像陆九渊这样系统全面地论述修养问题，还是不为多见的。

第十二章　王廷相心理思想初探

王廷相，字子衡，号俊川，生于 1474 年（明宪宗成化十年），卒于 1544 年（明世宗嘉靖二十三年），河南仪封（今兰考）人。王廷相是我国古代著名的唯物主义思想家，在哲学方面，他的造诣很深，"代表了明代哲学的最高成就"②，对于自然科学也有深入研究，著有《岁差考》《玄浑》等，这些都是他唯物主义心理思想的坚实基础。王廷相继承和发展了张载等人的心理思想，对许多心理问题提出了精辟的见解。他的思想对清代王夫之的唯物主义心理思想有重要影响。他的著作收集在《王氏家藏集》和《归田集》等书中，其中以《慎言》和《雅述》的心理思想最为丰富。本文仅就几个主要方面对王廷相的心理思想做一些初步研究。

---

① 《陆九渊集》卷三十四，《语录上》，第 417 页。

② 孙叔平：《中国哲学史稿》下册，上海人民出版社，1981，第 266 页。

一、论形与神——"神必籍形气而有"

在我国古代心理史上，唯物主义的思想家曾对形与神即生理与心理的关系进行了若干可贵的探讨。南北朝的范缜在桓谭、王充等形神论的基础之上，提出了"形神相即"和"形质神用"的命题。范缜说："神即形也，形即神也，是以形存则神存，形谢则神灭也。"①北宋时的张载用唯物主义元气本体论解释形与神的关系，他说："气于人，生而不离、死而游散者谓魂；聚成形质，虽死而不散者谓魄。"②

但是，在明代颇为流行的主观唯心主义"心学"却提出"无心则无身"的命题，把人的心理活动脱离人的形体，加以膨胀、扩大，成为"神化了的绝对"。王守仁说："盖天地万物，与人原是一体。其发窍之最精处，是人心一点灵明。"③与王守仁同时代的王廷相也看到了人类心理活动的"微妙""广远"性质："人心之灵，贯彻上下。其微妙也，通及于鬼神；其广远也，周匝于六合。"④但他没有像王守仁那样，在人的形体之外寻求人类心理活动的基础，而是吸收了范缜、张载等人的唯物主义形神论思想，从元气本体论的角度提出了"神必籍形气而有"的命题。他说：

夫人也，气成形体而具神识者也。⑤

是气者形之种，而形者气之化，一虚一实，皆气也。神者，形气之妙用，性之不得已者也。三者，一贯之道也。今执事以神为阳，以形为阴，此出自释氏仙佛之论，误矣。夫神必籍形气而有者，无形气则神灭矣。纵有之，亦乘夫未散之气而显者，如火光之必附于物而后见，无物则火尚何

---

① 《神灭论》。

② 《正蒙·动物篇》。

③ 《传习录下》。

④ 《慎言·作圣篇》。

⑤ 《家世集·答何粹夫论五行书》。

在乎？①

王廷相认为，宇宙万物是由"元气"的运动变化而成的，人也不例外。"元气"的运动变化产生了人的形体，也就具有了人的"神识"，产生了人的心理活动。"神必籍形气而有者，无形气则神灭"，离开了人的形体也就不可能产生人的心理活动。

在心理思想史上，"鬼神说"往往是"形亡而神存"的最后避难所。王廷相以野人和猿狐等材料，把"鬼神说"从这个避难所赶了出去。他说：

> 有所闻见者，必附于物，形而后者，非附于物则不能也。若夫山都木客，魑魅魍魉罔象之类，及猿狐之精皆有形体，与人差异耳，世皆以此为鬼，误矣。上古之时，山川草木未尽开辟，此等物类与人相近，亦能来游人间，与人交接。盖此类视人则不如，视禽兽则又觉灵明也。……人不多见，遂以为鬼神，习矣而不察者也。②

在王廷相看来，任何心理活动都必须依附于物即一定的形体，那种超形体的鬼神是不存在的。深山老林中的怪物以及"猿狐之精"之所以能够具有心理活动，与人类交往，也是因为具有了形体。因为它们在形体上与人类比较相近，看起来就比禽兽之类更为"灵明"，人们以为这些"山都木客"是所谓鬼神，不过是少见多怪、习而不察罢了。

王廷相进而从心理病因的角度论证了"神必籍形气而有"的命题。他说：

> 神也者，气盛而摄，质与识同科也，气衰则虚弱，而神识困矣。③
> 神发而识之远者，气之清也；灵感而记之久者，精之纯也。此魂魄之性，生之道也。气衰不足以载魄，形坏不足以凝魂，此精神之离，死之

---

① 《内台集·答何柏斋造化论》。

② 《雅述·下篇》。

③ 《慎言·道体篇》。

道也。①

这里指出，"气清""精纯"是心理活动陷入困境的原因。"神发而识""灵感而记"等心理活动的效果都是有赖于形、气的。

为了论证"神必籍形气而有"的命题，王廷相还论述了各种心理活动与一定的生理器官的联系。他说："如耳之能听、目之能视、心之能思，皆耳、目、心之固有者；无耳目、无心，则视听与思尚能存乎？"②这是说，耳、目是听和视的感觉器官，心则是思维的器官，如果没有耳、目、心，也就没有视听与思的心理活动。

二、论心与物——"动者，缘外而起者也"

"神必籍形气而有"的命题说明了生理与心理的关系，但要真正地把握人类心理活动的本质，还必须对心与物的关系做出唯物主义的解释。

在心、物关系上，主观唯心主义的"心学"不承认人类心理活动是对客观事物的反映。王守仁的学生王襞说：

> 心也者，吾人之极，三才之根，造化万有者也。莹彻虚明，其体也；通变神应，其用也。空中楼阁，八窗洞开，梧桐月照，杨柳风来，万紫千红，鱼跃鸢飞，庭草也，驴鸣也，鸡雏也，谷种也，呈输何限，献纳无穷，何一而非灭机之动荡？何一而非义理之充融？③

王襞认为，"心"是造化万物的上帝。"莹彻虚明"是心之本体，"通变神应"是心的运用。梧桐、明月、杨柳、和风、鱼鸢、庭草等自然界的一切现象都是由"心"产生的。列宁在批评主观唯心主义者时指出："如果物体像马赫所说的是'感觉的复合'，或者像贝克莱所说的是'感觉的组合'，

---

① 《慎言·问成性篇》。

② 《雅述·上篇》。

③ 《王东崖先生遗集》。

那么由此必然会得出一个结论：整个世界只不过是我的表象而已。"①列宁的这个批评对于王襞也是适用的。

王廷相的唯物主义心物观是与王守仁、王襞等主观唯心主义者针锋相对的。关于心物关系，他有一段相当精辟而又富有实验色彩的论述：

> 心者，栖神之舍；神者，知识之本；思者，神识之妙用也。自圣人以下，必待此而后知。故神者在内之灵，见闻者在外之资。物理不见不闻，虽圣哲亦不能索而知之。使婴儿孩提之时，即闭之幽室，不接物焉，长而出之，则日用之物不能辨矣。而况天地之高远，鬼神之幽冥，天下古今事变，杳无端倪，可得而知知乎？②

明代初叶，成祖朱棣在夺取惠帝的皇位后，把惠帝朱允炆不满两岁的少子朱文圭囚禁起来，与世隔绝，经过了 55 个春秋，朱文圭被释放出来时已是年近花甲的老人，但牛马皆不能识，兄长皆不能认。③这个记载很有点儿"自然实验"的味道，王廷相对于心、物关系的分析可能就是根据这个资料进行的。他认为，"心""神""思"等"在内之灵"只是产生心理的主体因素，但如果没有客体因素外物，也不足以产生人的心理活动。只有依靠见闻的"在外之资"，才能"索而知之"。一个从小关在幽室的婴儿，长大后就必然不能辨别"日用之物"，心理就不能获得正常的发展。而且，天地是那么高远幽冥，世事是如此变幻无穷，如果不与外物接触，怎生知得这大千世界的底蕴？

王廷相进而明确提出了"动者，缘外而起者也"的命题。他写道：

> 冲漠无朕，万象森然已具，此静而未感也。人心与造化之体皆然。使无外感，何有于动？故动者，缘外而起者也。

---

① 《列宁选集》第 2 卷，人民出版社，1995，第 7 页。

② 《雅述·上篇》。

③ 《明史》卷一百一十八，《诸王列传》。

夫心固虚灵，而应者必藉视听聪明，会于人事而后灵能长焉。①

"感"，是外物作用于人；"动"，则是人对外物的反应。北宋张载说："感亦须待有物，有物则有感，无物则何所感？"②王廷相继承了张载心物观中的唯物主义成分，认为人的心理只能"缘外而起"，而且只能在与外物接触的基础上得到发展。

但是，张载在感性的"闻见"和理性的"穷理"之上，又附上了一个"不萌于见闻"的秘不可测的"德性之知"，使他的心物观最终陷入了唯心主义的泥淖。③对此，王廷相批评道：

世之儒者乃曰：思虑见闻为有知，不足为知之至，别出德性之知为无知，以为大知。嗟乎！其禅乎！不思甚矣。殊不知思与见闻必于由吾心之神，此内外相须之自然也。④

王廷相认为，张载等宋儒主张"德性之知不萌于见闻"的观点与禅宗的说教是一回事。人的任何心理活动都是人对于外界客观事物的反映，即所谓"内外相须之自然"。

三、论人性——"凡人之性成于习"

宋代的理学家们把人性分为"天地之性"和"气质之性"，认为"天地之性"是超乎形体的，并且先于具体的"气质之性"而存在。王廷相从唯物主义的元气本体论对"天地之性"提出了批评。他写道：

人具形气而后性出焉。今曰"性与气合"，是性别是一物，不从气出，

---

① 《家藏集·石龙书院学辨》。

② 《张子语录上》。

③ 参见朱永新《张载的学习心理思想》，《江苏师院学报》，1981 第 4 期。

④ 《雅述·上篇》。

人有生之后各相来附合耳。此理然乎？人有生气则性存，无生气则性灭矣，一贯之道，不可离而论者也。[①]

朱子谓本然之性超乎形气之外，其实自佛氏本性灵觉而来，谓非依旁异端，得乎？大抵性生于气，离而二之，必不可得。佛氏修养真气，虽离形而不散，故其性亦离形而不灭，以有气即有性耳。佛氏既不达此，儒者遂以性气分而为二，误天下后世之学深矣哉！[②]

王廷相认为，"天地之性"的说法与元气本体论相悖，既然宇宙万物都由气造化而成，也就不可能有与气相离的人性。人性是在形体、生气的基础上产生的。"离气言性，则性无处所，与虚同归；离性言气，则气非生动，与死同途；是性与气相资，而有不得相离者也。"[③]这样，王廷相不仅批评了朱熹所谓"本然之性"和佛教"本性灵觉"的唯心主义人性论，也扬弃了张载人性论中的唯心主义成分。

乍看起来，王廷相的人性论不过是阐明了告子"生之谓性"的古说，但前者要比后者深刻得多。王廷相没有像告子那样脱离人的社会性而言自然性，使人性成为"动物机能"[④]，而是把人性看作自然性与社会性的统一体，并且强调仁、义、礼、智等社会性是"知觉运动为之而后成"的。他写道：

且夫仁义礼智，儒者之所谓性也。自今论之，如出于心之爱为仁，出于心之宜为义，出于心之敬为礼，出于心之知为智，皆人之知觉运动为之而后成也；苟无人焉，则无心矣，无心则仁义礼智出于何所乎？故有生则有性可言，无生则性灭矣，安得取而言之？[⑤]

南宋理学家朱熹说："孩提之童，无不知亲其亲；及其长也，无不知敬

①《雅述·上篇》。
②《雅述·下篇》。
③《家藏集·答薛君采论性书》。
④《马克思恩格斯全集》第42卷，人民出版社，1979，第94页。
⑤《家藏集·横渠理气辨》。

其兄，其良知良能，本自有之。"①王廷相不同意朱熹这种先天的"良知良能"说。他举例指出：如果一个婴儿生下来就由其他人哺养，长大后就必然把养育者当作亲人，如果在路上偶然碰到生身父母，也会视如常人，甚至会侮辱、谩骂。因此，所谓"父母兄弟之亲"并不是"良知良能"的天性，而是由后天的"积习稔熟"所形成的。②

王廷相的人性论也肯定了人们先天禀赋的差异。他说：

万物巨细柔刚，各异其材。声色臭味各殊其性。阅千古而不变者，气种之有定也。人不肖其父则肖其母，数世之后，必有与祖同其体貌者，气种之复其本也。③

圣愚之性，皆天赋也。气纯者纯，气浊者浊，非天固殊之也，人自遇之也。④

王廷相认为，人的遗传素质如身体、外貌等，不仅有父母的直接遗传，也有祖辈的间接遗传，这些现象不是"天固殊之"，而是"人自遇之"，是由于"气种"的运动变化所致。从现代科学的角度看，这个解释是极其朴素、幼稚的，但它毕竟比唯心主义的"命定说"要合理一些。

有些学者认为，王廷相把人性归结为人的生理现象。⑤果真如此吗？我认为，王廷相只是在人性的起源问题上强调了生理因素，但在人性的发展问题上，他是相当重视社会因素的。他提出的"凡人之性成于习"的命题，在我国古代心理思想史上起着承上启下的作用，对清代王夫之"习与性成"和"日生则日成"⑥的思想有较大影响。

王廷相所说的"习"，包括了环境和教育两方面的意义。关于环境对人性发展的作用，他说：

---

① 《朱子语类》卷十四。

② 《雅述·上篇》。

③ 《慎言·道体篇》。

④ 《慎言·问成性篇》。

⑤ 任继愈主编《中国哲学史》第 3 册，人民出版社，1964，第 339 页。

⑥ 《尚书引义·太甲二》。

凡人之性成于习，圣人教以率之，法以治之，天下古今之风以善为归，以恶为禁，久矣。[①]

深宫秘禁，妇人与嬉游也；亵狎燕闲，奄竖与诱掖也。彼人也，安有仁孝礼义以默化之哉？习与性成，不骄淫狂荡，则鄙亵惰慢。[②]

王廷相不仅从社会风气这个大环境，也从居住交往这个小环境论述了"习与性成"的道理。那些终日在深宫秘禁中与女人嬉游玩乐、亵狎燕闲的公子哥儿，其性必然是"骄奢狂荡""鄙亵惰慢"。

关于教育（包括学习）对人性的发展，他说：

问：成性？王子曰：人之生也，性禀不齐，圣人取其性之善者以立教，而后善恶准焉。故循其教而行者，皆天性之至善也。[③]

生也，性也，道也，皆天命也，无教则不能成。老庄任其自然，大乱之道乎？[④]

学有变其气质之功，则性善可学而至。[⑤]

王廷相认为，虽然人的先天性禀不完全相同，但是通过"教"和"学"就可变化气质，达到至善的境地。

四、论知——"知者，不过思与见闻之会"

如前所述，王廷相论"知"是建立在其唯物主义观的基础之上的。一方面，他认为人的认识活动都是一定的物质器官如耳、目、心等的产物；另一方面，他又认为人的认识活动是人对于客观世界的反映。

王廷相对于"见闻"等感知心理有较多的论述。他不仅把"见闻"作

---

① 《家藏集·答薛君采论性书》。

② 《慎言·保傅篇》。

③④⑤ 《慎言·问成性篇》。

为认识过程的第一步，还揭示了"见闻"的某些规律。他说：

> 《列子》曰："天倾西北，日月星辰就焉，地不满东南，故百川水潦归焉。"此非大观之见也。天左旋，处其中顺之，故日月星辰，南面视之，则自东而西，北面视之，则自西而东。北极居中，日月星辰四面旋绕，非就下也，远不可见也。日月星辰恒在天也，人远而不及见，如入地下耳。《论衡》曰："日不入地也，譬人把火，夜行平地，去人十里，火光藏矣，非灭也。"①

这里主要探讨了两个问题。一是位置对视觉的影响。王廷相认为，当日月星辰自左向右旋转时，处于南半球的人看到它们自东向西运行，位于北半球的人则看到它们自西向东运行，唯有处其中见之，才能不至于产生由位置的不同而造成的差异。二是距离对视觉的影响。汉代王充曾以火把为例，说明对于同一物体，"近能被感知，远则感知不到"的道理。②王廷相继承了这一说法，认为人们经常因为看不见日月星辰而以为它们坠入地下，其实是由于过于遥远的缘故。现代生理心理学的研究证明了这个见解：物体与眼球之间的距离是决定该物体能否在视网膜上形成影像的因素之一，如果距离过远，光的波长就不会对网膜产生影响，也就不可能产生视觉。③

王廷相还论述了注意与见闻等心理活动的关系。他说：

> 解悟者心，注于听则视不审，注于视则听不详，注于言则嗅不的，注于嗅则言不成。神一而不可以二之也。④

这里所说的"注"，相当于现代心理学中的"注意"。王廷相认为，"心"既是思维的器官，也是注意的器官。注意这种心理活动的特点一言以蔽之即"神一而不可以二之也"。注意于听，视觉就不清楚；注意于视，听觉

① 《雅述·下篇》。

② 燕国材：《王充的形神观和感知说述要》，《江西师院学报》，1981 第 4 期。

③ 曹日昌主编《普通心理学》（合订本），人民教育出版社，1987，第 128 页。

④ 《慎言·问成性篇》。

则不周详；注意于言语，嗅觉就不准确；注意于嗅，言语则不流畅。自从孟子用"弈秋诲弈"说明注意问题以后，古代思想家非常重视所谓"神一不二"即注意的集中问题，但往往对注意的分配则很少探讨，王廷相也是如此。

王廷相肯定了"见闻"在认识过程中的重要作用，认为"不见不闻，虽圣亦不能索而知之"，但也指出，如果局限于此就会影响人的认识。他说："见闻梏其识者多矣，其大有三：怪诞梏中正之识，牵合傅会梏至诚之识，笃守先哲梏自得之识。"①因此，他十分重视在"见闻"的基础上"精思"，"潜心积虑，以求精微；随事体察，以验会通；优游涵养，以致自得"，②并且提出了"知者，思与见闻之会"的命题。他写道：

夫圣贤之所以为知者，不过思与见闻之会而已。③

夫神性虽灵，必借见闻思虑而知；积知之久，以类贯通，而上天下地，入于至细至精，而无不达矣。虽至圣莫不由此。④

目可以施其明，何物不视乎？耳可以施其聪，何物不听乎？心体虚明广大，何所不能知而度之乎？故事物之不闻见者，耳目未尝施其聪明也；事理之有未知者，心未尝致思而度之也。⑤

王廷相认为，所谓"知"，不过是见闻与思的结合而产生的，两者缺一不可。耳目之闻见虽然有一定局限性，"不善用之适以狭其心"，但它们又是"知"的基础，"善用之足以广其心"⑥。如果在见闻的基础上"致思"，"积知之久，以类贯通"，就能全面地把握事物。

在"见闻"和"精思"之上，王廷相没有像宋代理学家那样附上一个"德性"，而是把"熟习"引入了认识过程。他说：

---

① 《慎言·见闻篇》。

② 《慎言·潜心篇》。

③④ 《雅述·上篇》。

⑤ 《慎言·潜心篇》。

⑥ 同①。

　　事物之实核于见，信传闻者惑；事理之精契于思，凭记问者粗；事机之妙得于行，徒讲说者浅。①

　　广识未必皆当，而思之自得者真；泛讲未必吻合，而习之纯熟者妙。是故君子之学，博于外尤贵精于内，付诸理而尤贵达于事。②

　　王廷相反对"信传闻""凭记闻"和"徒讲说"，而主张"核于见""契于思""得于行"，把"见""思"和"行"作为认识事物的完整过程，强调"行"（熟习）在"知"的过程中的作用，在古代心理思想史上，这是一个很大的贡献。

五、论情欲——"喜怒哀乐各中其节"

　　王廷相关于"情"和"欲"的论述较多，但没有明确的定义，在两者之间也很少做出区分。在这里我们把情和欲放在一起讨论。

　　首先，王廷相认为人的情欲和其他心理活动一样，也是人与外物接触后产生的。他说：

　　大率心与性情，其景象定位亦自别，说心便沾形体景象，说性便沾人生虚灵景象，说情便沾应物于外景象，位虽不同，其实一贯之道也。③

　　喜怒者，由外触者也。④

　　这里指出了心、性、情三者的关系。王廷相认为，"心"是人的心理活动的"形体景象"，即物质基础；"性"是人的心理活动的"虚灵景象"，即活动特性；而"情"则是人的心理活动"应物于外景象"，是对于"外触"的反应。在承认人的情欲触外物而生的基础上，王廷相还肯定了情欲的自

---

① 《慎言·见闻篇》。

② 《慎言·潜心篇》。

③④ 《雅述·上篇》。

然性。他说：

> 美色，人情之所欲也，强而众且智者得之。货利，人情之所欲也，强而众且智者得之。安逸，人情之所欲也，强而众且智者得之。得之则乐，失之则苦，人情安得宴然而不争乎？安能皆如老、庄之徒，淡然无欲乎？[①]

王廷相认为，对于美色、货利和安逸等的追求，都是"人情之所欲"的自然现象，要像老庄那样"淡然无欲"是很难做到的。当然，自然存在并不等于必然合理，王廷相并不主张人人都去追求所谓美色、货利等，而是希望"喜怒哀乐各中其节"，不要引起钩心斗角、强智凌辱弱愚的现象。

其次，王廷相从人性、认识和养心三个方面讨论了情欲的作用。一是情欲与人性。王廷相写道：

> 情荡则性昏，性昏则事迷，迷而不复，则躁激骄吝之心滋矣，由灵根之不美也。庄子曰"嗜欲深者天机浅"，亦善言性者欤！[②]

这里指出，"应物于外"的情欲会对"虚灵"的人性产生消极影响，使人滋生急躁、过激、骄傲和吝啬等品质。

二是情欲与认识。王廷相写道：

> 嗟呼！内有所乐，然后可以托于物而乐之。彼人也，方且忧愁而戚促，将视海为穷荒魑魅之所而不堪矣，夫焉得取而乐之？是故钟鼓管龠之音一也，乐者闻之则畅其和，忧者闻之则益其悲。由是而观，则予之乐于海者，谓以海之故哉！[③]

现代心理学对情绪和情感的"调节"和"信号"功能论述较多，而对

---

① 《慎言·御民篇》。

② 《慎言·问成性篇》。

③ 《家藏集·近海集序》。

于它们对认知的影响却较少研究。为什么对于同一钟鼓管龠之音，有人认为它流畅和悦，有人则以为它悲伤戚促？在碧波万顷的大海面前，为什么有人心旷神怡，有人则愈添愁绪，视其为"穷荒之所"？这无疑是受了人的快乐、忧愁等情绪情感的影响。

三是情欲与养心。王廷相写道：

> 无忿懥、好乐、忧患、恐惧，此不偏之中，圣人养心之学也。[①]
>
> 过于喜则荡，过于怒则激，心气之失其平，非善养者也。惟圣人虚心以应物，而淡然平中焉。故万事万物，以理顺应，而无定情，于迹也何有？[②]

这里指出，过度的情欲如忿懥、好乐、忧患、恐惧等，会使人的心理失其平、失其中、失其养。章颐年在《心理卫生概论》中把忧愁、恐惧等都作为心理失调的起因。从心理卫生的角度看，王廷相的论述有一定道理。

再次，王廷相从养生的角度提出了对情欲的节制态度。他写道：

> 养生者节制之常也，炼气则术也。何以言之？人生元气所禀，各有长短，自有知以来，为贪爱侵剥，暴戾蠹蚀，故长者短，短者促，不得尽天年而终。是以圣智之人有养生之论，大要不出少思虑，寡嗜欲，节饮食，慎起居，顺时候，和气体，利关节而已矣。能由是而行，则大气不能致伤，而诸疾不作，可以尽其天畀元始之气而以寿终矣。使非有节，安能如是？故曰节制之常。[③]
>
> 圣人之心虚，故喜怒哀乐不存于中；圣人之心灵，故喜怒哀乐各中其节。是喜怒哀乐因事而有者也，惟中本无，故事已即已，虚如常焉。程子曰："圣人情顺万事而无情。"以此。[④]

王廷相认为，人的过度的情欲会影响到人的寿命，为贪爱、暴戾等情

---

① 《慎言·潜心篇》。

② 《雅述·上篇》。

③ 《雅述·下篇》。

④ 同②。

欲所支配，就会使寿命长的人变短，寿命短的人变得促，不能活到应该活的岁数。只有像"圣智之人"那样，"喜怒哀乐各中其节"，对情欲采取节制的态度，少思虑，寡嗜欲，节饮食，慎起居，顺时候，和气体，利关节，注意心理卫生，才能享其天年。

第十三章　陈确心理思想蠡测

陈确，字乾初，原名道永，字非玄，浙江海宁人，生于 1604 年（明万历三十二年），卒于 1677 年（清康熙十六年）。他曾师从江南名儒刘宗周，一生不图仕进，山居乡处，潜心学问，他公开批判程朱理学，反对社会的不良风俗，是明清之际进步的思想家。

陈确的著作在其死后一百二十一年才由他的玄孙陈敬璋编定为《陈乾初先生遗集》，但没有付梓。1979 年中华书局参阅各种版本点校出版了《陈确集》。在这部著作中，除了包含丰富的政治、哲学思想外，也包含一些比较有价值的心理学思想，现仅对后者做一些探讨。

一、陈确的人性论

陈确的学友黄宗羲之子黄百家曾说："乾初先生斟酌经术，独凿五丁，扫从前之陈说，不异宋之水心先生，伯仲其间。"[1]陈确的人性论点的确显示出"扫从前之陈说"的特色。

众所周知，在我国古代心理学思想的发展史上，宋代理学家们提出了人性的二元论或二分法，把统一的人性分解为所谓气质之性和天地之性。他们认为，气质之性是与生俱来、自然生成的，人们所禀的气质之性有偏正之不同，所以有善与不善的区别。天地之性则与之相反，它在人有理体

---

① 黄百家：《查石丈传》。

之前就存在于天地之间，"天本参和不偏"，故天地之性"无不善"。人由于
受到气质之性的蒙蔽和干扰，往往不能充分体现和发展天地之性，因此必
须"善反"，通过主观的努力退回天地之性。

陈确针锋相对地提出了性一元论观点。他认为，宋儒把统一的人性勉
强分为天地之性和气质之性，脱离了具体的人，而从虚构的天来考察人性，
只是"玄渺不容说之奥旨"①。陈确还针对宋儒"气情才皆非本性"的说法，
提出了性与气、才、情不能分离的观点。他写道：

> 一性也，推本言之曰天命，推广言之曰气、情、才，岂有二哉！由
> 性之流露而言谓之情，由性之运用而言谓之才，由性之充周而言谓之气，
> 一而已矣。性之善不可见，分见于气、情、才。情、才与气，皆性之良
> 能也。②

他认为，抽象的本性并非如宋儒所说与现实的人身相脱节，而是通过
现实的人表现出来的，气、情、才就是人性的具体内容。但指出所谓"气"，
就是"心之有思，耳目之有视听"等人的潜在的心理功能；所谓"才"，就
是"思之能睿，视听之能聪明"等人的现实的心理才能；所谓"情"，就是
"喜怒哀乐"③等自然流露的情感。这样他就把人性论建立在现实的人身之
上，与人的具体的心理活动联系起来了。陈确虽然声称自己赞服孟子的性
善论，认为性善论"使自暴自弃一辈无可借口，所谓功不在禹下者"④。但
实际上，陈确的性善论与孟子的性善论有所不同。孟子的性善论认为，人
生来具有恻隐、羞恶、辞让、是非之心，只要扩而充之，就会保持人的本
善之性，因此是先天的性善论。陈确的性善论认为，人的善性不是生来就
有的，正如五谷的种子，没有耕耘艺植的功夫，就不能显示其品种的优良。
他说：

---

① 《陈确集》，中华书局，1979，第 473 页。

② 同上书，第 451–452 页。

③ 同上书，第 454 页。

④ 同上书，第 452 页。

无论人生而静之时，黝然穆然，吾心之灵明毫未间发，未可言性；即所谓赤子之心，孩提之爱，稍长之敬，亦萌而未达，偏而未全，未可语性之全体。必自知学后，实以吾心密体之日用，极扩充尽才之功，仁无不仁，义无不义，而后可语性之全体。[1]

陈确认为，人性是不断地发展成长的，没有什么先天的本善之性，可见，他的性善论更接近于王夫之"性日生日成"的人性论，因此它是后天的性善论。陈确非常重视后天的因素在人性形成中的作用，强调学习对于人性发展的意义。这从他的"性习图"[2]可以窥见一斑。

他在《性习图咏》中说，人们的本性"近如一家"，由于人们后天的学习、努力程度不同，才"远如万里"。像尧这样的圣人和跖这样的盗贼，其原始的差异也是非常之小的，只是后天的原因才"偶歧南北辕"。但是，"万里虽云遥，回身道即是"，只要不自暴自弃，加强修养，就仍然可以成为善人。

---

① 《陈确集》，第467页。

② 同上书，第459页。

二、陈确的情欲观

情欲问题在我国古代思想史上占有重要地位，它不仅是一个重大的人生哲学问题，也是一个重大的心理学问题。其中最突出的是"怎样控制情绪""如何满足欲望"这两个问题。陈确对于情欲问题的论述虽不甚系统，但也有一些较有价值的见解。

（一）关于情

陈确的《辰夏杂言·治怒》是论"怒"的专文，可以说是一篇关于心理学的文章。在这篇文章中，陈确首先分析了"怒"这种情绪产生的社会原因和心理原因。他写道：

盖吾辈既息心野处，于民社无关，所婴吾怒者，值得恁事！或是口语小未齐，或是礼数小未周，或是财物小未清。人生世间，此等事固时时有之，皆极平极常，何足介意？所不胜忿怒者，只有二病，一自是，一自卑。是己则非人，故易怒。自卑则尊人，以庸众自居而以无过之君子望他人，天下安得皆无过之君子耶！则不胜其怒矣。[①]

陈确认为，言语的不惧、礼仪的不周以及财产的纠纷是产生怒的社会性外因，而自以为是和自卑心理则是产生怒的心理性内因。自是和自卑是一对两极心理，自是的人往往瞧不起别人，因而产生怒的情绪；自卑的人则往往对别人求全责备，从另一方面产生怒的情绪，可谓殊途同归。

那么，怎样制"怒"呢？陈确认为首先要"克此自是自卑之己"，遇事"只须自责"，不要迁怒于别人，达到"躬自厚而薄责于人"的境界。其次要"忍"。陈确说："吾辈向无舜、颜涵养，或一时不能无怒，急治良方，莫若一'忍'字。凡遇事有可怒，切莫轻发，姑忍着。小者忍一二时，大者

_____

① 《陈确集》，第 416—417 页。

忍一二日，其气自平。虽曰强制一时，但持之既久，当渐近自然。"①这是要人们在生活中有意识地磨炼自己的自制力，养成忍耐的习惯。再次要"敬"。陈确认为这是一条最根本的制"怒"之法。他举例说，人们往往容易加怒于妻子仆婢，而不会加怒于父母师长，这是因为妻子仆婢"卑于我"，而对父母师长"夙所敬事故也"。因此他说："正治莫若一'敬'字。如前所说道理，读书人尽容易明白，然时不免忿怒者，只是失之于易也。惟敬则无此矣……《论语》曰：'出门如见大宾，使民如承大祭。'用心若此，更从何处说起'怒'字！"②

陈确进而论述了"怒"的两个特点：一是"忿思难"，即忿怒的情绪影响人们的思维活动；二是"忿怒之发，如燎原之火，不可扑灭，此时并自己作主不得"③。即忿怒的激动情绪笼罩着整个人，使人的控制能力减弱，不能约束自己的行为。

陈确最后还区分了两种不同的怒："所谓怒亦不同，有公怒，有私怒。私怒决不可有，公怒决不可无。公怒为天下国家，私怒只为一己。"④我们认为陈确的见解是值得重视的，心理的内容与形式是相辅相成、紧密联系的。现代心理学往往只涉及怒的形式，不区分怒的具体内容，这就影响了对于怒这种情绪的深入研究。

（二）关于欲

理学的开山祖师周敦颐在其《养心亭说》一文中最早提出了"无欲说"："孟子曰：'养心莫善于寡欲。'……予谓养心不止于寡焉而存耳，盖寡焉以至于无。无则诚立、明通。诚立，贤也；明通，圣也。"他把无欲作为成圣的必要条件。二程、朱熹发展了周敦颐的无欲说，提出了"存天理，灭人欲"的主张，对中国伦理思想史、心理思想史以及封建社会后期的社会现实产生了消极影响。

陈确对理学家关于欲望的学说进行了尖锐批评。他认为，欲望是"生

---

① ② 《陈确集》，第 417 页。

③ 同上书，第 417–418 页。

④ 同上书，第 418 页。

机之自然不容已者"，无论是圣人还是常人都具有欲望。不仅人的自然的生理欲望不能去除，人的社会欲望也是不能去除的："如富贵福泽，人之所欲也；忠孝节义，独非人之所欲乎？虽富贵福泽之欲，庸人欲之，圣人独不欲之乎？"①如果硬要人们弃绝欲望，那只能是"抽刀断水水更流，借酒消愁愁更愁"，使欲望"不能绝也益甚"②。"真无欲者，除是死人。"③这样，陈确就从普遍性和必然性两个方面论证了欲望的自然合理性。

陈确不仅论证了欲望的自然合理性，还说明了欲望的积极作用："饮食男女皆义理所从出，功名富贵即道德之攸归。"④这是说饮食男女等生理欲望是义理的基础，而功名富贵等社会欲求也与道德有内在联系。"所欲与聚，推心不穷。生生之机，全恃有此。"⑤这是说欲望对于推动人的心理发展有着重要意义。

在《瞽言·胜蔽》篇中，陈确说明了欲望对于人的认识活动的影响。他写道：

有二人弈者，虑子而未定，其旁观者先见之。二人以为能，求与之对，则不及二人远甚。故当局虽工，而蔽于求胜之心；旁观虽拙，而灼于虚公之见。故凡以利害心虑事，则虑弥周而去道弥远。⑥

陈确认为，当局者迷，旁观者清，其原因之一就在于当局者往往求胜的欲望太强烈，而影响了正常的思维活动。

三、陈确的学习说

陈确非常重视学习在人的心理发展中的作用。认为"物成然后性正，人成然后性全。物之成以气，人之成以学"⑦，这就提出了人是靠学习而成为人的命题。

陈确还进而提出了学习的一些原则：

①②③④⑤⑥⑦　分别引自《陈确集》，第425页，第65页，第469页，第461页，第469页，第435页，第449页。

一曰学贵立志。陈确说："学者但言虚心，不若先言立志，吾心先立个主意：必为圣人，必不为乡人。"①他认为，学习首先必须有远大的志向，这比虚心的心理品质更为重要。志向不仅表现在目标的远大与否，还体现在目的的正确与否。陈确说："古之学者为己，只是有志；今之学者为人，只是无志。"②他认为，学习应该是为了自己，为了丰富和提高自己的知识水平，而不是为了取悦别人，为别人而学的学习目的是不正确的。

二曰学须多问。陈确说："如适京师者，走一程问一程，日日走，日日问，时时疑，时时问，必至京师而后已。"③他认为，学习譬如行路，必须不断地向别人请教，才能到达目的地。虽然自己知道"数千里之程途"，而别人不过只了解"数里数十里之境界"，但这短短的数里数十里，正是自己所不知道的，"是我足底最切要之路"，因此，"三人同行，必有我师"，必须善于向别人学习，"以能问于不能，以多问于寡"。如果什么都要向比自己强的人请教，那就会"非孔子莫问"④了。

三曰知行并进。陈确说："道虽一贯，而理有万殊；教学相长，未有穷尽。学者用功，知行并进。"⑤他认为，学习固然离不开读书，离不开"知"，但学习不仅仅是通过读书进行的，单纯的书本知识的学习"未可谓学"，"读书不能身体力行，便是不会读书"⑥。因此，他非常强调学以致用、躬行实践。他对自己的两个儿子说："只'慎言语，节饮食'六字，吾尝谆谆致戒，禾能奉行一字否？……吾素不喜浮华，只验尔等于日用动静间，有一分敬慎意思，便是学力进步处，吾便一开颜。不然，虽学成扬名，非吾好也。"⑦这就有力地否定了宋明之际静坐讲论、闭门读书的学术风气，成为颜李功利学派"以用为学"的先声。

四曰学无止境。陈确说："古之君子，亦知有学焉而已。善之未至，既欲止而不敢；善之已至，尤欲止而不能。夫学，何尽之有！有善之中又有善

---

① 《陈确集》，第 427 页。

② 同上书，第 115 页。

③④ 同上书，第 541 页。

⑤ 同上书，第 560 页。

⑥⑦ 同上书，第 384 页。

焉，至善之中又有至善焉，固非若邦畿丘隅之可以息而止之也。"[1]他认为，学习是一个没有止境的过程，永远不可能穷尽，因此，他又提出了终身学习的概念："君子之于学也，终身焉而已。则其于知也，亦终身焉而已。"[2]在科学技术日新月异的今天，"终身教育"（Lifelong Education）已经势在必行。陈确关于"终身之学"的思想是值得我们重视的。

第十四章　王夫之心理思想试析

王夫之，字而农，号姜斋，称船山先生，湖南衡阳人，生于1619年（明万历四十七年），卒于1692年（清康熙三十一年）。王夫之是明清之际一位百科全书式的启蒙思想家，他系统总结了我国古代的朴素唯物主义思想，不仅在自然观、认识论、辩证法和历史观等方面都有所发展，在心理思想方面也是"推故而别致其新"，达到了古代朴素唯物主义思想的最高阶段。王夫之的遗著有一百多种、四百余卷，其中涉及心理学问题较多的有《张子正蒙注》《读四书大全说》《尚书引义》《思问录》《俟解》和《四书训义》等，本章试从心理学角度，对王夫之关于"心""性""知"与"能""情"与"欲""意"与"志""学"方面的论述做一初步研究。

一、王夫之论"心"

（一）心与身

心与身的关系，是人的心理实质的重要方面。从先秦时期荀子提出"形具而神生"的命题以后，历代思想家都对这个问题进行了探索。在明代，

---

① 《陈确集》，第 553–554 页。

② 同上书，第 554 页。

产生了王守仁"天下无心外之物"①与王廷相"夫神必籍形气而有者"②两种截然对立的学说。王夫之肯定了王廷相的唯物主义心身论，认为"神在形中"③，人的心理或精神离不开人的形体或物质。那么，心理活动又是由形体中的哪个器官产生的呢？王夫之说：

一人之身，居要者心也。而心之神明，散寄于五藏，待感于五官。肝、脾、肺、肾、魂魄，志思之藏也，一藏失理而心之灵已损矣。无目而心不辨色，无耳而心不知声，无手足而心无能指使，一官失用而心之灵已废矣。其能孤扼一心以绌群用，而可效其灵乎？④

《内经》之言，不无繁芜，而合理者不乏。《灵枢经》云："肝藏血，血舍魂。脾藏荣，荣舍意。心藏脉，脉舍神。肺藏气，气舍魄。肾藏精，精舍志。"是则五藏皆为性情之舍，而灵明发焉，不独心也。君子独言心者，魂为神使，意因神发，魄待神动，志受神摄，故神为四者之津会也。然亦当知凡言心则四者在其中，非但一心之灵而余皆不灵。⑤

我们知道，心理是特殊组织形态的物质——大脑两半球活动的产物。由于时代的局限性，王夫之没有形成这样的认识，而把心理归之于心、肝、脾、肺、肾及五官的功能。但我们认为，王夫之关于"心之神明，散寄于五脏，待感于五官"的见解仍然具有一定的意义。

首先，它发展了《黄帝内经》的心脏说。认为心、肝、脾、肺、肾之五脏都是心理活动的器官，五者"皆为性情之舍，而灵明发焉，不独心也"。尽管这个结论的科学性是可以怀疑的，但他试图在心脏以外寻找心理活动的物质基础是有一定可取之处的。

其次，它强调了心理器官的统一说，北宋的程颐说："心无目则不能视，

① 《传习录下》。
② 《内台集·答何柏斋造化论》。
③ 《张子正蒙注》卷九。
④ 《尚书引义·毕命》。
⑤ 《思问录·外篇》。

目无心则不能见。"①这已初步揭示了人的心理活动所赖以产生的物质器官之间有着内在的联系。王夫之更进一步强调了这种联系。

"一藏失理而心之灵已损",这是说心离开其他四"藏"就不能产生正常的心理活动。"一官失用而心之灵已废",这是说心离开五官则根本不可能产生任何心理活动。

(二) 心与物

人脑等只是产生心理活动的自然基础,离开了客观现实的作用,它们自身并不能单独产生心理。因此,心与物的关系是我们理解王夫之心理观的另一重要内容。

王夫之批评了佛家的唯识唯心说和王守仁的主观唯心主义心学,对心物关系做了唯物主义的论述。他说:

内心合外物以启,觉心乃生焉,而于未有者知其有也;故人于所未见未闻者不能生其心。②

很显然,离开了"外物"就不能"生其心",离开了"闻见",就不能产生人的心理活动。只有形、神、物"三相遇而知觉乃发"③。要使心理丰富多彩,就必须"多闻""多见",与外物接触"以启发其心思"④。北宋的张载曾用心物关系的原理解释心理的个别差异,他说:"心所以万殊者,感外物为不一也。"⑤王夫之对此加以阐发:

心函絪缊之全体而特微尔,其虚灵本一。而情识意见成乎万殊者,物之相感,有同异,有攻取,时位异而知觉殊,亦犹万物为阴阳之偶聚而不相

---

① 《二程集·河南程氏遗书》卷八;参见朱永新《二程心理思想研究》,载《心理学报》,1982 第 4 期。

② 《张子正蒙注》卷九,《可状篇》。

③ 《张子正蒙注》卷一,《太和篇》。

④ 同上书,卷一,《参两篇》。

⑤ 《正蒙·太和篇》。

肖也。①

王夫之认为，人们在情、识、意方面的心理差异，乃是"物之相感"的不同所致。由于人们处于不同的时（时间）、位（空间）环境，人们在心理方面产生的差异悬殊，也就像阴阳五行的造化产生"不相肖"的宇宙万物一样。

王夫之还认为，人的心理只能在活动（"用"）中才能得到发展。他说：

> 人之有心，昼夜用而不息。虽人欲杂动，而所资以见天理者，舍此心而奚主！其不用而静且轻，则窹寐之顷是也。……夫才以用而日生，思以引而不竭。②

人的心理只有在"用"的基础上才能发展，人的才能只有在"用"的基础上才能得以"日生"，人的思维只有在"用"的基础上方可不枯竭。如果饱食终日，静坐无事，不与外物接触，则"周公之兼夷驱兽，孔子之作春秋，日动以负重，将且纷胶督乱，而言行交绌；而饱食终日之徒，使之穷物理，应事机，抑将智力沛发而不衰。是圈豕贤于人，而顽石、飞虫贤于圈豕也"。王夫之关于心理与活动之间关系的论述是相当精辟的。

二、王夫之论"性"

王夫之继承了从孔子到王充、王廷相等"性成于习"的思想，提出了"性日生日成"的命题。侯外庐在《中国思想通史》中认为，王夫之的人性论较富有心理学的色彩，并且指出："人类性具有历史活动的内容，夫之所说明的成性，即着重了历史的过程，含有否定的否定的发展，近似于黑格尔谓人性是'自己运动和生命力所固有的脉搏跳动'。这不但在理论上超

---

① 《张子正蒙注》卷一。

② 《周易外传》卷四。

过了费尔巴哈的人性概念说，而且是十七世纪革命性的理论。"①

关于王夫之的人性论，诸家研究颇多，这里仅从心理学角度探讨其几个主要特点。

（一）"性日生日成"论强调人性是先天与后天的"合金"

王夫之说：

> 性，阳之静也；气，阴阳之动也；形，阴之静也。气浃形中，性浃气中，气入形则性亦入形矣。形之撰，气也；形之理则亦性也。形无非气之凝，形亦无非性之合也。故人之性虽随习迁，而好恶静躁多如其父母，则精气之与性不相离矣。②

王夫之对告子"生之谓性"的古说做了新的解释，认为"命日降，性日受"，"未死以前皆生也"③，因此，作为"生之理"的人性也就"日生则日成"④，处于不断的运动状态，"未成可成，已成可革"，变化日新，生生不已。他从元气本体论出发，认为"精气之与性不相离"，从而肯定了遗传素质在人的心理发展方面的作用。"人之性虽随习迁，而好恶静躁多如其父母"，这就说明了性格与遗传有某种程度的联系。可见先天的遗传禀赋和后天的努力学习都对人性有很大的影响。

（二）"性日生日成"论肯定人与动物之间的区别

王夫之说：

> 禽兽终其身以用天而自无功，人则有人之道矣。禽兽终其身以用其初命，人则有日新之命矣。有人之道，不谌乎天；命之日新，不谌其初。俄顷之化不停也，只受之牖不盈也。一食一饮，一作一止，一言一动，昨不为

---

①　侯外庐：《中国思想通史》第 5 卷，人民出版社，1980，第 98 页。

②③　《思问录·内篇》。

④　《尚书引义》卷三，《太甲二》。

今（功），而后人与天之相受如呼吸之相应而不息；息之也，其惟死乎！①

　　夫人之所以异于禽兽者，以其知觉之有渐，寂然不动，待感而通也。若禽之初出于毂，兽之初坠于胎，其啄龁之能，趋避之智，啁啾求母，呴嘘相呼，及其长而无以过。使有人焉，生而能言，则亦智侔雏鷇而为不祥之尤矣。是何也？禽兽有天明而无己明，去天近，而其明较现，人则有天道而抑有人道，去天道远，而人道始持权也。②

　　这里明确指出动物在其一生中只能利用"初命"或"天明"，即达尔文所说不依赖个体经验而按同一方式所完成某种活动的"本能"，③如"啄龁之能，趋避之智，啁啾求母，呴嘘相呼"之类。人类则有"日新之命"或"己明"，人类的心理活动是受了外物的影响而逐渐发展的，人虽有本能，但尤其依赖于学习，生命的意义在于自强不息。④

　　（三）"性日生日成"论把"性"与"习"统一起来

　　王夫之说：

　　孟子言性，孔子言习。性者天道，习者人道。"鲁论"二十篇皆言习，故曰："性与天道不可得而闻也。"已失之习而欲求之性，虽见性且不能救其习，况不能见乎？⑤

　　人之皆可为善者，性也；其有必不可使为善者，习也。习之于人大矣，耳限于所闻，则夺其天聪；目限于所见，则夺其天明；父兄熏之于能言能动之始，乡党姻亚导之于知好知恶之年，一移其耳目心思，而泰山不见，雷霆不闻；非不欲见与闻也，投以所未见未闻，则惊为不可至，而忽为不足容心也。故曰："习与性成。"成性而严师益友不能劝勉，酡赏重罚不能匡正矣。⑥

---

① 《诗广传》卷四，《论荡》。

② 《读四书大全说》卷七，《季氏篇》。

③ 参见朱永新《达尔文与心理学》，《江苏师院学报》，1982第2期。

④ 参见高觉敷《王夫之论人性》，《学术月刊》，1962第9期。

⑤ 《俟解》。

⑥ 《读通鉴论》卷十。

对于人来说，性与习、天道与人道是统一的，习即性的形成过程。所谓"习"，指后天的生活习惯和闻见学习。它是人性的形成和发展的前提，如果孤陋寡闻，或处于不良环境的熏陶之中，就不能使人耳目聪明，也不能使人性正常发展。王夫之在这里指出了人性形成和发展的一个规律：塑造易，改造难。人性一旦形成之后，严师益友的劝勉、奖赏惩罚的运用，都难以匡正逆转。因此，他非常重视"习于童蒙"，进行早期教育。王夫之说："《易》言：'蒙以养正，圣功也。'养其习于童蒙，则作圣之基立于此。人不幸而失教，陷入于恶习，耳所闻者非人之言，目所见者非人之事，日渐月渍于里巷村落之中，而有志者欲挽回于成人之后，非洗髓伐毛，必不能胜。"①

三、王夫之论"知"与"能"

知能问题，也是中国古代心理思想的重要范畴。唯心主义的思想家认为人的知能是从娘胎带来的先天禀赋，王夫之则认为人的知能也是先天后天融合而成，尤其是通过后天的学习和教育获得的。他说：

以性之德言之，人之有知有能也，皆人心固有之知能，得学而适遇之者也。若性无此知能，则应如梦，不相接续。故曰："唯狂克念作圣。"念不忘也，求之心而得其已知已能者也。②

夫天与之目力，必竭而后明焉。天与之耳力，必竭而后聪焉。天与之心思，必竭而后睿焉。……可竭者天也，竭之者人也。③

意思是说先天禀赋给人以一定的智能之力，如目力与耳力等。这就给智能的发展提供了物质前提。但是，只有"竭"其先天之力，"得学而适遇之"，才可能使智能得到真正的发展，眼睛之明、耳朵之聪，都是后天的努

---

① 《俟解》。

② 《读四书大全说》卷三，第二十七章。

③ 《续春秋左氏传博议》卷下。

力实践所获得的。因此，知与能的发展归根到底在"人"而不在"天"。显然，这是唯物主义的知能观。

关于知，王夫之论述颇多。他说，"知者，洞见事物之所以然"①，也就是说知能够把握事物的规律性或必然性。

王夫之首先论述了智力与感知的关系，他说："耳与声合，目与色合，皆心所翕辟之牖也，合，故相知；乃其所以合之故，则岂耳目声色之力哉！故舆薪过前，群言杂至，而非意所属，则见如不见，闻如不闻，其非耳目之受而即合，明矣。"②按照任继愈教授的解释，这句话是说：感官是智力的门户，但要发生作用，也不能脱离思维的指导。如果注意力不集中，感觉也将失效。③王夫之关于感知与思维关系的见解还是很有价值的。

关于人的智力水平与个体年龄发展的关系，王夫之说："'天地之生人为贵'，惟得五行敦厚之化，故无速见之慧。物之始生也，形之发知，皆疾于人，而其终也钝。人则具体而储其用，形之发知，视物而不疾也多矣，而其既也敏。孩提始知笑，旋知爱亲，长始知言，旋知敬兄，命日新而性富有也。君子善养之，则毫期而受命（受命亦日新）。"④他认为，命日新而性富有，世界处在不断的运动变化中，智力和见识是与日俱增的。王夫之的这个观点，与美国心理学家批评人的智力衰退理论所说"荒诞的神话……是方法论上人为的产物……是对个体发展与社会文化演变之间关系的曲解"⑤颇有异曲同工之妙。

当然，王夫之也不否认由于新陈代谢规律、生理方面的退化而造成的智力衰退。他在《读通鉴论》卷十七中说："神智乘血气以盛衰，则自少而壮，自壮而老，凡三变而易其恒。"这是说，人生有少、壮、老三大阶段，随着阶段的递进，人的"神智"亦随"血气"而衰退。他以梁武帝为例，在执政初期，梁武帝尚能明察秋毫，不听危言；但是以后却"听高澄之绐，许以执景，傅岐苦谏而不从；旋以景为腹心，旋以景为寇雠，旋推诚而信非

① 《张子正蒙注》卷二。
② 同上书，卷四。
③ 任继愈主编《中国哲学史》第 4 册，人民出版社，1979，第 58 页。
④ 《思问录·内篇》。
⑤ K.W.Schaie：《人类能力》，《心理学年鉴》1976 年，参见《外国心理学》，1981 第 3 期。

所信，旋背约而徒启其疑，茫乎如舟行雾中而不知所届，截然与昔之审势度情者，明暗杳不相及"。这是什么原因呢？王夫之说："盖帝于时年已八十有五矣，血气衰而智亦为之槁也。"

王夫之还认为，只要加强个人修养，注重主观努力，智力的衰退又是可以补救的。他说："智者，非血气之有形者也，年愈迈，阅历愈深，情之顺逆，势之安危，尤轻车熟路之易为驰也，而帝奚以然也？其智资于巧以乘时变，而非德之慧，易为涸也。且其中岁以后，薰染于浮屠之习，荡其思虑。"[①]

关于能力问题，王夫之没有明确的定义，论述也较少。但他认为能力不全部依赖素质，而应通过练习来形成和发展，以射箭为例：

"夫射者之有巧力，力固可练，巧固可习，皆不全繇资禀；而巧之视力，其藉于学而不因于生也为尤甚。总缘用功处难，学之不易得，庸人偷惰，便以归之气禀尔。"[②]

王夫之对"知"与"能"的关系也有论述。他说："知者，知其然而未必其能然。乃能然者，必繇于知其然。"[③]王夫之所谓"知"，指认识事物的规律性，基本上相当于孟子对"智"的定义[④]，所以，"知"与"能"亦即现代心理学中争论的智力与能力的关系。王夫之认为，知是能的基础，知之不一定能之，能之必然要知之。智力是能力的基础。

四、王夫之论"情"与"欲"

我国古代思想家讨论情欲心理，往往把情欲与伦理道德联系起来，论述情欲是否合理以及怎样对待情欲。但是，也有不少思想家对情欲心理的内部规律进行了探索，王夫之便是其中之一。

---

① 《读通鉴论》卷十七。

② 《读四书大全说》卷九。

③ 《读四书大全说》卷三。

④ 参见燕国材：《先秦心理思想研究》，湖南人民出版社，1981，第117页。

（一）关于情

什么是情？王夫之说：

> 故以知恻隐、羞恶、恭敬、是非之心，性也，而非情也。夫情，则喜、怒、哀、乐、爱、恶、欲是已。①

这是古老的"七情说"，相当于现在所说的情感与情绪。

情是怎样产生的？我国古代心理思想家往往把情视为性的已发状态或表现形式。如荀子说："性之好、恶、喜、怒、哀、乐谓之情。"②程颐说："天地储精，得五行之秀者为人。其本也真而静，其未发也五性具焉，曰仁义礼智信。形既生矣，外物触其形而动于中矣。其中动而七情出焉，曰喜怒哀乐爱恶欲。"③王夫之则不同意这种"性之生情"的说法，而认为人的七情是逐步发展起来的。他说：

> 情元是变合之几，性只是一阴一阳之实。情之始有者，则甘食悦色，到后来蕃变流转，则有喜怒哀乐爱恶欲之种种者。性自行于情之中，而非性之生情，亦非性之感物而动则化而为情也。④

> 天下之术，皆生于好。好生恶、生悲、生乐、生喜、生怒。守其所好，则非所好者虽有道而不见虑。不得其好则忧，忧则变，变则迁，迁则必有所附而胶其交。交之胶者不终，则激而趋于非所好。如是者，初未尝不留好于道，而终捐道若忘，非但驰好于嗜欲者之捐天机也。⑤

意思是说，人类最初的情绪只有"甘食悦色"，即所谓好，"好"有需

---

① 《读四书大全说》卷十，《告子上篇》。

② 《荀子·正名》。

③ 《二程集·河南程氏文集》卷八。

④ 同①。

⑤ 《庄子通·刻意》。

要或欲望的意思。喜、怒、哀、乐、爱、恶、欲之七情只是后来"蕃变流转"，逐渐发展而来。"好"得不到满足，则生忧、生哀、生恶；反之，则生喜、生乐、生爱。王夫之对于人类原始情绪的认识，与美国行为主义心理学家华生主张人类有恐惧（fear）、忿怒（rage）、亲爱（love）三种原始情绪[1]的见解不甚相同，但就试图寻找这些原始情绪的根源来说则是一致的。

关于情绪的生理基础问题，王夫之有一段颇有心理学价值的论述。他说：

夫情无所豫而自生，则礼乐不容阕也；文自外起而以成乎情，则忠信不足与存也。故哀乐生其歌哭，歌哭亦生其哀乐。然而有辨矣。哀乐生歌哭，则歌哭止而哀乐有余；歌哭生哀乐，则歌哭已而哀乐无据。[2]

这里实际上已涉及情绪心理的两种学说。一种学说认为，先产生一定的情绪如喜、怒、哀、乐等，然后才有身体内部发生的相应情绪反应如歌哭等，表情只是独特的"情绪语言"[3]。这就是所谓"哀乐生歌哭"。另一种是詹姆斯—兰格学说（James-Lange theory of emotion），认为情绪就是对身体变化的知觉，"知觉之后，情绪之前，必须先有身体表现发生。所以更合理的说法乃是：因为我们哭，所以愁；因为动手打，所以生气；因为发抖所以怕；并不是我们愁了才哭；生了气才打；怕了才发抖。"[4]"歌哭亦生其哀乐"，可以说是詹姆斯这段奇论的前奏了。詹姆斯的错误在于过分夸大了外周性变化对情绪的作用，从而否认了人的态度对情绪的决定意义。王夫之从两个方面来考察情绪，这在中外心理史上还是少见的。

---

① 杨清：《现代西方心理学主要派别》，辽宁人民出版社，1980，第213页。

② 《周易外传》卷二。

③ 曹日昌主编《普通心理学》（合订本），人民教育出版社，1987，第352页。

④ W.詹姆斯：《心理学》，1890年版。见唐钺译《西方心理学家文选》，科学出版社，1959，第165-166页。

（二）关于欲

什么是欲？王夫之说：

> 欲者，己之所欲为，非理之所必为也。①
> 盖凡声色、货利、权势、事功之可欲而我欲之者，皆谓之欲。②

"欲"即个人的欲望或需求。欲望大致分为声色、货利、权势和事功四个方面。从现代心理学的角度看，这四方面实际上即生理、物质、权力和功名的需要或欲望。在中国心理思想史上，像这样简洁而全面地依次列举人的各种需要还比较少见，可同美国心理学家马斯洛的理论相媲美。

王夫之反对宋儒"存天理，灭人欲"的命题，提出了"理欲合性"的见解。他说：

> 理与欲皆自然而非由人为。③
> 是礼虽纯为天理之节文，而必寓于人欲以见；虽居静而为感通之则，然因乎变合以章其用。唯然，故终不离人而别有天，终不离欲而别有理也。离欲而别为理，其唯释氏为然。盖厌弃物则，而废人之大伦矣。④

天理与人欲都是合乎自然的，天理寓于人欲之中，离开了人欲也就没有天理了。因此，"薄于欲者之亦薄于理，薄于以身受天下者之薄于以身任天下也"⑤。这里，我们听到了 19 世纪近代市民阶级人文主义的呼声。

当然，人欲如果失去其"公平性"与"经常性"，也就有悖于天理了。按现代著名史学家嵇文甫的分析⑥，公平性就是要合上下前后左右各方的

---

① ② 《读四书大全说》卷六。

③ 《张子正蒙注》卷三。

④ 《读四书大全说》卷八。

⑤ 《诗广传》卷二。

⑥ 嵇文甫：《王船山学术论丛》，三联书店，1978，第 91 页。

欲，立出个"矩"来，"以整齐其好恶而平施之"①。经常性是指只有可以持久、"彻乎古今而一"的欲才算天理，"一方之风尚""一事之愉快"②是算不得的。可见，王夫之的论述有平均主义的色彩。

（三）怎样对待情欲

在中国古代心理思想史上，无论是儒家的"节欲"说、墨家的"苦行"说、道家的"无欲"说，还是宋明理学家"存天理，灭人欲"说，其主流都不是要完全禁止人的情欲，而是加以"节"或"导"。王夫之的"絜矩之道"，也是这个精神。他说：

> 君子只于天理人情上著个均平方正之矩，使一国率而繇之，则好民之所好，民即有不好者，要非其所不可好也；恶民之所恶，民即有不恶者，要非其所不当恶也。……唯恃此絜矩之道，以整齐其好恶而平施之，则天下之理得，而君子之心亦无不安矣。③

王夫之认为，禁止情欲有碍于人的个性发展："欲无色，则无如无目；欲无声，则无如无耳；欲无味，则无如无口；固将致忿疾夫父母所生之身，而移怨于父母。"④但如果"随物意移""耽乐酒色"，一味纵欲，也会"乐极生悲"⑤。对待情欲的正确态度，应该遵循"絜矩之道"，"整齐其好恶而平施之"。王夫之虽然没有也不可能像马克思主义心理学那样，把个人需要与社会需要统一起来，并且把劳动作为满足人的需要，"即维持肉体生存的需要的手段"⑥，但他已猜测到个人欲望与社会公益的某种关联："夫仁者，天

---

① 《读四书大全说》卷一。

② 《尚书引义》。

③ 同①。

④ 《尚书引义》卷六。

⑤ 《读四书大全说》卷三。

⑥ 《马克思恩格斯全集》第42卷，人民出版社，1979，第96页。

理之流行，推其私而私皆公，节其欲而欲皆理者也。"①

五、王夫之论"意"与"志"

（一）关于意

什么是意？王夫之说：

凡忿懥、恐惧、好乐、忧患，皆意也。②

盖漫然因事而起，欲有所为者曰意；而正其心者，存养有本，因事而发，欲有所为者，亦可云意。自其欲有所为者则同，而其有本、无本也则异。③

第一句的解释与他对情的说明没有多大区别。第二句说"欲有所为者曰意"，又与他给欲的定义基本相同。王夫之对"意"的定义似乎很模糊，但关于"意"的特点的论述是有独到之处的。

1. "己所不欲，意不自生。"王夫之说："意不能无端而起，毕竟因乎己之所欲。己所不欲，意不自生。且如非礼之视，人亦何意视之，目所乐取，意斯生耳。如人好观察人之隐微，以攻发其阴私，自私意也。然必不施之于宠妾爱子，则非其所欲，意之不生，固矣。"④意思是说，人的"意"是以欲望为基础的，没有个人的欲望也就没有任何意念之类的心理活动。这个见解还是较为深刻的。

2. "意居身心之交。"王夫之说："意一发而即向于邪，以成乎身之不修。故愚谓意居身心之交，而《中庸》末章，先动察而后静存，与《大学》之序并行不悖。则以心之与意，互相为因，互相为用，互相为功，互相为效，可云繇诚而正而修，不可云自意而心而身也。心之为功过于身者，必以意

① 《四书训义》卷十八。
② 《读四书大全说》卷一
③ 同上书，卷五。
④ 同上书，卷六。

为之传送。"①这说明，"意"是心与身的媒介，意志行动必须以"意"这种心理活动为基础，而心理的东西转化为身体的活动，必须"以意为之传送"。

3."起念于此，而取境于彼。"王夫之说："且以本传求之，则好好色、恶恶臭者，亦心而已。意或无感而生，心则未有所感而不现。好色恶臭之不当前，人则无所好而无所恶。意则起念于此，而取境于彼。"②这说明，人的其他心理活动必须在外物的"所感"之下方能产生或表现，"如存恻隐之心，无孺子入井事则不现"；而"意"则取境于过去，是以往经验的积淀，如"不因有色现前而思色"。

（二）关于志

什么是志？王夫之的解释有两条：

心之所期为者，志也。③

气者，天化之撰；志者，人心之主；胜者，相为有功之谓。④

"心之所期"与朱熹所说的"心之所之"及陈淳解释的"心之所向"基本吻合；"人心之主"其含义也是朱熹、陈淳所说的"心有主向"，说明"志"是心理活动的主宰。⑤

王夫之对"志"非常重视，认为志是"人之所以异于禽"的本质特征。他说：

释氏之所谓六识者，虑也；七识者，志也；八识者，量也；前五识者，小体之官也。呜呼！小体，人禽共者也。虑者，犹禽之所得分者也。人之所以异于禽者，唯志而已矣。不守其志，不充其量，则人何以异于禽哉？⑥

---

①② 《读四书大全说》卷一。

③ 《诗广传》卷一。

④ 《张子正蒙注》卷一。

⑤ 参见朱永新《朱熹心理思想研究》，载《中国古代心理学思想史》，江西人民出版社，1982。

⑥ 《思问录·外篇》。

"八识"，是佛家法相唯识宗的理论。唯识宗认为，除了眼、耳、鼻、舌、身五识，还有所谓第六意识、第七末那识和第八阿赖耶识。第七末那识不以外境为客观对象，而"唯论第八为相，举其本质言，起自心相"①。窥基认为，第七末那识的作用是"恒审思量"，对六识进行鉴别，可见其基本意义属认知范畴。王夫之释第七识为"志"，与窥基原意恐有出入，但他把"志"作为人之所以区别于动物的本质特点是前人尚未论及的。

王夫之还论述了志与情欲的关系。他说：

喜怒过度时，直把志丧了，而岂但动乎？②

其志之偏，志于彼而不志于此者，则唯其所好所恶者异也。……如人不好酒，则志不在酒；志不在酒，则气不胜酒，安能拼着一日之醉以浮白痛饮耶？……好恶还是始事，用力才是实著。唯好仁、恶不仁，而后能用力。非好仁、恶不仁，虽欲用力，而恒见力之不足。③

情欲与志有密切的关系。一方面，过度的情欲会磨灭一个人的"志"；一个沉湎于酒色、醉生梦死的人怎么可能胸有大志呢？另一方面，"志"又要以人的情欲尤其是"好"作为基础。如果一个人对宇宙的一切淡然视之，认为"万事皆空"，毫无追求、毫无欲望，也不可能有什么远大的志向。

（三）意与志的关系

王夫之继承了前人所谓"志公而意私，志刚而意柔，志阳而意阴"等说法，但也提出了新的见解。④他说：

意之所发，或善或恶，因一时之感动而成乎私；志则未有事而豫定者也。意发必见诸事，则非政刑（所）[不]能正之；豫养于先，使其志驯习

---

① 窥基:《成唯识论述记》卷四。

② 《读四书大全说》卷八。

③ 《读四书大全说》卷四。

④ 《朱子语类》卷五。

乎正，悦而安焉，则志定而意虽不纯，亦自觉而思改矣。①

　　意者，乍随物感而起也；志者，事所自立而不可易者也。庸人有意而无志，中人志立而意乱之，君子持其志以慎其意，圣人纯乎志以成德而无意。盖志一而已，意则无定而不可纪。善教人者，示以至善以亟正其志，志正，则意虽不定，可因事以裁成之。②

　　上述两段至少包含了以下三层意思：

　　1. 意是"因一时之感动"而产生的，志则"未有事而豫定"。这说明"意"还带有随意的性质，"志"则是有明确目的、有意识的心理活动。

　　2. 意"乍随物感而起"，旋起旋易；而志则是"事所自立而不可易"的，后者较之前者更有坚持性色彩。在生活中，正是志推动着人们坚持不懈地克服各种困难，以完成艰巨复杂的任务。

　　3. 意与志在不同的人身上有不同比例。其把人分为庸人、中人、君子和圣人四等。庸人有意无志，圣人有志无意，中人志为意乱，君子持志慎意。这个说法缺乏科学依据，但用意与志作为差异心理的测量手段，也有一定现实意义。

六、王夫之论"学"

　　王夫之从他"性日生日成""习成而性与成"的人性论出发，非常重视学习对于人的心理发展的作用，认为只有通过后天的学习，才能"继善成性"、发展知能。他说：

　　志立则学思从之，故才日益而聪明盛，成乎富有。③

　　所未知者而求觉焉，所未能者而求效焉，于是而有学。因所觉而涵泳之，知日进不已也，于所效而服习之，能日熟而不失也。④

①　《张子正蒙注》卷四。
②　同上书，卷六。
③　同上书，卷五。
④　《四书训义》卷五。

意思是说，学习是获得、巩固知识技能和发挥人的聪明才智的途径。所谓学，是从未知到已知、从未能到能之的过程；所谓习，是涵泳已获得的知识，练习已掌握的技能，使它们得到巩固的过程。知识只有经过涵泳复习才能日进不已，技能只能练习才能逐步熟练。①

王夫之一生"涵淹六经，传注无遗"，并且总结了一些颇有价值的治学原则和方法，对古代学习心理做出了较大贡献。这里仅择要分析如下。

（一）"乐"与"勉"

学习是一项艰苦的劳动，如果没有严谨刻苦的学习态度，终将一事无成。张载说："惟知学然后能勉，能勉然后日进而不息可期矣。"②王夫之则认为不"勉"就不能获得知识和技能。他说："学者不自勉，而欲教者之俯从，终其身于不知不能而已矣。"③他还认为，"勉"倘无"乐"就难以坚持："盖《中庸》所言勉强者，学问思辨笃行之功，固不容已于勉强；而诚庄乃静存之事，勉强则居之不安而涉于人为之伪。且勉强之功，亦非和乐则终不能勉；养蒙之道，通于圣功，苟非其中心之乐为，强之而不能以终日。"④"乐"为什么是"勉"的基础呢？王夫之认为，"和者于物不逆"，"乐者于心不厌"，只有把学习视为乐趣，才能不畏苦难，"欣于有得"⑤。

（二）"学"与"思"

我国古代学者非常重视把学与思辩证地结合起来。最典型的是孔子所说："学而不思则罔，思而不学则殆。"⑥王夫之进一步指出："致知之途有二：曰学，曰思。学则不恃己之聪明，而一唯先觉之是效；思则不徇古人之陈迹，而任吾警悟之灵……学于古而法则具在，乃度之于吾心，其理果尽于

---

① 参见邱椿《王夫之论学习法和教学法》，《北京师范大学学报》，1961 第 4 期。

② 《正蒙·中正篇》。

③ 《四书训义》卷二十五。

④⑤ 《张子正蒙注》卷三。

⑥ 《论语·为政》。

言中乎？抑有未尽而可深求者也？则思不容不审也。……尽吾心以测度其理，乃印之于古人，其道果可据为典常乎？抑未可据而俟裁成者也？则学不容不博矣！……学非有碍于思，而学愈博则思愈远；思正有功于学，而思之困则学必勤。"①意思是说：学习不能恃己之聪明，而要吸取前人的研究成果；思维不可因循于古人之陈迹，而应独立钻研。学习的知识面越广阔，思维就会越深远；思维遇到了障碍，则必须用勤学加以疏通。

（三）"博"与"约"

广博与专精相结合是学习心理的重要原则之一。孟子早就主张"博学而详说之，将以反说约也"②。王夫之对此加以阐发说："其云'将以'者，言将此以说约也，非今之姑为博且详，以为他日说约之资也。约者博之约，而博者约之博。故将以反说夫约，于是乎博学而详说之，凡其为博且详者，皆为约致其功也。若不以说约故博学而详说之，则其博其详，假道谬途而深劳反覆，果何为哉！"③他认为，在学习过程中，博和约是互为基础的，"约者博之约，而博者约之博"。如果没有"约"的功夫，将学习的内容加以提纲挈领、系统整理，就不可能掌握广博的知识。同样，如果没有"博"的功夫，以及广泛阅读、不断实践，也不能达到"约"的境地。在知识爆炸、信息如潮的时代，王夫之关于博与约的辩证论述，对我们还是很有启示的。

（四）"知"与"行"

我国古代学者也很重视知行统一的原则。宋代思想家朱熹在《答曹元可书》中写道："为学之实，固在践履，苟徒知而不行，诚与不学无异；然欲行而未明于理，则所践履者，又未知其果为何事也。"王夫之更反对离行言知，而认为知行"并进而有功"④。他注重知识的应用，认为真知只有在行上才能得到体现，必须在行为上检验是否真正掌握了真识。他说："且夫

---

① 《四书训义》卷六。
② 《孟子·离娄下》。
③ 《读四书大全说》卷六。
④ 《读四书大全说》卷四。

知也者，固以行为功者也；行也者，不以知为功者也。行焉，可以得知也，知焉，未可以收行之效也。……行可兼知，而知不可兼行。下学而上达，岂达焉而始学乎？君子之学，未尝离行以为知也必矣。"①

第十五章　颜元心理思想略论

颜元，字易直，亦字浑然，号习斋，生于 1635 年（明崇祯八年），卒于 1704 年（清康熙四十三年），直隶博野（今河北保定）人。颜元的学说以抨击宋明理学、排斥佛老之说、强调践履实用为基本特征，是我国 17 世纪思想界中的一支异军。②

颜元的主要著作有《四存编》《四书正误》《朱子语类评》《习斋记余》等，其中以《四存编》的"存性""存学"和《习斋记余》中的"人论"等篇所含心理思想较为丰富，钟錂所辑《颜习斋先生言行录》也记载了他的一些见解。总的来说，颜元对于心理问题的论述是不甚全面的，但却有独到的见解和鲜明的个性。现就他的心理观、性情论和学习说三方面做一些初步探讨。

一、颜元的心理观

心理观是世界观的一部分，是人们对心理活动的看法或观点体系。它主要包括心理的起源问题、心理与生理的关系问题以及心理与外部世界的关系等基本问题。在这些问题上，颜元的观点基本是唯物主义的，但也有不少神秘的色彩。

关于心理的起源问题，颜元认为，人类及其心理都是由于天地的"交

---

① 《尚书引义》卷三，《说命中二》。

② 侯外庐：《中国思想通史》第 5 卷，人民出版社，1980，第 324 页。

通变化"造成的。他说:"天地交通变化而生万物,飞潜动植之族不可胜辨,形象运用之巧不可胜穷,莫非天地之自然也。凡主生者皆曰男,主成者皆曰女,妙合而凝,则又生生不已焉。……天地者,万物之大父母也;父母者,传天地之化者也。而人则独得天地之全,为万物之秀也。得全于天地,斯异于万物而独贵;惟秀于万物,斯役使万物而独灵。独贵于万物而得全于天地,则无亏欠于天地,是谓天地之肖子。"[1]颜元看到了人与动物有着本质的区别,这是其正确的一方面。但是,他认为人类及其心理并不是从动物进化而来,并不是劳动创造,而是由于先天的禀赋,这又是其错误的一方面。科学心理学表明,人类及其心理活动是从动物进化而来的,是劳动创造的,当加工而制作的工具出现时,人类远祖的动物式本能活动就变成了真正的社会生产劳动,人类及其心理也就产生了。[2]可见,人之所以区别于其他动物,之所以"异于万物而独贵""役使万物而独灵",并不是由于人得了什么"天地之全""万物之粹",而是由于人能够劳动。

颜元不仅一般地说明了天地生人的道理,还具体论证了天地生人的现象,这就是所谓"肖子"论——人在形体和心理方面都与天地相肖(即类似)。在形体方面,人"头圆象天,足方象地,两目象日月,股肱、胸臂象山岭,五脏象五行,肠胃、膀胱、经络象江河大海,徧体小孔象星辰,须髭、毛发象草木,三百六十骨节象三百六十度数,十二经络象天地十二运会";在心理方面,人"寤寐象昼夜,喜怒象春秋,作息象冬夏,声音象雷霆,气液象风雨……"[3]颜元在这里把人的形体(大脑、脚、眼睛、五脏等)和心理活动(睡眠、喜怒、言语等)与天文地理的自然现象进行了胡乱的无类比附,这无疑是违反科学的,比附越具体,就越荒唐庸俗。当然,这不是颜元所发明,汉代董仲舒和《淮南子》一书早已有"人副天数"的论述了。[4]

天地乃人之所共,既然人类的心理活动与天地的自然现象相肖,那么,在现实生活中为什么还有千差万别的人类心理现象呢?颜元回答说:

---

① 《习斋记余》卷六,《人论》。

② 参见朱永新《马克思与心理学》,《苏州大学学报》,1983 年第 1 期。

③ 《习斋记余》卷六,《人性》。

④ 燕国材:《试论董仲舒天人感应的心理思想》,《上海师范大学学报》,1982 年第 4 期。

"生人之义虽同，生人之方各异，东、西、南、北，地异而形声各异，至于四海之外则更异；智、愚、丑、美，禀殊而心貌亦殊，至于习染之深则更殊，以至富贵、贫贱、苦乐、寿夭万有之不齐；凡皆二气、五行参差错代之所为而不可强也。"①这说明，虽然人都是天地之肖子，但由于二气、五行的参差错代，使人们处于不同的地理环境，从而产生了人们在心理上的智愚差异和容貌的丑美不等，乃至富贵、贫贱、苦乐、寿夭的不同。科学心理学并不否认地理环境对人们心理的影响，但更重视社会分工和主体实践的作用。马克思说："搬运夫和哲学家之间的原始差别要比家犬和猎犬之间的差别小得多，他们之间的鸿沟是分工掘成的。"②颜元虽然也承认"习染"对于心理发展的影响，但他否认了主要原因即后天的分工或社会实践的作用，而是将其归于地理环境，这当然不可能揭示出心理差异的全部底蕴。

如果按照颜元"肖子"论的内在逻辑，人的形体和心理分别与天地的特定物质或现象相似，人的形体与心理就不会发生那么密切的关系，人的形体就不能直接产生心理。但是，颜元并没有沿着这条可能会导致唯心主义的道路走下去，而是违背了这个逻辑，走出了这个天地，对形神关系和心物关系做了唯物主义的阐发。

在形神关系问题上，颜元从"舍形则无性矣，舍性则无形矣"的形神统一论出发，强调人的心理对于形体的依赖性。他说："譬之目矣：眶、疱、睛，气质也；其中光明能见物者，性也。"③这里所说的"气质"就是形，"性"则相当于神。离开了眶、疱、睛这样的视觉器官，就不能有"光明能见物"的视觉心理。这无疑是继承了范缜"形者神之质，神者形之用"的唯物主义传统。颜元在反对佛氏"贼其形"的观点时说："佛轻视了此身，说被此身累碍，耳受许多声，目受许多色，口鼻受许多味，心意受许多事物，不得爽利空的去，所以将自己耳目口鼻都看作贼。充其意，直是死灭了，方不受这形体累碍，所以言圆寂，言涅槃，有九定三解脱诸妄说，

---

① 《习斋记余》卷六，《人性》。

② 《马克思恩格斯全集》第 4 卷，人民出版社，1958，第 160 页。

③ 《存性编》。

总之，是要不生这贼也。总之，是要全其一点幻觉之性也。嗟乎！有生方有性，若如佛教，则天下并性亦无矣，又何觉？"①意思说，佛教把人的耳朵、眼睛、嘴巴、鼻子和心脏等都看成是"贼"，企图摒弃人的一切心理活动，摆脱外界的声、色、味等物的束缚，进入"只有一点幻觉"的"圆寂""涅槃"境界，这是绝对不可能的。因为，人的任何心理活动（包括幻觉）都离不开形体，如果形体死亡，任何心理活动都将终止，还谈什么觉呢？

人的形体固然是心理活动赖以进行的物质基础，但是，如果没有外界的客观事物，人的心理活动也会成为无本之木、无源之水。在心物关系问题上，颜元也坚持唯物主义观点。他说："……故人目虽明，非视黑视白，明无由用也；人心虽灵，非玩东玩西，灵无由施也。"②仍以视觉这种心理现象为例，如果没有一定的形状、色彩为体，就不能显示出眼睛辨别形状和色彩的功能。同样，思维的器官虽然很"灵"，离开了客观的对象也难发挥作用。可见，颜元的这一论述较北宋思想家张载"人本无心，因物为心"③的命题更为具体了。

二、颜元的性情论

颜元的性情论是以他的"气质"学说为基础的。什么是"气质"呢？颜元解释说："……耳目、口鼻、手足、五脏、六腑、筋骨、血肉、毛发俱秀且备者，人之质也，虽蠢，犹异于物也；呼吸充周荣润，运用乎五官百骸，粹且灵者，人之气也，虽蠢，犹异于物也……其灵而能为者，即气质也。"④可见，这里所说的气质，与现代心理的气质类型概念是不同的，它是指人的五官、四肢、内脏等形体和通过呼吸而周遍全身的气体，也就是指活的人体。

颜元反对离开人的气质即活的人体去寻找什么至纯至善的"天命之

---

① 《存人编》。

② 《四书正误》。

③ 《张子语录》。

④ 《存性编》。

性"，认为人的情感、才能、人性等心理活动和特性都是以"气质"即活的人体为基础的。他说："发者，情也，能发而见于事者，才也；则非情、才无以见性，非气质无所谓情、才，即无所为性。是情非它，即性之见也；才非它，即性之能也；气质非它，即性、情、才之气质也；一理而异其名也。"①颜元认为，性是情与才的总称，情是性的活动状态或表现形式，才是情的内在能力。性、情、才三者有着密切的关系，但三者都是以气质为基础的。

颜元性情论的主要内容包括性、情、才三个方面，这里我们主要探讨他关于性和情的论述。

先看性。宋代理学家张载、二程、朱熹等把人性分为"天地之性"和"气质之性"，认为前者是先验的"理"使然，指人的仁义礼智等先天之禀，后者是先验的"理"与后天的"气"混合而成，指知觉运动等心理现象。颜元批评了这种两重人性论，认为"理"与"气"是统一的，"气即理之气，理即气之理"②，没有离开形体的人性，也没有离开人性的形体。故他说："夫'性'，字从生心，正指人生以后而言。"③这比宋儒唯心主义的先天人性论要深刻得多了。

为了坚持人性不离气质的观点，颜元批评了宋儒的气质有恶说。他首先用孟子的性善论来说明气质无恶："孟子时虽无气质之说，必有言才不善、情不善者，故孟子曰：'若夫为不善，非才之罪也。''非天之降才而殊也。''人见其禽兽也，以为未尝有才焉者，是岂人之情也哉！'"④意思是说，孟子所言才、情即宋儒所说的气质，人的才、情或气质与人性一样都是善的，并没有任何恶可言。

其次，他用天道即人性论来说明气质无恶。他说："人之性，即天之道也。以性为有恶，则必以天道为有恶矣；以情为有恶，则必以元、亨、利、贞为有恶矣；以才为有恶，则必以天道流行乾乾不息者，亦有恶矣。"⑤他进而说明：如果性善而才情有恶，就像种麻而收杂麦一样不可思议；如果性善而气质有恶，就如树木的神理属柳而枝干为槐一样荒唐。⑥

----

①②③④⑤⑥ 《存性编》。

　　既然人的气质和人性都是善的，为什么在现实生活中还有为恶之人呢？为什么还会有"财色""私小""门面""势利""尊富""孤弱""窃据""偷盗"等现象呢？这无疑是外部不良影响的结果了。颜元说："朱子原亦识性，但为佛氏所染，为世人恶习所混。若无程、张气质之论，当必求'性、情、才'及'引、蔽、习、染'七字之分界，而性情才之皆善，与后日恶之所从来判然矣。惟先儒既开此论，遂以恶归之气质而求变化之，岂不思气质即二气四德所结聚者，乌得谓之恶！其恶者，引蔽习染也。"①又说："及世味纷乘，贞邪不一，惟圣人禀有全德，大中至正，顺应而不失其则。……"②承认后天环境的作用，即引、蔽、习、染对人性善恶的影响，这无疑是正确的，但他似乎也很重视人的先天禀赋："惟贤士豪杰，禀有大力，或自性觉悟，或师友提撕，知过而善反其天。又下此者，赋禀偏驳，引之既易而反之甚难，引愈频而蔽愈远，习渐久而染渐深。"这是什么原因？颜元仍用人们气质的差异加以解释："人之自幼而恶，是本身气质偏驳，易于引蔽习染。"③可见，他的环境论还不是彻底的，同二程把人性比作流水，有的"流而至海，终无所污"，有的"流而未远，固已渐浊"，有的"出而甚远，方有所浊"的说法如出一辙。④

　　颜元不仅反对生之初的性恶论，也反对生之后的性恶论。他认为，人性是在不断地发展变化的，没有固定不变的人性。颜元说："呜呼！祸始于引蔽，成于习染，以耳目、口鼻、四肢、百骸可为圣人之身，竟呼之曰禽兽，犹币帛素色，而既污之后，遂呼之曰赤帛黑帛也，而岂其材之本然哉！然人为万物之灵，又非币帛所可伦也。币帛既染，虽故质尚在而骤不能复素；人则极凶大憝，本体自在，止视反不反、力不力之间耳。"⑤意思是说，人与帛的本质都是好的，但人与帛有所不同，帛被污染后很难复素，人则不然，即使是"极凶大憝"，只要努力，也可以返回本善之性。他还举例说明，人性处于不断的变化发展之中，没有固定的善性和恶性，即使到了中年，一个"淫奢无度"的人通过努力习行，也会成为"朴素勤俭"的人，这同王夫之"性日生日成"的结论是一致的。

---

①②③⑤　《存性编》。

④　朱永新:《二程心理思想研究》,《心理学报》1982 年第 4 期。

再看情。唐代李翱曾提出性情对立的性善情恶论，他模仿《孟子》的文体写道："问曰：'凡人之性犹圣人之性欤？'曰：'桀纣之性犹尧舜之性也，其所以不睹其性者，嗜欲好恶之所昏也，非性之罪也。'曰：'为不善者，非性邪？'曰：'非也，乃情所为也。情有善不善，而性无不善焉。'"①颜元则针锋相对地提出了性情统一的性情皆善论。他认为，情欲是人性的外部表现，它们都是以气质为基础的，因此不可能是恶的。他说："禽有雌雄，兽有牝牡，昆虫蝇蜢亦有阴阳。岂人为万物之灵而独无情乎？故男女者，人之大欲也，亦人之真情至性也。"②"六行尤在人情、物理用功，离人情、物理则无所用功，离人情、物理用功则非儒。……寺观则灭绝人伦之地也。羽衲则灭绝人伦之人也。"③马克思说过："人和人之间直接的、自然的、必然的关系是男女之间的关系。"④颜元肯定了人情物理尤其是男女关系的正当合理性，揭露了佛教灭绝人伦的禁欲主义实质，在思想史上是有其进步意义的。

但也应该指出，颜元把人的情欲与动物的情欲，把人的男女关系与其他动物两性关系混为一谈，这就使人的情欲脱离了人的社会关系，从而陷入了庸俗唯物主义的泥淖。

在对待情欲的态度上，颜元认为，人的情欲是正当合理的，应该得到适当满足，他反对宋儒"谋道不谋食"的说法："宋儒正从此误，后人遂不谋生。不知后儒之道全非孔门之道，孔门六艺，进可以获禄，退可以食力，如委吏之会计，简兮之伶官可见。故耕者犹有馁，学也必无饥。夫之申结不忧贫，以道信之也。若宋儒之学不谋食，能无饥乎？"⑤他认为，宋儒也不可能是不食人间烟火的超人，如果基本的生理欲望得不到满足，还谈什么"道"呢？但是，颜元也不主张一味纵情欲，追求声、色、味、利、货，从而妨碍人的身心健康。他说："寡欲以清心，寡染以清身，寡言以清

---

① 《李文公集》卷三。

② 《存人编》。

③ 《习斋记余》卷四。

④ 《马克思恩格斯全集》第 42 卷，人民出版社，1979，第 119 页。

⑤ 《颜习斋先生言行录》。

口。"①"养身之道，在养吾身'真火'，养'真火'之道在慎言寡欲。寡欲
则省精，省精则'真阴'足而'相火'旺，慎言则省气，省气则'真阳'
足而'君火'明。"②我们认为，颜元的寡欲论与儒家的节欲论和道家的养
身说有相通之处。

三、颜元的学习说

颜元关于学习问题的见解，最能体现他心理思想的个性。他曾自号"习
斋"，如果用一个字概括他的学习心理思想，那就是这个"习"字。

什么是"习"？侯外庐先生认为，颜元所说的"习"有五层意思：一
有实践的意义；二有证验的意义；三有改造自然和改造社会的意义；四有
自强不息的意义；五有运动发展的意义。③这是比较全面的诠释。但从学
习心理的角度来看，我们认为主要有两点：一是练习；二是习行。这从颜
元对"温"字的解释中可以明确地看到。他写道："温有三义，习也，暖
也，燀也。重习其所学，如鸟数飞以演翅。又将所以得者暖之，不令冷。
又脱洗一层，另焕发一番，如以汤沃毛，脱退之意。盖古人为学，全从
真践履、真涵养做工夫。至宋人，则思、读、作三者而已。故训：温，寻
绎也。"④

颜元认为，以"习"为中心的学习对于人的身心发展有着重要意义。
第一，"习"有益于人的身体健康。颜元说："养身莫善于习动，夙兴夜寐，
振起精神，寻事去作，行之有常，并不困疲，日益精壮；但说静息将养，便
日就惰弱。故曰：君子庄敬日强，安肆日偷。"⑤又说："常动则筋骨竦，气脉
舒，故曰'立于礼'，故曰'制舞而民不肿'。宋元来儒者皆习静，今日正
可言习动。"⑥他认为，只有"习动"的学习法，才能健人筋骨，活人血气，
调人性情，壮人体魄，充沛精力。反之，只能造就病夫弱女。他说："吾辈
若复孔门之学，习礼则周旋跪拜，习乐则文舞、武舞，习御则挽强、把辔，

---

① ② 《颜习斋先生言行录》。

③ 《中国思想通史》第 5 卷，人民出版社，1980，第 369–375 页。

④ 《四书正误》。

⑤ ⑥ 《颜习斋先生言行录》。

活血脉，壮筋骨，'利用'也，'正德'也，而实所以'厚生'矣，岂至举天下事胥为弱女，胥为病夫哉！"①如果按照佛老的空无、程朱的静坐，只会造成"人才尽""圣道亡""乾坤降"的局面。

第二，"习"有益于人的心理发展。颜元说："人心，动物也；习于事则有所寄而不妄动，故吾儒时习力行，皆所以治心。"②又说："人之心不可令闲，闲则逸，逸则放。"③意思是说，人的心理只有在活动中才能得到发展，人心本身是一个运动不止的物，如果兀然静坐、碌碌无为，就会放纵散乱、胡思瞎想。因此，他要人们时习力行，努力践履，保持心理的紧张状态，这与现代心理学"用进废退"的原理颇有暗合之处。

第三，"习"有益于获得知识技能。颜元以学琴为例，他说："诗书犹琴谱也。烂熟琴谱，讲解分明，可谓学琴乎？故曰以讲读为求道之功，相隔千里也。……以书为道，相隔万里也。……今手不弹，心不会，但以讲读琴谱为学琴，是渡河而望江也，故曰千里也。今目不睹，耳不闻，但以谱为琴，是指蓟北而谈云南也，故曰万里也。"④这里指出，专以讲读为学，即使烂熟琴谱，讲解分明，而不亲手弹琴，做到得心应手，就不能算作学，更不能算作习，不能算得知，也不可算得能，只有通过反复的习琴，才能掌握关于琴的知识，获得弹琴的技能。

颜元的学生李秀植问他说："好学近乎知？"颜元答曰："否。子试观今天下秀才晓事否？读书人便愚，多读更愚，但书生必自智，其愚却益深……试观梓人，生来未必乃尔巧，以其尝学此艺，便似渠心目聪明矣。凡匠莫不然，而何疑于君子乎？"⑤我们认为，颜元关于获得知识的论述是有偏颇的，他轻视书本知识，忽视理性认识，这就走上了狭隘经验论的歧路。这也是他没有深刻的理论体系，在心理观上不得不做"天人合一"论的俘虏，在性情论方面不仅批不倒宋儒，反而接受宋儒某些影响的原因所在。

但我们应该看到，颜元以"习"为中心的学习说之所以出现，并不是

---

① ② ③ 《颜习斋先生言行录》。

④ 《存学编》。

⑤ 《四书正误》。

一个偶然现象。它是对宋明以来空疏不实的士林学风的反叛。正如李塨所说:"率天下之聪明杰士,尽网其中,以空虚之禅恬怡然于心,以浮夸之翰墨快然于手。自明之末也,朝庙无一可倚之臣,天下无复办事之官。坐大司马堂,批点《左传》,敌兵临城,赋诗进讲,其习尚至于将相方面、觉建功奏绩俱属琐屑,日夜喘息著书,曰此传世业也!以致天下鱼烂河决生民涂者,呜呼,谁实为此?无怪颜先生之垂涕泣而道也。"① 可见,颜元力矫宋明的空谈学风,是有其重大的社会意义的。

在强调"习"在学习中的作用的同时,颜元也提出了以下颇有价值的学习原则和方法。

1."立志用功。"颜元说:"圣人亦人也,其口鼻耳目与人同。惟能立志用功,则与人异耳。故圣人是肯做工夫庸人,庸人是不肯做工夫圣人。"② 心理学的研究表明,人的志向越远大,抱负层次越高,就越有力量,越有成效。因此,立志用功是学习的前提条件。颜元认为,只有立大志,下苦功,才能有所成就,才能由庸人变为圣人。他鼓励后学"当就其质性之所近,心志之所愿,才力之所能以为学"③,努力自修,成为圣贤。

2."各专一事。"颜元说:"人于六艺,但能究心一二端,深之以讨论,重之以体验,使可见之施行。则如禹终身司空,弃终身教稼,皋终身专刑,契终身专教而已,皆成其圣矣。"④ 又说:"学须一件做成,便有用,便是圣贤一流。试观虞廷五臣,只各专一事,终身不改,便是圣;孔门诸贤,各专一事,不必多长,便是贤;汉室三杰,各专一事,未尝兼摄,亦便是豪杰。"⑤ 颜元用中国历代名人的事迹说明,只有"各专一事",用自己的才智和精力专攻一门,才能有所深造。人的精力是有限的,如果"无所不及"样样都学,结果只能"莫道一无能,其实一无知"。⑥

3."求得意趣。"颜元对学生说:"汝等于书不见意趣,如何好;不好,如何得!某平生无过人处,只好看书。忧愁非书不释,忿怒非书不解,精神非书不振。夜读不能罢,每先息烛,始释卷就寝。汝等求之,但得意趣,必有手舞足蹈而不能已者,非人之所能为也。"⑦ 颜元虽然反对专以读书为

---

① 《恕谷后集》卷四。

②③④⑤⑥⑦ 《颜习斋先生言行录》。

功，但并不完全否认读书的作用，他本人就是非常爱好读书的。他认为，学习要有所得，就要求得意趣。意趣能够释忧愁、解忿怒、振精神，使人的心理处于积极的状态，获得最好的学习效果。

第十六章　玄学家心理思想管窥

魏晋玄学是指魏晋时期以老庄思想为骨架的一种特定的哲学思想。"玄"，出自《老子》"玄之又玄，众妙之门"。魏晋时期奉《周易》《老子》《庄子》为"三玄"，用道家思想解释儒家经籍，故名。魏晋玄学家大多是所谓的"名士"，如何晏、王弼、嵇康、阮籍、向秀、裴頠、郭象、张湛等。这里介绍王弼、阮籍、嵇康和郭象等几位比较有代表性的玄学家。

王弼（226—249），字辅嗣，山阳高平（今河南焦作东）人。魏晋玄学的主要创始人之一，少年即享高名，去世时年仅 24 岁。著有《周易注》《周易略例》《老子注》《老子指略》《论语释疑》等，今人编为《王弼集校释》。

阮籍（210—263），字嗣宗，陈留尉氏（今河南开封）人。"竹林七贤"之一，三国魏名士、玄学家。曾任从事中郎、东平相、步兵校尉等职，故后人又称"阮步兵"，一生博览群籍，不拘礼法，纵酒论玄。后人编有《阮籍集》。

嵇康（223—262），原姓奚，祖籍会稽（今浙江绍兴），后迁至谯国（今安徽宿县西南），改姓嵇，字叔夜。"竹林七贤"之一，三国魏名士、玄学家。官至中散大夫，世称嵇中散。因遭钟会构陷，为司马昭所杀，后人编有《嵇康集》。

郭象（252—312），字子玄，河南洛阳人。西晋名士、玄学家。少有才理，慕道好学。曾任黄门侍郎、豫州牧长史、太傅主簿等职，著有《庄子注》。

玄学家讨论的中心是"本末有无"的问题，即有关天地万物存在的根据问题。玄学家虽然以这些远离"世务"和"事物"的形而上学本体论的问题为谈资，但不意味着他们是纯粹的"清谈家"，对社会现实问题不闻不问。他们实际上是通过"理想的社会应该是怎样的""圣人的人格应该如何"这样一些问题，间接地对现实社会进行批评和否定。[①]因此，在他们的著作中也涉及一些心理学问题，这里主要讨论他们的犯罪心理思想。

一、无知守真，则邪心不生

玄学家们继承了老子"绝圣弃智"的思想，认为如果人民"多智慧"，就会生巧伪，起邪事，萌发犯罪的念头及行为；统治者"以智治国"，亦会"思惟密巧，奸伪益滋"；只有摒弃智慧，才能民泰国安。

玄学对于"智慧"大致持否定态度，认为它是扰乱心志、有碍养生的东西。如阮籍在一首咏怀诗中就写道："多虑令志散，寂寞使心忧。翱翔观陂泽，抚剑登轻舟。但愿长闲暇，后岁复来游。"[②]主张保持无思无虑、泊然无感的宁静状态。郭象也提出"心以用伤"的命题，认为"养心"的秘诀就在于"唯不用心"[③]。另一位玄学家张湛更明确指出：

> 役心智未足以养性命，只足以焦形也。用聪明未足以致治，只足以乱神也。惟任而不养，纵而不治，则性命自全，天下自安也。[④]

这里不仅把"役心智""用聪明"作为"焦形"（人的形体焦灼不安的样子）和"乱神"的根源，也揭示出其与社会安危的关系，即不用智慧是"天下自安"的前提。

我们知道，老子曾经公开主张其愚民政策："古之善为道者，非以明民，将以愚之。"[⑤]又说："民之难治，以其智多。"[⑥]认为人民的智慧愈发展就愈难以驾驭，维护统治的最好办法是使其保持愚昧无知的状态。老子也反对

---

① 汤一介：《郭象与魏晋玄学》，湖北人民出版社，1983，第34—35页。

② 《阮籍集·咏怀诗·其五十》。

③ 《庄子集释·外篇·在宥注》。

④ 《列子集释·黄帝篇注》。

⑤⑥ 《老子》六十五章。

统治者"以智治国",认为这是"国之贼"①,而崇尚"无为而治"的境界。玄学家们在阐释老子思想时也提出了一些相同的见解。如王弼说:

> 民多智慧,则巧伪生;巧伪生,则邪事起。②
>
> 以智而治国,所以谓之贼者,故谓之智也。民之难治,以其多智也。③当务塞兑闭门,令无知无欲。而以智术动民,邪心既动,复以巧术防民之伪,民知其术,随防而避之。思惟密巧,奸伪益滋,故曰"以智治国,国之贼"也。④

在王弼看来,如果人民多智慧,就会产生各种奸诈巧伪的念头,进而出现邪恶坏乱的行为;如果统治者多智慧,用"智术"治理国家,人民也会钻其空子,亦不能制止邪恶坏乱的犯罪行为。他之所以反对统治者多智慧,有一个重要原因,即如果统治者用一人之"智"对付人民的千万之"智",就必然陷入束手无策、穷途危殆的境地。因此他又写道:"甚矣!害之大也,莫大于用其明矣。夫在智则人与之讼,在力则人与之争。智不出于人而立乎讼地,则穷矣;力不出于人而立乎争地,则危矣。未有能使人无用其智力乎己者也。如此则己以一敌人,而人以千万敌己也。若乃多其法网,烦其刑罚,塞其径路,攻其幽宅,则万物失其自然,百姓丧其手足,鸟乱于上,鱼乱于下。是以圣人之于天下,歙歙焉,心无所主也。为天下浑心焉,意无所适莫也。无所察焉,百姓何避;无所求焉,百姓何应。无避无应,则莫不用其情矣。"⑤统治者为了使人民不把其智力施加于己身,就不能用其聪明、烦其刑罚、塞其径路、攻其幽宅,而必须保持其浑沌素朴的心理状态,使人人顺其自然之性而用其真情实意。

---

① 《老子》六十五章。

② 王弼:《老子注》五十七章。

③ 楼宇烈云:此句多讹误,文当为"智,犹巧也。以智而治国,所以谓之贼者,民之难治,以其多智也"。

④ 王弼:《老子注》六十五章。

⑤ 同上书,四十九章。

二、知足为乐，民各据性分

玄学家们把"无欲"与"无知"看得同等重要，认为人的欲望与智慧一样是危乱社会的祸根，主张"常使民心无欲无惑"。

玄学家的这一主张也是老子思想的延续与发展。老子曾说："不见可欲，使民心不乱。""常使民无知无欲。"①意思是，不宣扬可欲的物品，就不会扰乱民心，应当想方设法使人民不产生种种智慧与欲望。

玄学家在论证"无欲"时的思路与论证"无知"时是相同的，即循着从个体的身心健康到个体的犯罪心理，再到社会心理的控制这个线索行进的。阮籍在《清思赋》中写道："夫清虚寥廓，则神物来集；飘飘恍惚，则洞幽贯冥；冰心玉质，则激洁思存；恬淡无欲，则泰志适情。"嵇康也把人的情欲视为身心健康的障碍，他说："养生有五难：名利不灭，此一难也；喜怒不除，此二难也；声色不去，此三难也；滋味不绝，此四难也；神虚精散，此五难也。"②因此主张灭名利、除喜怒、去声色、绝滋味、保神聚精，以达到延年益寿的目的。

玄学家不仅要求一般的人无欲，也要求统治者无欲。其原因有二，一是统治者穷奢极欲是社会动荡、战争迭起的重要原因："贪欲无厌，不修其内，各求于外，故戎马生于郊也。"③二是统治者的欲望是人民效法的对象："上之所欲，民从之速也。我之所欲唯无欲，而民亦无欲而自朴也。"④如果全社会的人都竭力满足相同的欲望，就会出现纷争的现象，各种犯罪心理和行为自然而然也就滋生了。因此，王弼在谈到犯罪的社会心理控制时说：

夫邪之兴也，岂邪者之所为乎？淫之所起也，岂淫者之所造乎？故闲邪在乎存诚，不在善察；息淫在乎去华，不在滋章；绝盗在乎去欲，不在严

① 《老子》三章。
② 《嵇康集》卷四。
③ 《王弼集校释·老子四十六章》。
④ 《王弼集校释·老子五十七章》。

刑；止讼在乎不尚，不在善听。故不攻其为也，使其无心于为也；不害其欲
也，使其无心于欲也。谋之于未兆，为之于未始，如斯而已矣。故竭圣智
以治巧伪，未若见质素以静民欲；兴仁义以敦薄俗，未若抱朴以全笃实；多
巧利以兴事用，未若寡私欲以息华竞。故绝司察，潜聪明，去劝进，翦华
誉，弃巧用，贱宝货，唯在使民爱欲不生，不在攻其为邪也；故见素朴以绝
圣智，寡私欲以弃巧利，皆崇本以息末之谓也。[①]

他认为，要防治社会上的盗窃犯罪等现象，靠严刑酷罚是无济于事的，
只有去欲抱朴才能防患于未然。这里，王弼提出了一个著名的犯罪心理学
命题——"不攻其为也，使其无心于为"，即要消除各种犯罪行为，不在于
惩罚这些行为，而在于寻找并铲绝产生这些行为的心理根源。前者是"末"，
后者才是"本"，崇本息末方可取得消除犯罪现象的最佳心理效应。

正因为造成社会动乱的根本原因在于人们不守本分贪逐骛外的心灵，
所以玄学家们都认为只有控制住人心，才能消除社会动乱。[②]如郭象说：

人心之变，靡所不为，顺而放之，则静而自通；治而系之，则跋而偾
骄。偾骄者，不可禁之势也。[③]

那么，怎样控制住人心呢？郭象提出了"知足为乐，各据其性分"的
观点。认为从自足于本性的角度看，天地与秋毫不存在差别，人与人之间
也不存在差别，应该消除偏见，各安其本分，谁也用不着去羡慕谁，这样
就能进入知足常乐、怡然自得的自由的精神境界。所以他说："夫物未尝以
大欲小，而必以小羡大，故举小大之殊各有定分，非羡欲所及，则羡欲之
累可以绝矣。夫悲生于累，累绝则悲去，悲去而性命不安者，未之有也。"[④]
又说："夫世之所患者，不夷也，故体大者快然谓小者为无余，质小者块然
谓大者为至足，是以上下夸跂，俯仰自失，此乃生民之所惑者。惑者求正，

---

① 《王弼集校释·老子指略》。

② 辛冠洁等主编《中国古代著名哲学家评传》第二卷，齐鲁书社，1980，第304页。

③ 《庄子集释·外篇·在宥注》。

④ 《庄子集释·内篇·逍遥游注》。

正之者莫若先极其差而因其所谓。所谓大者至足也，故秋毫无以累乎天地矣；所谓小者无余也，故天地无以过乎秋毫矣。然后惑者有由而反，各知其极，物安其分，逍遥者用其本步而游乎自得之场矣。此庄子之所以发德音也，若如惑者之说，转以小大相倾，则相倾者无穷矣。若夫睹大而不安其小，视少而自以为多，将奔驰于胜负之竞而助天民之矜夸，岂达乎庄生之旨哉！"①从这两段引文可以看出，它实际上是玄学家"名教即自然"的命题的具体化，即把现存的社会等级制度视为天理自然、绝对合理，让那些处于社会底层的人们绝灭"羡欲之累"，让他们对社会现实的不平等麻木不仁，而陶醉在思想中的虚幻的"平等"之中。其维护封建名教的实质还是显而易见的。

三、上之化下，犹风之靡草

玄学家们认为，上层统治者"处天下所观之地"，其行为对于民心的影响就像风所到之处，草无不随之而倒一样，因此主张统治者慎修其言行。王弼对此阐发得最多。他说：

统说观之为道，不以刑制使物，而以观感化物者也。神则无形者也。不见天之使四时，而四时不忒；不见圣人使百姓，而百姓自服也。②

居于尊位，为观之主，宣弘大化，光于四表，观之极者也。上之化下，犹风之靡草，故观民之俗，以察己（之）［道］。百姓有罪，在（于）［予］一人，君子风著，己乃无咎。上为化主，将欲自观，乃观民也。③

这两段话的大意是说，统治人民的根本方法，不在于使用刑律法制，而在于用统治者自身的行为去感化人民。正因为"居于尊位，为观之主"的统治者在化民成俗的过程中具有至关重要的决定性作用，所以就必须经常反省自己的行为。如果老百姓有犯罪行为，其责任还是在统治者身上。

---

① 《庄子集释·外篇·秋水注》。
②③ 《王弼集校释·周易注·上经》。

因此，玄学家们主张统治者必须高尚其志、慎其言行。如王弼说："观我生，自观其道［者］也；观其生，为民所观者也。不在于位，最处上极，高尚其志，为天下所观者也。处天下所观之地，可不慎乎？"①另一位玄学家何晏也说："善为国者必先治其身，治其身者慎其所习。所习正则其身正，其身正则不令而行；所习不正则其身不正，其身不正则虽令不从。是故为人君者所与游必择正人，所观览必察正象，放郑声而弗听，远佞人而弗近，然后邪心不生而正道可弘也。"②统治者努力雕琢好自己的形象，用纯正的行为去感化人民，就会出现"邪心不生而正道可弘"的局面，各种犯罪行为自然也就销声匿迹了。

玄学家们还对统治者提出了若干行为规范。其中最重要的是三"无"，即无知、无欲、无为。无知和无欲在前两部分已经涉及，这里着重分析无为。

"无为"也是老子提出来的一条治国法则。他说："为无为，则无不治。"③又说："我无为而民自化，我好静而民自正，我无事而民自富，我无欲而民自朴。"④在他看来，统治者的"无为"是治理好国家的先决条件，统治者无所作为人民自己就能淳化，统治者喜好安静人民自己就能匡正，统治者无所事事人民自己就能富裕，统治者无所欲望人民自己就能淳朴。所以老子非常憧憬"其政闷闷，其民淳淳"⑤的理想社会。

玄学家们对老子"无为而治"的主张赞口不绝。如王弼就把"无"作为自然和人类社会的法则，要求统治者"以无为为君，不言为教"⑥。阮籍也认为人君最理想的道德境界就是寂寞无为："寂寞者德之主，恣睢者贼之原。"⑦嵇康也盛赞"不扰""不逼""大朴未亏"的古代社会，并把它作为无为政治的楷模：

---

① 《王弼集校释·周易注·上经》。

② 《三国志·魏书·三少帝纪》。

③ 《老子》第三章。

④ 《老子》第五十七章。

⑤ 《老子》第五十八章。

⑥ 《王弼集校释·老子道德经注·上篇》。

⑦ 《阮籍集·通易论》。

夫民之性，好安而恶危，好逸而恶劳，故不扰则其愿得，不逼则其志从。洪荒之世，大朴未亏，君无文于上，民无竞于下，物全理顺，莫不自得。饱则安寝，饥则求食，怡然鼓腹，不知为至德之世也。若此，则安知仁义之端、礼律之文？①

郭象也主张"无为"，但他所说的"无为"与嵇康有所不同。郭象不同意那种消极无为地放任自流的主张，而提倡"各为其能""上下咸得"的无为，这自然是为迎合西晋末年的门阀士族统治集团的需要。

四、刑教一体，礼乐平人心

玄学家们对刑罚心理的论述不多，有的甚至主张"刑罚不用"。如阮籍就说过："天地合其德，则万物合其生；刑赏不用，而民自安矣。"②但他们提出的有些观点还是值得加以介绍的。

一是小惩大诫，乃得其福。王弼说："凡过之所始，必始于微而后至于著；罚之所始，必始于薄而后至于诛。过轻戮薄，故屦校灭趾。桎其行也，足惩而已，故不重也。过而不改，乃谓之过。小惩大诫，乃得其福，故无咎也。"③又说："处罚之极，恶积不改者也。罪非所惩，故刑及其首，至于灭耳。及首非诫，灭耳非惩，凶莫甚焉。"④这两段话的大意是说，人们的犯罪行为总是由微发展到著的，因此刑罚也必须由轻过渡到重。用屦校这种刑具来拘锁脚，用砍足的剕刑限制罪犯的行为，就已经足够了，只有小的惩罚和大的劝诫相结合才能取得良好的效果。至于斩首的极罚，只能对少数"恶积不改"的人方可采用。

二是刑教一体，礼外乐内。阮籍说："刑教一体，礼乐外内也。刑弛则教不独行，礼废则乐无所立。尊卑有分，上下有等，谓之礼；人安其生，情

---

① 《嵇康集校注·难自然好学论》。

② 《阮籍集·乐论》。

③④ 《王弼集校释·周易注·上经》。

意无哀，谓之乐。车服旌旗、宫室饮食，礼之具也；钟磬鞞鼓、琴瑟歌舞，乐之器也。礼逾其制，则尊卑乖；乐失其序，则亲疏乱。礼定其象，乐平其心；礼治其外，乐化其内。礼乐正而天下平。"①他认为，刑和教是统治的两个重要手段，必须相辅而行，缺一不可，但阮籍更重视教的作用，尤其重视礼乐的教化功能；对于礼和乐，阮籍则更重视乐的作用，认为两者必须相辅而行。玄学家之所以特别重视乐的作用，是因为乐对于人的心理的影响更为突出："乾坤易简，故雅乐不烦。道德平淡，故无声无味。不烦则阴阳自通，无味则百物自乐，日迁善成化而不自知，风俗移易而同于是乐。此自然之道，乐之所始也。"②在他看来，好的音乐能够"使人无欲，心平气定"，能够移风易俗，"定万物之情，一天下之意"③，使人们改过迁善。如果人们沉湎于猗靡之音，则会产生邪恶的念头与犯罪的行为，导致德败俗坏、政乱国衰。

三是刑赏相称，轻重无二。西晋时期的一位著名玄学家裴頠针对当时"政出群下，每有疑狱，各立私情，刑法不定，狱讼繁滋"的弊端，提出了"刑赏相称，轻重无二"的主张。他说："夫天下之事多涂，非一司之所管；中才之情易扰，赖恒制而后定，先王知其所以然也，是以辨方分职，为之准局。准局既立，各掌其务，刑赏相称，轻重无二，故下听有常，群吏安业也。"④他认为，刑赏必须赖"恒制"，依"准局"，使人们按照既定的法律从事。如果"法多门，令不一"，就会使人们的心理产生混乱，无所适从，因而刑不得禁奸，赏不能劝善，使法律失却了其应有的心理效应。所以，裴頠主张刑法必须"信如四时"，执法必须"坚如金石"⑤，任何人不得任意改动已经颁布的法律。他说："夫人君所与天下共者，法也。已令四海，不可以不信以为教。"⑥只有法律取信于民，才能实现其应有的心理效应。

---

① ② ③ 《阮籍集·乐论》。

④ 《晋书·刑法志》。

⑤ 许抗生：《裴頠》，载辛冠洁等主编《中国古代著名哲学家评传》（续编二），齐鲁书社，1982，189—190 页。

⑥ 《晋书·刑法志》。

第三编
评论综述

　　本编共收录我关于心理学史研究的评论文章六篇。其中有三篇文章值得重视。一是关于"帕里斯情结"（恋权情结）的研究，这项研究被一些专家称为"天才式的发现"（吉林大学车文博教授语）。在台湾召开的一些学术讨论会上，也是大家论辩的热门文章，该文还被收录在《本土心理学研究》杂志的创刊号上。二是关于古代学者对于大脑研究的贡献，该文在一定意义上改写了世界心理学史，把关于大脑功能定位的学说提前了近一百年，也为中国古代心理学思想家争得了荣誉，有近三十位不同国家的学者来信来函索要该文。三是关于十年进展与反思的文章，我一直试图在目前的中国心理学史研究方法上寻求突破，该文反映了新生代的研究人员立志超越的心态。

第十七章　中国古代学者论志意本质

　　"志意论"即中国古代学者关于意志问题的理论。现代心理学认为，意志是人自觉地确定目的，并根据目的调节支配自身的行动，克服困难，去实现预定目标的心理过程。意志是人的意识能动性的集中体现，是人类心理的奇葩。意志在中国古代一般称为志意，志与意一般还分而言之。《诗经·关雎序》中"在心为志"，《管子·内业》中"气意得而天下服，心意定而天下听"，可能是古文献中较早出现的"志"与"意"两字。而最早将志意合称的则可能是《荀子·修身》了，该篇写道："凡用血气、志意、知虑，由礼则治通，不由礼则勃乱提僈。"这里已明显地把志与意作为整体的意志过程看待，并与认知过程（知虑）和情感过程（血气）相并列。中国古代学者关于意志问题的研究，不仅概念的辨析非常之精细，同时提出了若干具有本土特点的思维方式，在意志的本质及功能等方面挖掘钻研得颇为精深，许多探索对于现代心理学的意志理论具有借鉴意义。

一、关于"志"

　　中国古代早期的思想家就非常重视"志"的因素，如孔子就说过："三军可夺帅也，匹夫不可夺志也。"[①]"博学而笃志，切问而近思，仁在其中矣。"[②]他还经常与自己的学生讨论"志"的问题，《论语·公冶长》记载："颜渊、季路侍。子曰：'盍各言尔志？'子路曰：'愿车马、衣轻裘，与朋友共，敝之而无憾。'颜渊曰：'愿无伐善，无施劳。'子路曰：'愿闻子之志。'子

---

　　① 《论语·子罕》。

　　② 《论语·子张》。

曰：'老者安之，朋友信之，少者怀之。'"这里说的"志"，相当于现代的志向或志趣，亦可作理想、抱负。

墨子在"志"的问题上言语不多，却力扛九鼎，微言大义，值得深究推敲。这里共录三段主要论述：

志行，为也。①

鲁君谓子墨子曰："我有二子，一人者好学，一人者好分人财，孰以为太子而可？"子墨子曰："未可知也。或所为赏与为是也。钓者之恭，非为鱼赐也；饵鼠以虫，非爱之也。吾愿主君之合其志功而观焉。"②

勇，志之所以敢也。③

这三段话其实分别体现了墨子的志行说、志功说和志敢说三种意志理论。

第一段话是说，有志之"行"才是意志行为；反之，无志之"行"就不能称"为"。明确把意志与行为联系起来，这是中国古代较早把意志与意志行为联系起来的理论。志行说也得到了其他思想家的认同，如荀子说："志行修，临官治，上则能顺上，下则能保其职，是士大夫之所以取田邑也。"④

第二段话是鲁国国君要墨子判别"好学"与"好分人财"之优劣，墨子则避而不直接回答，而是提出了必须将动机（"志"）与效果（"功"）结合起来加以考虑的志功说。孔子、孟子虽未提出"合志功而观"的命题，但他们也多有涉及志与功的问题。尤其是孟子的"食志"与"食功"之论，与墨子的志功说颇有异曲同工之妙。总体上来说，中国古代学者相对重志而轻功，这亦是儒家文化的特征之一。东汉王充的志功说就反映了这一特点，他说："志善不效成功，义至不谋就事。义有余，效不足，志巨大而功细小，智者赏之，愚者罚之。"⑤他强调"志善""志巨大"，而不计较"效不足""功细小"，把人的行为动机视为最重要的出发点。

---

① 《墨子·经说上》。

② 《墨子·鲁问》。

③ 《墨子·经上》。

④ 《荀子·荣辱》。

⑤ 《论衡·定贤》。

第三段话揭示了意志与勇敢的关系，提出了把勇敢顽强视为意志重要特点的志敢说。

孟子对于意志理论的最大贡献是提出了"志气"说，从另一侧面揭示了"志"的本质特点。他说："夫志，气之帅也；气，体之充也。夫志至焉，气次焉，故曰'持其志，无暴其气'。"①又说："志壹则动气，气壹则动志也，今夫蹶者趋者，是气也，而反动其心。"②这其实是从意志与情感的关系讨论意志的本质特点，有两层含义：一是意志可以统帅和控制情感（气），即所谓"夫志，气之帅也"，故一个人必须坚定自己的意志，不要滥用自己的情感，即所谓"持其志，无暴其气"；二是意志与情感可以相互影响，彼此制约。一方面，"志壹则动气"，即意志专注于某一方面，则情感会随之而转移；另一方面，"气壹则动志"，即如果情感专注于某一方面，则意志也会随之动荡。

孟子的志气观在宋代理学家那里得到了发展。如二程说："志，气之帅，不可小观。"③"若论浩然之气，则何者为志？志为之主，乃能生浩然之气。志至焉，气次焉，自有先后。"④这里的"浩然之气"可以理解为高级的道德情感，并认为意志是支配和控制情感的主导因素。在"志"与"气"（情感）的辩证关系方面，二程还提出了以下几点值得注意的观点。

第一，一般说来，"然志动气者多，气动志者少"⑤，即人的情感一般受其意志所支配，而情感支配意志的比较少。

第二，"志已坚定，则气不能动志"⑥，即一个人具有坚强的意志，他就不会做情感的奴隶；反之，一个意志薄弱者，他就会为情感所驱使。

第三，"志御气则治，气役志则乱"⑦，即一个人的意志如能支配情感，他就不会做出越轨的行为；反之，如果一个人的意志不能支配情感，他就可能做出不轨的行为。

第四，每一个人都应当"养志""持志"，以免其志为"气所胜、习所

①② 《孟子·公孙丑上》。

③④⑤⑥ 《二程集·河南程氏遗书》。

⑦ 《二程集·河南程氏粹言》。

夺"①，"忿欲胜志"②。

朱熹晚年的高足陈淳对"志"进行了比较全面、系统的阐述：

> 志者，心之所之。之犹向也，谓心之正面全向那里去。如志于道，是心全向于道；志于学，是心全向于学。一直去求讨要，必得这个物事，便是志。若中间有作辍或退转底意，便不得谓之志。③
>
> 志有趋向、期必之意。心趋向那里去，期料要恁地，决然必欲得之，便是志。人若不立志，只泛泛地同流合污，便做成甚人？须是立志，以圣贤自期，便能卓然挺出于流俗之中，不至随波逐浪，为碌碌庸庸之辈。若甘心于自暴自弃，便是不能立志。④

这里，陈淳对志的本质做了比较深入的探讨。首先，他抓住了志的两个基本特点：一是"趋向"性，心之所之，即志总是趋向于一定的目标；二是"期必"性，即志总是必定要达到既定的目标。其次，他指出了志包含有决心、信心和恒心的意思。"决然必欲得之"，便是决心的表现；"一直去求讨要，必得这个物事"，没有充分的信心是做不到这点的；"若中间有作辍或退转底意，便不得谓之志"，这从反面说明，真正的立志必须持以恒心。这实际上是古代志意观中的"三心说"。

明清之际的王夫之是中国古代志意观的集大成者，他抓住了"志"的两条基本特征：

> 心之所期为者，志也。⑤
> 气者，天化之撰；志者，人心之主；胜者，相为有功之谓。⑥

这里所谓的"心之所期为"，是指志是人的行为所追求的目标；"人心之

---

① 《二程集·河南程氏遗书》。
② 《二程集·河南程氏粹言》。
③④ 《北溪字义》。
⑤ 《诗广传》。
⑥ 《张子正蒙注》卷一。

主"，则是指志是人的心理活动的主宰。这就准确地抓住了目标指向性与自觉能动性这两个意志活动的基本特征。

王夫之把"志"作为人与其他动物相区别的本质特点。他说：

释氏之所谓六识者，虑也；七识者，志也；八识者，量也；前五识者，小体之官也。呜呼，小体，人禽共者也。虑者，犹禽之所得分者也。人之所以异于禽者，唯志而已矣。不守其志，不充其量，则人何以异于禽哉！[①]

"八识"是佛家法相唯识宗的理论。唯识宗认为，除眼、耳、鼻、舌、身五识外，还有第六意识、第七末那识和第八阿赖耶识。第七末那识不以外境为客观对象，而"唯论第八为相，举其本质言，起自心相"[②]。窥基认为，第七末那识的作用是"恒审思量"，对六识进行鉴别，可见基本意义属认知范畴。王夫之释第七识为"志"，虽与窥基原意恐有出入，但他将"志"作为人之区别于动物的本质特点，是颇有意义的，较魏晋时期嵇康的"人无志，非人也"[③]的命题显然更为深刻而具理论色彩。

综上所述，中国古代学者关于"志"的观点，可以简要归纳为以下几点：

1. 志向说，即志为心之所之、心之所向，心之所期为，指向一定目标；

2. 志行说，即志与志的行为是有机整体，落实到行上的"为"才是真正的意志行为；

3. 志功说，即应把人的行为动机（"志"）与行为的效果（"功"）联系起来考察；

4. 志敢说，即勇敢、顽强是意志的重要特点；

5. 志气说，即人的意志（"志"）与情感（"气"）是此消彼长、相互制约的关系；

6. 三心说，即"志"包含了决心、信心、恒心三个阶段；

---

① 《思问录·外篇》。

② 窥基:《成唯识论述记》卷四。

③ 《嵇康集》。

7. 志主说，即"志"是人的心理活动的主宰；

8. 志人说，即"志"是人区别于动物的本质特征。

二、关于"意"

"意"，在中国早期思想家那里阐发得甚少，远没有"志"那样受到广泛的重视。古文献中虽有"意气""意识""意表""意味""意趣"等概念，但除意气外，均与现代心理学的意志相距甚远。及至宋代，"意"才受到了理学家的关注，并进行了比较全面系统的论述。

朱熹是把儒家风范与科学精神比较完美结合的一位学者。他对于"意"的论述之全面具有开创性意义。他说：

意者，心之所发。①

问："意是心之运用处，是发处？"曰："运用是发了"。问："情亦是发处，何以别？"曰："情是性之发，情是发出怎地，意是主张要怎地。如爱那物是情，所以去爱那物是意。情如舟车，意如人去使那舟车一般。"②

问："情、意，如何体认？"曰："性、情则一。性是不动，情是动处，意则有主向。如好恶是情，'好好色，恶恶臭'，便是意。"③

情是会做底，意是去百般计较做底。意因有是情而后用。④

恒，常久之意。张子曰："有恒者，不贰其心。"⑤

未动而能动者，理也；未动而欲动者，意也。⑥

上述六条引文的中心思想就是"意者，心之所发"。这"发"不是"动"，更不是"已动"，乃是"未动而欲动"的状态。显然，"意"含有现代心理学所说的动机的意思。动机与目的一样，也是意志活动的一个重要因素，没有强烈的动机（"意"），也是不可能有真正的意志行为的。朱熹关于"意"的论述，还有几点值得注意。

---

①②③④⑥　《朱子语类》卷五。

⑤　《论语集注·述而》。

第一，指出了情与意的区别和联系。他认为，两者的根本区别在于：情是已动，意是欲动。此外，情只是要这样或那样，似乎还没有明确的目的与方向，意则是"主张要恁地""有主向"的心理活动，即它具有明确的目的与方向，这是一方面；情只是"会做底"，不一定要坚持下去做到底，意则是"百般计较做底"，这是另一方面。两者的联系在于：情和意都是心之所发。

第二，指出了意与行的区别和联系。朱熹认为两者的区别在于：意规定了行的方向，但不等于是行动本身，它只是心理的"未动而欲动"的状态。《朱子语类》卷十五中还说："知则主于别识，意则主于营为。""营为"就是行动，意则是"主于营为"，即在人的行动中发挥主导作用，但并不是"营为"本身。这与志行说的实质是一致的。

第三，指出了意与恒的关系。朱熹提出的"常久之意"概念，说明意也有坚持不懈的恒心的意思。

朱熹的学生陈淳对"意"也有专论。他写道：

意者，心之所发也，有思量运用之义。大抵情者性之动，意者心之发。情是就心里面自然发动，改头换面出来底，正与性相对。意是心上发起一念，思量运用要恁地底。情动是全体上论，意是就起一念处论。合数者而观，才应接事物时，便都呈露在面前。且如一件事物来接著，在内主宰者是心；动出来或喜或怒是情；里面有个物，能动出来底是性；运用商量，要喜那人要怒那人是意；心向那所喜所怒之人是志；喜怒之中节处又是性中道理流出来，即其当然之则处是理；其所以当然之根原处是命。一下许多事物都在面前，未尝相离，亦粲然不相紊乱。[1]

这里，陈淳把意放在心、性、情、志、理、命等概念的背景下加以考察，其主要观点如下：第一，意与性。性是寂然不动的本体，意是运用商量，也是性发出来的。第二，意与心。心是就心理活动的全体而言的，心大意小，意只是心之活动的一部分。第三，意与情。情是心理活动的状态，

---

[1] 《北溪字义》。

是就全体的活动而言，意则使心理活动具有对象性，"要喜那人要怒那人是意"。第四，意与志。志是使心理活动的对象更为明确，使整个心理活动形成指向性。

王夫之把"意"定义为"欲有所为"。他说："盖漫然因事而起，欲有所为者曰意；而正其心者，存养有本，因事而发，欲有所为者，亦可云意。"①把"意"理解为意志行动的准备状态，并不是他的创见，但王夫之对"意"的特点的另外几点认识，却是颇具新意的。

第一，"己所不欲，意不自生"。王夫之说："意不能无端而起，毕竟因乎己之所欲。己所不欲，意自不生。且如非礼之视，人亦何意视之，目所乐取，意斯生耳。如人好窥察人之隐微，以攻发其阴私，自私意也。然必不施之于宠妾爱子，则非其所欲，意之不生，固矣。"②意思是说：人的"意"是以欲望为基础的，没有过人的欲望，也就没有任何意志的心理活动。

第二，"起念于此，而取境于彼"。王夫之说："且以本传求之，则好好色、恶恶臭者，亦心而已。意或无感而生，心则未有所感而不现。好色恶臭之不当前，人则无所好而无所恶。意则起念于此，而取境于彼。"③这说明，人的其他心理活动必须在外物"所感"之下方能产生或表现，而"意"则取境于过去，是以往经验的积淀，"如不因有色现前而思色"。

第三，"意居身心之交"。王夫之说："意一发而即向于邪，以成乎身之不修。故愚谓意居身心之交，而《中庸》末章，先动察而后静存，与《大学》之序并行不悖。则以心之与意，互相为因，互相为用，互相为功，互相为效，可云絜诚而正而修，不可云自意而心而身也。心之为功过于身者，必以意为之传送。"④这说明，"意"是心与身的媒介，行动必须以"意"这种心理活动为基础，而心理的东西转化为身体的活动，必须"以意为之传送"，即心→意→身这样由心理至行为的轨迹。

综上所述，中国古代学者关于"意"的观点，可以简要归纳为以下几点：

---

① 《读四书大全说》卷五。
② 同上书，卷六。
③④ 同上书，卷一。

1. "意"是心之所发，是心理的"未动而欲动"的状态；

2. "意"是"有主向"的心理活动，具有明确的目的与方向；

3. "意""主于营为"，在人的行为中发挥主导作用；

4. "意"具有长久之意，含有坚持不懈的恒心的意思；

5. "意"是以人的欲望为基础的心理活动；

6. "意"不一定需要外物的直接刺激才能产生，而可以以过去的经验为基础；

7. "意"是心与身的媒介，是心理的东西转化为身体活动的中介。

三、关于志意关系

志意关系问题也是中国古代志意论的重要内容。荀子是古代少有的把"志意"作为一个词组，并且把认知（"知虑"）、情感（"血气"）、行为（"德行"）并列讨论的思想家。《荀子》一书中多次涉及"志意"的概念，如：

> 若夫志意修，德行厚，智虑明，生于今而志乎古，则是其在我者也。[①]
> 凡用血气、志意、知虑，由礼则治通，不由礼则勃乱提僈。[②]

后世的思想家论志意有分有合，但一般都注重两者的关系，尤其注意讨论两者的共同特点。

（一）志意之同

中国古代学者论志意之同的观点主要集中在以下几个方面。

1. 志、意都与情密切相关

荀子在将志意作为一个概念时，就注意探讨其与情感（"血气"）的关

---

① 《荀子·天论》。

② 《荀子·修身》。

系。二程在讨论孟子的志气说时，也多次论及"志"与情感的关系。朱熹对志、意与情的关系论述得更为具体，他说：

> 意也与情相近。……志也与情相近。只是心寂然不动，方发出，便唤作意。[①]
>
> 意者，心之所发；情者，心之所动；志者，心之所之，比于情、意尤重。[②]
>
> 问："情比意如何？"曰："情又是意底骨子。志与意都属情……"[③]

这里所说的志与意都和情相近，甚至"都属情"。这个观点很值得玩味。传统心理学把情感与意志分属于两种心理过程，与认知过程鼎立而三，是谓知、情、意的三分法。朱熹的志意"属于情"的观点，则为意志与情感都属于意向过程（与认知过程相对应）的两分法提供了某种启示与依据。

2.志、意都与行不可分割

墨子的"志行，为也"的命题首先肯定了志与行的关系。荀子也主张志与行不可分割："行法至坚，不以私欲乱所闻，如是，则可谓劲士矣。"[④]只有行为合法、意志坚强，才能不被各种私欲所干扰，也才能称之为思想坚定之士。这里把"行法"与"志坚"紧密联系在一起。

汉代王充也讨论过"意"与"行"的关系。他说："夫自洁清则意精，意精则行清，行清而贞廉之节立矣。"[⑤]认为一个人意志统一是行为高尚的前提。朱熹所说的"知则主于别识，意则主于营为"，更是直接地把意与人的行为联系起来了。而王夫之把意识视为"欲有所为"，以及肯定意为"身心之交"，也明确认定了意与行的密切关系。

---

①②③ 《朱子语类》卷九十八。

④ 《荀子·儒效》。

⑤ 《论衡·言毒》。

3. 志、意都是心有主向的表现

中国古代学者都充分肯定志、意的目标指向性。孔子所说的"志于道，据于德，依于仁，游于艺"[①]，就是把志定向于"道"。朱熹的弟子陈淳将孔子的"志"阐释得更为通俗易懂："志于道，是心全向于道；志于学，是心全向于学。"而朱熹对于"意"的阐释，也十分强调其心有主向的侧面，如他说："意则有主向。"[②]他的弟子陈淳有一句很难分辨其细微差别的界定，"运用商量，要喜那人要怒那人是意；心向那所喜所怒之人是志"[③]，这不是同时肯定了"意"与"志"都具有指向性的功能吗?

（二）志意之异

尽管志与意有其共同点，而且在许多场合两者联用或两者通用，但毕竟还是有一些差异和区别。这些差别主要表现在以下几方面。

1. 志是"公然主张"的目的，意是"私地潜行"的动机

朱熹对张载所说的"志公而意私，志刚而意柔，志阳而意阴"非常赞赏，并进而详细指出："志是公然主张要做底事，意是私地潜行间发处。志如伐，意如侵。"[④]又说："志是心之所之，一直去底。意又是志之经营往来底，是那志的脚。凡营为、谋度、往来，皆意也。所以横渠云：'志公而意私'。"[⑤]还认为："志便清，意便浊；志便刚，意便柔；志便有立作意思，意便有潜窃意思。公自子细看，自见得。意，多是说私意；志，便说'匹夫不可夺志'。"[⑥]上述意见虽不免有褒志而贬意的色彩，但其中的实质是颇有价值的。确实，志属于目的范畴，它是公开的、非隐蔽的；意则属于动机范畴，它是隐蔽的、非公开的。一般的情况是，一个人的某种目的可以公然宣扬，但支配他去追求那个目的的动机却往往是隐匿的，有时甚至可能是

---

① 《论衡·言毒》。

②④⑤ 《朱子语类》卷五。

③ 《北溪字义》。

⑥ 《朱子语类》卷九十八。

见不得人的。^①

2.志是有自觉意识的心理活动，意则带有随意的性质

王夫之说："意之所发，或善或恶，因一时之感动而成乎私；志则未有事而豫定者也。意发必见诸事，则非政刑（所）[不]能正之；豫养于先，使其志训习乎正，悦而安焉，则志定而意虽不纯，亦自觉而思改矣。"^②这里所说"未有事而豫定"，说明"志"是在事情发生之前就预先决定了，它是一种有明确目的、有自觉意识的心理活动。"意"则是"因时之感动"，随着时间的变化而变化，所以带有相当的随意性。

3.志有持久性和不可变性，而意则"随物感而起"，可随情境发生变化

王夫之对"志"的不可变易性非常重视，认为这是人成功之先决条件。他认为，"志"的重要特征是"一定而不可易""事所自立而不可易"，一旦确定了某个目标，就勇往直前，不作变易。这是意志的持久性或恒心特征。而"意"则是"心所偶发""乍随物感而起"^③，旋起旋易。"志"显然较"意"更具有坚持性。在生活中，正是"志"推动着人们坚持不懈地克服各种困难，以完成艰巨复杂的任务。

4.志与意在不同的人身上有不同的比例

宋代陆九渊曾把人分为"有有志，有无志，有同志，有异志"^④四种情况，王夫之更根据志与意在人身上所占的不同比例，把人分为庸人、中人、君子和圣人四等："庸人有意而无志，中人志立而意乱之，君子持其志以慎其意，圣人纯乎志以成德而无意。"^⑤这种说法显然缺乏科学依据，而且夸大了"志"与"意"的差别。但用志与意作为心理差异的测量手段，在实践中也还是有一定积极意义的。

综观中国古代学者关于志与意关系的论述，我们可以将志与意的共同

① 燕国材:《唐宋心理思想研究》，湖南人民出版社，1987，第311页。

②③ 《张子正蒙注》。

④ 《陆九渊集》卷二十二，《杂说》。

⑤ 《张子正蒙注》。

点、差异和联系概括为下表：

	志	意
共同点	1. 志、意都与情密切相关 2. 志、意都与行不可分割 3. 志、意是心有主向的表现	
差异点	1. 主要属目的范畴，如说志是"心之所之" 2. 一般是公开的，如说"志是公然主张要做底"，"志如伐" 3. 是有自觉意识的心理活动，如说志"未有事而豫定" 4. 具有持久性和不可变性，如说志"一定而不可易者"	1. 主要属动机范畴，如说意是"心之所发" 2. 一般是隐秘的，如说"意是私地潜行间发处"，"意如侵" 3. 是带有随意性质的心理活动，如说意"因时之感动" 4. 可随情境的变易而发生变化，如说意"乍随物感而起"
联系点	1. 志为目的，但也会有动机的意思，意为动机，但也含有目的的意思 2. 意是"志底脚"，志是意的头，即由志引向意，由意实行志；而两者都与行相联系，即"志→意→行" 3. 志与意相结合，构成了决心、信心、恒心三个阶段，这与现代心理学的意志概念基本吻合	

第十八章 中国人的社会政治心理分析

随着当代中国政治体制与经济体制改革的深入，社会政治心理也呈现出五光十色、纷繁复杂的局面。人们一方面赞颂改革带来的巨大变化，呼吁加快改革进程；另一方面又抱怨改革过程中出现的阵痛，鞭挞借改革之名出笼的种种腐败现象，一时间，政治牢骚满腹，政治谣言四起……如何分析、评价和引导当代的社会政治心理，建设良好的社会政治心理环境，自然成了心理学工作者责无旁贷的任务。这里试就当前社会政治心理的几个主要"热点"做一些探讨与分析。

一、人们心目中的"政治"形象

简单地说，政治形象就是人们对政治的看法。它取决于一个国家历史的政治状况和现实的政治生活。如果我们放开眼界，就会发现，当今世界格局正在向多元化方向发展。大家同在一艘挪亚方舟上。这是一个和平与发展的时代，这些都在一定程度上改变了人们心目中的政治形象。但这仅仅是个开始。由于历史和现实的阴影，人们想起政治仍然不寒而栗，把它同"残酷斗争、无情打击"连在一起。对政治怀有一种深深的嫌恶和恐惧。在一次对中学生的心理调查中，当问及对政治的看法时，孩子们写下的竟是以下这些话："政治就是争权斗争""政治是最最残酷的""政治是血淋淋的厮杀""政治就是大家争着当官，但我不愿意当官""我不愿意过问政治"。旧有的中国政治形象多么严重地伤害着孩子们的心灵啊！

由于对政治的恐惧和嫌恶，导致了人们对于现实政治的疏离感，在失望和冷漠的情况下产生了种种的偏异行为。这种对政治的疏离感具体表现在以下五个方面：（1）政治无力感，指个人没有能力区分何优何劣的政治选择，认为任何政治行为的结果均于事无补；（2）政治无意义感，指个人没有能力区分何优何劣的政治选择，认为任何政治行为的结果均于事无补；（3）政治无规范感，指个人认为约束政治成员之间的行为规范或法则已经破坏，政治系统的行为约束功能已丧失；（4）政治孤立感，指个人对于社会共同意识无法认同，拒绝行使政治社会中其他成员普遍接受、同意的政治规范与目标；（5）政治疏远感，指个人认为无法从政治活动中得到自我满足，无法赋予有价值的评估。

在中国的知识分子中，则往往有一种"政治原罪感"，对于各种政治问题往往抱避席畏谈式的处世态度。刘心武曾举例说："有些知识分子虽然有了很高的政治地位，但我和他们接触时总感到很奇怪，连他们都很怕明确地说明自己对某些问题的具体看法和态度。甚至一些不难表态的问题。""还有一些比较年轻的知识分子，他们有时候也使我惊讶。他们确实经常发表一些比较新鲜的活泼的见解，如果把它放在世界的文化背景上，也没有什么稀奇。但是他们却拿出一种视死如归的态度，我觉得这完全是一种多余的态度。"①

对于多数人来说，不愿接触、介入政治，对政治抱疏离和冷漠的态度，对政治的原罪感，在某种程度上并非他们的真实心态的反映，其原因也是多方面的。例如美国公众和中国公众对投票选举的不同态度就可说明这一

---

① 刘心武：《中国知识分子要克服政治原罪感》，《现代化》1988 第 10 期。

点，如果一个人认为自己的行为无足轻重，难以改变结果，或者在政治活动中不能得到直接的满足和间接的助益，那么他的"政治效能感"必然减弱，从而不愿意介入；如果一个公民在投票选举中没有把这看成是在行使自己的神圣权利，认为自己的一票无足轻重，那么他自然就不会积极地投票。因此，改变中国政治的旧有形象，推进民主化进程，是提高公民政治参与率的一个条件。

从一定意义上来说，全面改革的成功与否是要以政治体制改革的胜利与否为转移的，与民主政治相适应的文化心态也只有在政治体制改革的进程中才能逐步建立起来，并反过来推动改革的全面进展。

人们对政治的看法并不是一成不变的，只要政治改革真的发动起来并显现成效，人们就会理解和支持改革，并自觉地参与政治，改变原来的疏离、冷漠或原罪态度为参与和合作的态度。电视连续剧《新星》中的主人公李向南就曾以真挚的感情高度评价了政治在历史上的伟大作用。他说："这十几年，把政治这两个字弄臭了，其实，政治在人类历史上可以说是最肮脏的，也是最崇高的。问题是指搞的是什么政治！你们搞文学的，差不多都不屑于谈政治，都说纯洁的爱情，无私的母爱是崇高的、伟大的……它们是崇高伟大的，我不否定……但其实，它们的伟大比不上政治。在历史上……你可以去看看，真正能够使千百万人，一整代一整代最优秀的青年为之献身的只有政治！政治毕竟是集中了千百万人最根本的利益、理想和追求，可以说是集中了人类历史上最有生机的活力。"这是一个政治家眼中的政治，一个在政治漩涡中被搞得精疲力竭的改革家所理解的政治，如果我们每个公民也能这样认识与理解政治，"政治"在人们心中的形象就会大为改观。

二、关于政治牢骚

现在有不少人爱发发牢骚，现实生活中可以发牢骚的地方也确实不少。从心理学的角度言，牢骚的水平往往反映一个人的需要、渴望、希望的水平，我们可以从中看出他的生活的动机层次。低级牢骚是在饥饿阶段上人们存在的一种浅层次的、单一的渴望；高级的牢骚则是在温饱阶段上激发的一种更高层次的、更多样化的向往。从这个意义来看，牢骚多不一定是坏事，就像美国著名心理学家马斯洛所说，抱怨总是有的，不管有什么满足、什么好事、什么幸运，人们总是能够把它们塞进自己的胃口。一旦他们习惯了已有的好事就会丢掉它们，为更加美好的好事把手伸向未来。[①]所以牢骚多在一定的程度上是因为改革开拓了人们对自身价值的肯定和认识，是人们对事物的期望值增高，追求更丰富的一种折射。赫尔岑有句名言：饥饿只要一块面包就可以医好，饱的毛病可没有这样好医。比如"人生识字糊涂始"，和更多的智慧引来更多的忧虑和痛苦一样，温饱也可能引发出更多的不满和更棘手的问题。所以如果仅仅根据牢骚多就认为"改革搞糟了"，那只能算是一种肤浅和表层的认识。

当然如果据此简单地认为牢骚越多社会越进步，那也是可笑的。有牢骚发就说明有问题，发政治牢骚就是对当前政治现状不十分满意，而且这也不能仅仅归结于人们的"端起碗来吃肉，放下筷子骂娘"的无情无义。我们应该从这种焦虑和渴望中看到隐藏其后的原因。大致可以归纳为以下两点：

一是社会的不公平。这种社会不公平体现在机会不等和分配的倒挂上。要实现社会公平，首先在职业选择上应该创造一个平等竞争的社会条件，使人员能够合理流动。职业有选择余地，给有专长的人创造一个显示能力、可以竞争的机会，这样，就可以使大家机会均等，比赛时处在同一个起跑线上，而不致于出现"造原子弹的不如卖茶叶蛋的""握手术刀的不如拿剃头刀的"奇怪现象。分配上的不公，具体体现在两个"倒挂"上：一是按劳分配领域与非按劳分配领域的收入"倒挂"，即一方面在按劳分配领域内平均主义仍未根本克服，另一方面在非按劳分配领域，一部分人却以相当快的速度富了起来，并以某种循环积累的形式迅速地扩大着与其他社会成员的收入倒挂；二是脑力劳动与体力劳动、复杂劳动与简单劳动之间存在着倒挂。机会不等和社会不公，自然就会有人不满意。不满意，就要发牢骚。从历史上来看，社会的公平问题不是一个可以等闲视之的问题，如果允许这种现象长期存在下去，社会的稳定就会受到威胁。

---

① 马斯洛：《人性能达的境界》，林方译，云南人民出版社，1987。

二是偶然性的支配。谁都熟悉"有志者事竟成"的格言，并且总是按照这个逻辑去努力的，按照一般规律，这是自然的法则。只有在一个受必然性支配的社会中，人们才能找到属于自己的位置，获得一种安全感和稳定感，并循着确定的轨迹去追寻目标、实现理想。

今天，由于社会结构的调整变动，利益机制还未理顺，偶然性的因素很多。人就像是处在失重状态下，无所适从，随波逐流，无法把握自己的命运。许多事是今天一窝风，大家都来干；明天一刀切，大家都停下。人们把精力用在琢磨领导人的"弦外之音"，以致流行着"看见绿灯赶快走，看见红灯绕道走"等诀窍。甚至连一些卓有成就的改革家也不得不靠翻书页码的奇偶数来决策。明天的归宿在哪里？谁也说不准。心中难免烦躁不安，看事看不顺眼，牢骚自然也就出来了。可见，在一个追求变革的国家和时代里，牢骚的出现和存在几乎是不可避免的。我们应该学会从牢骚中去把握群众的情绪和时代的脉搏，从中找到解决问题、改进工作的关节点，但我们应该有充分的思想准备，期待牢骚的终止是不现实的，只应期待它们会变得越来越高级，也就是说，期待这些牢骚将从低级牢骚发展到高级牢骚，再从高级牢骚发展到超级牢骚，社会就是在这种动态的平衡中向前发展。

我们确曾有过有牢骚而不能发的年代，今天有牢骚而可以发，这说明我们的民主政治是向前发展了而不是相反。从低层被责难向高层被责难的发展也是一种福音，是一件大好事，是社会状况良好、个人成熟的迹象，我们的各级领导应该有气魄正视这些牢骚。

三、关于政治谣言

社会心理学家对于流言和谣言进行过界说，前者是无意传讹，而后者则是有意捏造。实际上，在现实生活中是很难区分这种流言和谣言的不同的，常常是两者兼而有之，即群众中可能会无意识地传播着由坏人有意捏造的谣言。政治生活中的飞短流长、流言蜚语，不仅搞得人心惶惶，而且严重影响社会政治的安定，干扰正常的政治秩序，因此有必要深入分析谣言的传播机制，寻求控制的有效方法。

一般来说，无意传讹的流言之所以会传播，其心理机制如下：

1.传递失真。由于人们的感受力、判断力、分析能力乃至记忆力的差异，在传递某个信息时，常常会出现遗漏、增补、张冠李戴、移花接木等信息失真现象。心理学家达西尔曾做过一项实验：他在实验中变换种种形体动作，让被测试者记住，然后要求其将记住的材料向第二人复述，再由第二人复述给第三人，结果发现复述的情况与原有动作相去甚远，甚至完全变形了。这种失真、变形在很大程度上是因为传播者根据自己的知识经验加以"合理推论""联想附会""自圆其说"等造成的。前段时间谣传国家某领导人在国外有大笔存款，并且说得有鼻有眼，后经查实是外交部的一位副处长的妻子在国外留学期间靠打工挣的一笔钱存在银行，两者相去何止十万八千里。

2.焦虑紧张。人们焦虑不安的紧张心理也会导致谣言流传，处于焦虑状态的人总是担心某些事情的发生，如疾病流行加剧、物价就要大涨、战争即将来临等。一有风吹草动，便胆战心惊、惶惶不可终日，以口传谣言来排遣紧张的心理。例如，1988年七八月份不少城市曾流传过大米、食油价格要大涨的消息，很多居民为此惶惶不安，争相传告，结果有些城市的居民竟然把大米和食油抢购一空，甚至有人一下购进了足够吃5年的大米和食油。这些荒唐的举动直至报纸、电台公开辟谣方才罢休。

焦虑状态的人往往有另一种相反的心理现象，即满足于用幻想来粉饰现实。自我陶醉于不切实际的谣言之中，心理学家称之为"梦笛"或空想的谣言。人们往往会按照自己良好的愿望来编造"神话"，这也是谣言产生的心理原因之一。

3.自我满足。有人为了满足自己的虚荣心，经常在别人面前召开"新闻发布会"，以炫耀自己消息灵通、交际广泛。他们因此喜欢有意无意地夸大其词，或强调细节，或添油加醋，或片面引申，或耸人听闻，说得有鼻有眼、活灵活现，使人信以为真。

有意捏造则往往是出于个人目的或政治企图，通过造谣中伤、混淆视听，达到扰乱人心、排斥异己的目的。法西斯的头目之一戈培尔（J.Goebbels）就公开宣称："谎言重复一千遍就会成为真理。"把妖言惑众作为实现其反动政治目的的手段。一些敌特机构利用地下电台、印刷品等途径，有意散布各种谣言，其目的也是显而易见的。

为了有效地控制与消除谣言的产生与传播，必须从以下四个方面着手：

第一，必须保证正常信息传播渠道的畅通，群众信息了解越多，途径越广泛，就越不会相信通过旁门左道传播的不可靠的谣言。相反，如果信息传播渠道不畅通，就容易产生谣言。"小道消息"往往正是钻了"大道消息"不全不广的空子而出笼的。对于中国的新闻宣传，人们是早已啧有烦言的。中国人民大学舆论研究所对部分新闻工作者的首次抽样调查显示："中国新闻形象欠佳，有77.8%的人认为当前新闻报道中批评的禁区和限制太多；67.7%的人感到新闻宣传在某些敏感问题上不说真话；有50.3%的人觉得对政务与决策情况报道的透明度低；还有45.4%的人承认新闻报刊反映群众的呼声太少。因此，新闻工作者强烈呼请加快新闻改革步伐。"①事实说明，当正常的传播渠道出了问题的时候，总会出现一些不正常的传播渠道来填补，小道消息就是对于不尽完善、真实的大道消息的补充。

第二，要注意社会心理的"热点"，了解群众所关心的各种问题，满足群众参与社会政治的需要，加强国家领导人的"曝光度"，提高决策的"透明度"，也可起到未雨绸缪之效，防谣言于未起。

第三，必须健全倾听民意的系统组织，及时发现谣言的性质、传播地区与动向。一旦察觉苗头，就可以加强正面消息的报道，使谣言不攻自破，也可以随时通过电视、报纸等大众媒介加以辟谣。美国波士顿大学为维护新闻真实性，成立了一个奇特的机构——"假消息分析中心"，并声称以"完整消息"来对付"假消息"是维护新闻真实性的"良方佳策"。

第四，对于那些故意造谣传谣以达到其险恶政治用心的个人和组织，要诉诸法律严加打击，不可姑息手软。

四、"厌学心态"透视

有识之士正在忧心忡忡地注视着这样一个事实：读书无用论重新抬头，中小学流生、流师日趋增多；高等学府内埋首书本者越来越少，舞场

---

① 《青年报》，1988年11月25日。

旋转文化、打牌下棋文化、气功养身文化越来越在校园文化结构中占重要地位。直接的原因是，中国人逐渐把读书、学习作为获取价值的一种手段，读书学习本身并无直接的价值和利益。各种"家训"都是"好好读书，将来……"，读书本身并不能给人们带来直接的享受，人们之所以读书，是由于其"诱人"的"前景"。

读书作为一种手段，已丧失它的优势，在"黄金屋""颜如玉"的书本外面，面黄肌瘦的穷教师们与大腹便便的暴发户们形成鲜明对照，令人寒心。更为深层的原因还在于：中国相沿成习的对知识和知识分子的轻视；知识的非科学性导致社会对知识的淡漠；知识分子自身人格的残缺，导致后来者不愿步其后尘。

中国封建社会曾经是一个保守僵化的社会，任何改革创新都是它极力反对的。社会没有对知识和人才的内在需求，既缺乏重视知识和人才的思想传统，又少有具体的政治经济措施以保证他们受到尊重和重视。受重视的也只是与权力相结合的那部分知识分子，即御用文人，归根到底是尊重权势，轻蔑知识，这也是我国封建社会后期在科学、技术、文化等方面长期落后的根本原因之一。

对知识和知识分子的轻视也与我国的民粹主义传统有关。中国虽然没有民粹主义的组织和活动，但却有浓厚的民粹主义意识。早在元代，统治者就把社会分成十等，"儒"排在第九，知识分子仅比乞丐强些。新中国成立前就广泛流传着"家有二斗粮，不当孩子王"的俗谚，这与电视剧《新星》中那"狗书记"说的"让教师好好干，提拔当营业员"何其相似！甚至近代的许多有识之士像章太炎、李大钊等也未能摆脱民粹主义的传统。章太炎把当时社会分为 16 个等级："一曰农人，二曰工人……"[1]"农人于道德为最高，其人劳身苦形，终岁勘动。"[2]"而通人（高级知识分子）以上则多不道德者……"[3]"要之，知识愈进，权位愈申，则离于道德也愈远。"[4]李大钊在宣传马列主义时也有强烈地把农村和农民理想化的色彩。他在《青年与农村》一文中，在对农村的幸福美好和城市的黑暗污浊进行了一

[1][2] 《章太炎全集》第 4 卷，上海人民出版社，1985，第 280 页。

[3][4] 同上书，第 4 卷，第 283 页。

番比较之后写道:"青年呵! 速向农村去吧! 日出而作, 日入而息, 耕田而食, 凿井而饮。那些终年在田野工作的父老妇孺, 都是你们的同心伴侣, 那炊烟锄影、鸡犬相闻的境界, 才是你们安身立命的地方呵!"①他们本人虽然也是知识分子, 却轻视知识分子, 对知识分子还有一种天然的不信任感。

知识的非科学性也导致社会对知识的冷淡。中国文化和西方文化从孔子和亚里士多德开始就循着两条不同的道路: 西方重人与自然的关系, 而东方重人伦关系。所以中国智力活动的一个突出的特点便是意识形态的发达与对科学的冷落。虽然在中国的历史上也有一些科学家的影子, 但他们的地位是排在孔孟之下的。中国传统经济是宗法式经济, 重义而不重利, 大书特书忠臣孝子的封建伦理道德, 称商贾为见利忘义的小人, 所以中国古代在经济学方面不予重视。认为治国安邦也根本用不着这些, 会舞文弄墨就行。知识的非科学性导致人们对它的冷落, 所以人们厌学除了觉得知识分子无利可图, 教师传播的知识社会实用性差也是一个方面。

知识分子自身人格的缺失, 也是当前厌学心态的一个原因。对中国知识分子的弱点进行反省, 已是历史提出的必然要求。缺乏独立意识而甘当附庸, 是中国知识分子一贯性的群体特征。为已成的政策注释论证而缺乏现代化筹划中的远见卓识; 自己的见解为当权者首肯便乐昏头脑, 否则便惶惶然、身心不安, 这是至今犹有的一个"通病"。几十年僵化的意识形态、管理体制及缺乏竞争创造的社会氛围, 已经在知识分子心灵中内化为一种与现代化社会极不适应的消极心态。可见, 要克服这一心态绝非一日之功, 任重而道远。

---

① 朱文通等编辑整理:《李大钊全集》第3卷, 河北教育出版社, 1999, 第183页。

第十九章 论中国人的"帕里斯情结"

一、前言

自从弗洛伊德提出俄狄浦斯情结（Oedipus complex）（S.Frued，1913）的概念以来，"情结"这一术语已被心理学界普遍接受，用以描述或概括人们的行为的动力因素。如阿德勒（A.Adler，1929）提出的自卑情结（the inferiority complex）和优越情结（the superiority complex）等。然而，这些概念大多是以西方文化为背景的，大多反映了西方文化强调个人自由的价值取向。

那么，能否构建一个反映中国人心理特质和价值取向的概念呢？在思考这个问题时，我经常体验着"剪不断、理还乱"的心绪，当最后确定现在的"帕里斯情结"［或称恋权情结（Power complex）］的概念时，依旧是诚惶诚恐，不敢定夺。

与弗氏的"俄狄浦斯情结"相比，"恋权情结"或许太直太露、不够含蓄。所以，我翻阅大量的中国古代经史子集，觉得或许可以用"吕不韦情结"替代之。何以言之？《战国策·秦策》载：阳翟大贾吕不韦在赵国经商时，在一次偶然的机会中结识了在赵国为人质的秦国公子异人（《史记》中为"子楚"，同一人），以后，吕不韦则"弃商从政"，不做买卖，耗费巨资帮助异人回秦继承了王位。唯利是图的商贾何以会慷慨花巨资？吕不韦与其父的一段对话道出了个中奥秘。吕不韦问其父："耕田之利几倍？"父曰："十倍。""立国家之主赢几倍？"父曰："无数。"吕不韦说："今力田疾作，不得暖衣馀食。今建国立君，泽可以遗世。愿往事之。"果然，吕不韦在异人继位后不仅当上了丞相，且受封文信侯，食河南洛阳10万户、蓝田12县、家童万人，富贵可谓达人臣之极。吕不韦的个人发迹史正说明了权力在中国社会中的特殊地位。

如果让恋权情结与弗氏的俄狄浦斯情结一样，具有较为普遍的世界性认同，不妨称之为"帕里斯情结"（Paris complex）。这亦是出自希腊神话：在一次婚礼上，司纷争的女神厄里斯偷偷向参加婚礼的宾客抛出一只金苹果，上面刻有"送给最美丽的女神"的字样。谁能获得此项殊荣？天后赫拉、智慧女神和战神雅典娜、爱神阿佛洛狄忒都认为非己莫属。在争吵不休的情况下，三人诉诸天帝宙斯。宙斯打发三位女神去伊得山找当时正在那里牧羊的少年帕里斯，授权帕里斯全权裁定谁是最美丽的女神。三位女神都使出浑身解数引诱帕里斯：赫拉许诺使帕里斯获得统治权和财富，雅典娜应允给帕里斯以智慧和战无不胜的荣光，阿佛洛狄忒则答应让帕里斯娶到世界上最美貌的女子为妻。结果，帕里斯利用手中的权力把金苹果判给了阿佛洛狄忒。阿佛洛狄忒则帮助帕里斯拐走了斯巴达王后，并由此引起了特洛伊战争。

无论是称为恋权情结，还是称为吕不韦情结抑或是帕里斯情结，它的内涵都是相同的，即人们对于权力的崇拜和趋从，它反映了中国文化强调社会秩序的价值取向。

二、帕里斯情结的表征

如前所述，帕里斯情结的本质是对权力的崇拜和趋从。以历史和现实的角度来言，帕里斯情结的表征又是复杂多样的，具体来说有以下几个方面。

（一）畏权

自古以来，权力对于中国老百姓来说都是一种可怕的存在。虽然有敬神的、信天的、认命的，但几乎都是畏权的。权力与人的关系越紧密，也越成为人们恐惧的对象，故有"天高皇帝远""县官不如现管"之说。所以，不仅是带"长"的官，就是管"电"的、掌"税"的、卖"票"的、拿"章"的、开"车"的，一概都成为"畏"的对象。

笔者在1990年年底进行的一项关于中国人社会意识的调查颇能说明问题。内有两道问题：

问题①：如果我有事请政府机构办理，我觉得最有效的方式是：

	选择结果
a. 按规定手续办理	25.95%
b. 托亲朋好友打招呼	24.68%
c. 私下送礼给经办人	10.13%
d. 通过上层领导帮助	29.43%
e. 其他	9.81%

问题②：假如我对政府的规定或措施有意见，我觉得最应采取的态度是：

	选择结果
a. 主动向政府有关人员提出，请予改善	21.84%
b. 向家人、亲友或同学诉说或发顿牢骚	16.14%
c. 写文章或向报纸投书提出批评	17.41%
d. 逆来顺受，培养达观的态度	7.28%
e. 放在心里，等有机会再说	28.48%
f. 其他	8.85%

在调查中，不少人说明了自己的选择动机，如"千万不能得罪当权的""无权无势，一事无成"等。以上调查是在大学生中进行的，一般老百姓的畏权倾向可能更明显一些。

（二）慕权

由于权力对人构成的巨大恐惧以及权力给人带来的荣耀、便利、威严和实惠，人们便从对权力的畏惧发展到羡慕角逐。

在中国古代，上自最高统治者皇帝下至庶民百姓，尤其是知识分子群体，无不为此耗尽心力。对封建帝王来说，在他们谋求帝位和登上宝座的同时，对权力的欲望和失去权力的恐惧就像梦魇一样伴随着他们了，所以，他们就绞尽脑汁使用诸种权术来赢得或保住权力。有人曾对中国古代帝王术的权谋进行过研究，总结出登位术、太子争宠术、韬晦术、饰贤术、委恶术、罪己术、替罪羊术、恩威相济术、矛盾利用术、舆论制驭术、归心术、用神术、赏罚术、任用亲信术、忠诚考察术、派系平衡术、削权弱势术、制藩术、用女术等二十余种。[①]更有甚者，在争夺皇位的厮杀中，那些

---

① 金良年：《帝王权谋术》，上海古籍出版社，1989。

满嘴仁义道德的统治者可以肆意杀戮自己的亲人。王莽不仅杀死了自己的三个亲生儿子，连一个孙子和唯一的侄子也不放过。正如赵翼所说："其意但贪帝王之尊，并无骨肉之爱也。"[①]南朝皇室父子叔侄兄弟相残更是登峰造极：文帝死在亲生儿子刘劭之手，刘劭在其弟刘骏的讨逆声中葬身，而刘骏的28个儿子，被刘彧（文帝第十一子，也是唯一以"平庸"获免杀戮的儿子）杀掉了16个，被刘昱杀掉了12个，无一幸存。

至于中国古代的知识分子，更是在"学而优则仕"的道路上焚膏继晷、孜孜不倦。《论语·卫灵公》曾记载孔子的话说："耕也，馁在其中矣；学也，禄在其中矣。"认为读书学习是升官的捷径和取得权力的秘诀。隋唐确立起来的科举制度使"学而优则仕"进一步制度化，使知识分子趋之若鹜。吴敬梓的《儒林外史》对此已做了淋漓尽致的"曝光"，就不赘述了。总而言之，古代知识分子何以能悬梁刺股、凿壁偷光、囊萤映雪、靠窗夜读、下帷攻读、目不窥园？正是为了那个"权"字。

（三）升迁梦

无权者关心的是得到权力，有权者关心的是得到更大的权力。"做媳妇时考虑的是何时熬成婆"；吃苦时思念着的是怎能成为"人上人"。

自然，得到权力后有不同的使用方法，可以用它谋取私利、中饱私囊，也可以用它造福于民、改造社会。可见升迁梦也有两重性。但是，不论是出于何种目的，都必须首先赢得相应的权力。《中国文化报》的编辑李勇锋先生曾对一批已跻身仕途的中青年干部做过调查。

调查显示，他们大多是把当官（即拥有权力）作为解决社会矛盾、施展宏图抱负的阶梯。在李勇锋的调查中，一个已"当官"的干部坦率地承认："我目前做好工作的一个直接动机，是取得顶头上司的赏识，为进一步升迁做好准备，甚至有时晚上还做升迁梦。"

问：面对着实现现代化过程中的种种危难，你准备怎样去为祖国和人民的利益奋战？

	选择结果
a. 兢兢业业做好本职工作，走上领导岗位后，在职权范围内推进祖国的改革事业。	49%
b. 只有在独立工作的条件下，才可能发挥自己的才能，为祖国的现代化事业尽力。	27%

① 赵翼：《廿二史札记》卷三，中华书局，1963，第67页。

　c. 其他　　　　　　　　　　　　　　　　　　　　　　　　　24%

　　为了圆一圆"升迁梦"，一些已有一官半职的人往往小心翼翼，视上司的眼色行事，"上司的一句表扬能使他高兴上几天，喋喋不休地向人吹嘘；上司的一句批评能使他闷闷不乐上几天，总为自己的仕途担惊受怕"。于是，工作中也就明哲保身，不求有功，但求无过了。

　　（四）清官梦

　　对于广大老百姓来说，帕里斯情结的最明显表征莫过于"清官梦"了。从包拯、海瑞，一直到多年前轰动千家万户的电视连续剧《新星》的主人公李向南，"清官"一向是中国文学作品讴歌赞颂的主题。

　　究其原因，大概是清官难寻吧！有人甚至认为："纵观中国封建社会两千多年的政治史，可以说同时又是一部封建官僚的贪污史！"[1]清朝乾隆盛世时的军机大臣和珅，通过贪污受贿，竟积累了约 10 亿两银子的财富，相当于清朝 20 年的财政收入、25 年的财政支出和 60 年的财政盈余。

　　日本学者衣川强曾经对中国古代官僚和他们的俸给进行过研究，他以宋代为例，计算了当时谷物、米价、消费量以及官僚家属集团的规模，结果得出结论：能够全赖俸给生活的官僚是不存在的，也就是说，依靠俸给生活的官僚是不可能有的。这印证了一句"无官不贪"的古语。

　　清官梦的心态在当代社会也或多或少存在着。它往往驱使人们把社会改革的希望寄托在决策者身上，把个人的命运拴系在当权者身上。甚至于理论界的专家、学者亦作如是观。如对于中国教育的发展问题，许多教育专家呼吁："提高领导认识是发展教育的关键。""教改是个'老大难'，但'老大'（党政一把手）一抓就不难。"这无形之中滋长了人们的依赖感和推诿行为，降低了社会参与度。

　　（五）滥用权

　　帕里斯情结的最极端表征是滥用职权。孟德斯鸠（C.L.Montesquieu）曾

---

[1]　刘泽华等:《专制权力与中国社会》，吉林文史出版社，1988，第 137 页。

说过："有权力的人们使用权力一直到遇有界限的地方才休止。"[1]因此，要防止滥用权力，就必须以权力约束权力。事实上，在中国古代君主集权的国家结构中，是不可能有什么超然皇权之外之上的权力来制约皇权的，而且也缺乏一整套严密的制度来监督其他阶层的大大小小的掌权者。

所以，拥有至高无上权力的皇帝可以对天下一切人随意"生之、杀之、富之、贫之、贵之、贱之"[2]，运天下以股掌，驱百姓如婢仆。万里长城固然是中国古代的伟大建筑，但它得以建成，却是秦始皇听信了江湖道士的"亡秦者胡"的论调，一念之下搞起来的。这个工程征用了百万计的人众，"丁男被甲，丁女转输，苦不聊生，自经于道树，死者相望"[3]。

在现代，权力的滥用并未绝迹。"有权不用，过期作废"成了某些人的口头禅。有职就有权，而如何行使职权却因人而异。于是乎，"靠山吃山、傍水吃水"成了某些滥用职权者的座右铭。管电的供电局可以随意关停电，有"电老虎"之称；火车站掌握着一个地区物资进出的命脉，有"火车一响，黄金万两"的说法；甚至于当年国营商店站柜台的营业员，也可以利用手中的商品销售权让你不排队就可以买到价廉物美的东西。

三、帕里斯情结的原因分析

应该指出，帕里斯情结——对于权力的崇拜与趋从并不是中国的"土特产"，它是一个世界性的问题。所以，对它的研究也有不少成果问世。归纳起来，主要有本能说和工具说两种。

本能说认为，对权力的崇拜与趋从是人类与生俱来的天性。如尼采（F.W.Nietzsche）认为，权力意志是一切生物固有的本能，凡是有生物的地方，那里便有追求权力的意志。罗素（B.Russell）则指出，追求权力的欲望是人性的主要组成部分，对权力的崇拜与趋从只能从生理学和特殊心理学的角度加以解释。至于 20 世纪 70 年代的生物政治学思潮，更是从纯

---

① 孟德斯鸠：《论法的精神》，张雁深译，商务印书馆，1982，第 154 页。

② 《管子·任法》。

③ 《汉书》卷六十四（下），《严安传》。

生物学的角度探寻原因。其实，本能说并未抓住权力的社会本质，因为权力崇拜与趋从并非人类固有的永恒的属性，而是一定的社会关系、社会环境的反映和产物。根据文化人类学家本尼迪克特（R.Benedict，1960）的调查，在美国祖尼族印第安人的氏族社会，权力在人们心目中并没有多高的地位，以致于他们只好设计出一种仪式，以便把"当官掌权"的义务指派给其成员。可见，本能说尚缺乏足够的立论依据。

工具说认为，对权力的崇拜与趋从是由于权力的工具性特点使然，即权力可以成为达到其他目的的工具或手段。如布劳（P.M.Blau）说："支配他人的权力是许多人非常向往的东西，因为它是一种概括化的手段，借助它的帮助，人们可以达到许许多多目的。"①达尔（R.A.Dahl）则认为，权力的工具性类似于金钱，由于权力可用来取得声望、尊敬、安全、尊重、友情、财富和许多别的价值，因此，毫不奇怪，男男女女多愿意谋求权力。

笔者同意工具说的基本观点，因为它揭示了对权力崇拜与趋从的根本原因，即通过权力可以得到他所需要的东西。在中国古代，"升官"总是与"发财"联系在一起的。中国的文人墨客有所谓"读读读，书中自有黄金屋；读读读，书中自有颜如玉；读读读，书中自有千钟粟"的唯读梦，其要旨亦是通过学而优则仕的道路掌握权力，然后通过权力得到财富和美女。战国时代苏秦何以具有那名垂青史的"头悬梁，锥刺股"的学习精神？其动机无疑是为了能早日挂"六国之相印"。用苏秦自己的内心独白来说，就是："嗟乎，贫穷则父母不子，富贵则亲戚畏惧。人生世上，势位富厚，盖可忽乎哉？"②自然，如果苏秦挂不上相印，也就谈不上什么"黄金万溢，以随其后"的殊遇了。苏秦这个形象非常典型地概括了整个封建时代的士大夫读书的真正动力与动机。

事实上，现代的一些贪污腐败案件也大多是以权力这个工具为媒介的，如菲律宾前总统马科斯及其夫人、韩国前执政者全斗焕、巴拿马前执政者诺列加等。中国广东省曾破获一起特大诈骗贪污案，案犯黄贵潮诈骗、贪污人民币约 4000 万元，黄贵潮有这样几句"名言"：

---

① 彼德·布劳：《社会生活中的交换与权力》，孙非、张黎勤译，华夏出版社，1988，第 163 页。

② 《战国策·秦策一》。

你手中有权，我腰里有钱；

我用我的钱，买下你的权；

再用买来的权，得到更多的钱。

这可能是权力工具说的最好注脚了。

帕里斯情结虽然不是中国的"土特产"，但它正如孝道、面子、集体主义、人情、关系等问题一样，在中国人的心理结构和行为方式上表现得相对更为突出一些。借用杨中芳先生的话来说："这是普及的行为现象，有其共通性，但吾国人民的表现却更为突出。这也是有'特色性'，但别人不是没有，只是程度上不如我们来得强。"既然它是一种"特色性"，也就必然有其"特色"的土壤与背景。

从文化土壤来看，中国古代的社会生计主要是农业，由于农业社会是由"千百个彼此雷同、极端分散而又少有商品交换关系的村落和城镇组成的"，在大自然的淫威面前，我们的行为就个体而言是无力抗争、极其软弱的，因此，这就形成了寻求保护、注重权威的依附心理。而最能起这种保护作用的基层单位首先是家族。在父权家长制中家族的首领是父亲。《说文解字》在解释"父"时说"矩也，家长率教者，从又举杖"，其意义已不限于亲子的生育关系，也包含有统治与权力的意味了。所以，《礼记·坊记》说"家无二主，尊无二上"，把家长（父亲）抬到至高无上的地位。

在正常情况下，一个家族或家庭从事自给自足的自然经济，维持着家族或家庭的基本生活，家长的权威和权力也在家族或家庭的经营过程中得到巩固与强化。经过汉代董仲舒及宋明理学家的不断宣扬，家长的权威和权力已逐渐积淀并凝结在人们的心理和意识之中，并泛化到所有的权威和权力对象上去。

从教育方法的背景来看，中国的传统教育方式是"听话教育"。"听话教育"实际上就是一种鼓励顺从行为的教育。在中国古代的家庭中，由于父亲处于最高权威的地位，家长对子女的态度是生硬和命令式的，儿童往往也易于形成权威感和服从意识。即使在今天，听话往往也还是作为美德而加以称颂的，无论是在家庭、学校抑或社会，听话的人总能得到奖赏、赞扬或重视。听话是指听有权力的人的话，不论他的话是对是错，都要无条件地去听。在这种教育方式的氛围中培养出来的人，自然更容易形成恋权情结。

四、帕里斯情结的二重性在中国人社会心理结构中的地位

帕里斯情结在中国社会具有二重性，有着正负两方面的效应和影响。从负面影响而言，帕里斯情结滋长了官本位的现象，一切是非曲直都由"官"来评判，人们也用官的大小来衡量其社会地位的高低，这也在一定程度上给了权力滥用和权力腐化以可乘之机。帕里斯情结刺激了人们的权力欲望，由于它对于人们的心理有一定的诱惑力和畏惧感，它就容易构成人们生活的兴奋点，甚至促使某些人把全部精力和智慧聚焦在权力上。当整个社会或一部分社会精英这样做时，这个社会自然就难以健康发展了。帕里斯情结也削弱了公平竞争和社会活力，使那些有德有才的优秀人员难以脱颖而出。

很久以来，舆论界对于帕里斯情结大加鞭挞，可谓"群起而攻之"。其实，我认为帕里斯情结也不是"十恶不赦"的。只要我们不是以西方人（主要是美国人）的价值标准为准绳或尺度，我们也就可以发现一些帕里斯情结的正面影响，如强调社会的稳定，重视秩序，尊敬老人的"孝"，等等。这些难道不与帕里斯情结有着千丝万缕的联系吗？所以，在现代化的进程中，如何处理传统与现代的关系，如何扬弃帕里斯情结的负面影响（或许在中国社会中是主导影响）而保存其正面效应，是值得研究的问题。

帕里斯情结作为一个有特色的本土概念，在中国人的社会心理结构中究竟占有怎样的地位呢？它与面子等概念是怎样的关系呢？黄光国先生曾试图以社会交易理论为基础，发展出一套理论架构来解释这些概念之间的动力关系，黄氏的理论模式名为"人情与面子：中国人的权力游戏"，要义是将进行交易的双方界定为请托者（petitioner）和资源支配者（resource allocator），在交易过程中，互动的双方可以轮流扮演不同的角色，当请托者请求资源支配者将他所控制的资源做有利于请托者的分配时，资源支配者首先考虑的是双方的关系类型（即工具性关系、混合性关系和情感性关

系），并以此来决定采取何种社会交易法则来与对方交往。这个理论模式虽然是涉及了权力问题，但其中心概念是"人情法则"。

下面，我们试图用帕里斯权力为中心概念来统驭人情、面子、孝、关系等概念，从而揭示帕里斯情结在中国人的社会心理结构中的地位。

（一）帕里斯情结与人情

人情在中文里有许多含义。据《辞海》解释，它至少有五层意思。一是指人的情感，如《礼记·礼运》说："何谓人情？喜、怒、哀、惧、爱、恶、欲，七者弗学而能。"二是指人之常情，如《庄子·逍遥游》："大有径庭，不近人情焉。"三是指人心、世情，如欧阳建《临终诗》："真伪因事显，人情难豫观。"四是指婚丧喜庆等交际所送的礼物以及人际应酬。五是指情面、情谊。可见，只有四、五两条具有社会心理学的意义。

人情有物质与精神两个层面，物质层面的人情主要是馈赠礼物，这便是送人情。精神层面的人情主要是给人以慰藉、关怀等，这便是有人情味儿。在人们的社会生活中，人与人的相处固然是遵循着人情法则，但在许多情形下，这个人情法则并不完全是（或者主要不是）以情感性的关系为前提的，而是以权力为出发点的，也就是说，中国人的人情往往也打上了帕里斯情结的烙印。

我们不妨也用《儒林外史》这部小说来分析一下帕里斯情结与人情的关系。范进是《儒林外史》中描写的一个中国古代科举制度下的典型人物。在他尚未进学之前可谓穷困潦倒，连丈人也骂他是"现世宝""穷鬼"；进学后想跟丈人借钱去参加乡试时，还被丈人骂得狗血喷头，说他是"癞蛤蟆想吃天鹅肉""一顿夹七夹八，骂得范进摸门不着"。但是，在范进中了举人之后，这个丈人胡屠夫却转了一百八十度的大弯子，不仅打范进嘴巴的"那只手隐隐的疼将起来"，而且大发议论："我哪里还杀猪！有我这贤婿，还怕后半世靠不着也怎的？我每常说，我的这个贤婿才学又高，品貌又好，就是城里头那张府、周府这些老爷，也没有我女婿这样一个体面的相貌。你们不知道，得罪你们说，我小老这一双眼睛，却是认得人的。想着当年，我小女在家里长到三十多岁，多少有钱的富户要和我结亲，我自己觉得女儿像有些福气的，毕竟要嫁与个老爷，今日果然不错！"①

范进丈人的变化并非他与范进之间的关系（人情面）发生了变化，而是由于范进的地位发生了变化，即从一个穷困潦倒的书生上升为举人。而一旦成为举人，就意味着拥有一定的权力。自此以后，范进的"人情"礼也就滚滚而来了："有送田产的，有送店房的，还有那些破落户，两口子来投身为仆图荫庇的。到两三个月，范进家奴仆、丫鬟都有了，钱、米是不消说了。"

由此可见，中国人的一般"人情"已具有帕里斯情结的色彩了。

（二）帕里斯情结与面子

面子，又称颜面、脸面、面目，《史记·项羽本纪》："纵江东父兄怜而王我，我何面目见之？"从社会心理学的角度来看，面子是指个人在社会上有所成功或成就而获得的社会地位或声望。中国人是非常重视面子的，中国社会也是一个"爱面子"的社会。"失去面子"对中国人来说可谓奇耻大辱，会感受到"无颜见人"的心灵煎熬。对于自尊心强的人来说，面子比生命还要来得重要，"士可杀而不可辱"就是这种境界。因此，在生活中不仅自己要"维护面子""保全面子""争面子""要面子"，还要给别人以面子，"大面子上过得去""留面子"。为了面子，有人"死要面子活受罪"；为了面子，有人"打肿脸充胖子"；为了面子，有人宁愿放弃原则；等等。难怪鲁迅说：面子"是中国精神的纲领"②。

如同人情问题一样，中国人在日常生活中是遵循着"面子法则"的。但在许多情形下，一般人的面子法则也深深地打上了帕里斯情结的烙印。中国人的两大喜事"洞房花烛夜，金榜题名时"，后者就是一种极致的面子体验——意味着获得了权力、社会地位。中国人在为了办成某种事情、达成某目标时（如购买紧俏物资、寻找好工作等），总是喜欢采用"借某某人的面子"的策略，而这个"某某人"一般是有一定的权力或社会地位的，至少是与权力有密切关系的人。正如黄光国先生所说："由于'面子'不仅牵

① 吴敬梓：《儒林外史》第三回。

② 《新版鲁迅杂文集·说面子》，浙江人民出版社，2002，第101页。

涉到个人在其关系网中的地位高低，而且涉及他被别人接受的可能性，以及他可能享受到的特殊权力，因此，在中国社会中，'顾面子'便成为一件和个人自尊（self-esteem）密切关联的重要事情。"[①]

（三）帕里斯情结与孝

孝，又称孝顺、孝悌、孝敬，是指善事父母的品质与行为。孝在中国古代社会具有重要的地位，《孝经·三才章》引孔子的话说："夫孝，天之经也，地之义也，民之行也。天地之经，而民是则之。则天之明，因地之利，以顺天下。""昔者明王事父孝，故事天明；事母孝，故事地察。"[②]经过汉儒及后代儒学的提倡，孝的观念已深入人心，成为传统中国人在家庭生活、社会生活、政治生活及宗教生活中最核心的伦理基础，难怪库克（G.W.Cooke）这样写道："中国人的道德中只教的孝。"即使在现代社会，孝也是受中国人赞誉的一种美德，如杨国枢和李本华（1971）以台湾大学的学生为对象，调查他们对557个中文性格形容词的好恶度、意义度及熟悉度，发现"孝顺"一词的社会赞许度为少数最高者之一。黄坚厚（1977）以高中生和大专生为对象的调查也显示，认为向父母行孝"仍然十分必要"的人高达80%以上。

正如前面所说的，在中国古代的家庭中，父亲处于最高权力的地位，因此，孝实际上是强化家长权力的伦理—心理因素。孝的泛化也是一种对于各级权力的泛化确认，无怪乎历代统治者无不强调孝，把孝作为治国平天下的灵丹妙药。用杨国枢的话来说，传统中国不仅"是以农立国，而且可说是以孝立国"。

五、结论

本章试图提出一个反映中国人社会心理基本特质的概念帕里斯情结或称恋权情结。如果说弗洛伊德的俄狄浦斯情结反映了西方文化强调个人自由的价值取向，帕里斯情结则反映了中国文化强调社会秩序的价值取向。

---

① 黄光国:《中国人的权力游戏》，巨流图书公司，1988，第30页。

② 《孝经·感应章第十六》。

本章在论述帕里斯情结的五个表征的基础上，对帕里斯情结的原因也提出了分析与假说。

本章还对帕里斯情结的二重性及它在中国人社会心理结构中的地位进行了研究，并重点考察了帕里斯情结与人情、面子、孝等概念的内在关系。

笔者的研究还是十分初步的，主要还是理论性的思考和小规模的相关调查，还缺乏必要的实证研究，因此只是起一个抛砖引玉的作用而已，希望同仁们来携手努力，使这项研究进一步深入下去。

六、关于本文的讨论与答辩

笔者的这篇论文在我国台湾的"第二届中国人的心理与行为科技学术研讨会"上引起了非常热烈的讨论。会议组委会将讨论的记录整理给笔者，笔者也进行了答辩。这是一次有趣的学术争鸣，值得大陆学术界借鉴。因此将这次论辩的全过程作为本章的第六部分奉献给读者。

（一）我国台湾学者的评论

黄光国（台湾大学心理学教授，本文的评论人）：我先自己推销一下，他后面所谈的关于《儒林外史》那一篇，还有关于我的理论模式，在巨流出版社有卖。那本书就是《中国人的权力游戏》，有兴趣的话可以参考一下。这样谈起来好像是个笑话，可是我在谈的时候，是很严肃地讲的。这也是为什么我在早上提出说要本土化的时候，你们要交代方法论问题的原因。

我在看这篇文章时，后面有一节引用我的很多东西，然后看到它的结构的时候，我觉得方法论问题是个很严重的问题，这是需要思考的。我想这篇文章当然有很多可以谈的东西，可是我不想细谈，我还是只想谈方法论的问题，你们在思考这个问题的时候，可以从这个角度来看他的论文，你们也可以理解为什么我一直强调方法论的问题。我们看这篇文章时，它很清楚有三大部分，这三部分事实上反映三种不同的心理学理论。各位可以看到第一部分所谈的是恋权情结。他用的是心理分析的概念，事实上你们可以看到他背后有很多预设和假设，这与其他学派是不一样的。你们可以看到他提出恋权情结，是比照阿德勒的自卑情结（inferiority complex）的概念来的，整个似乎在这上面打转。各位可以注意为什么他在解释这个原因时用本能说，基本上来自一个地方，这是个要注意的大问题。第二部分各位可以看到他的恋权情结的几个表述，畏权、慕权、清官梦、升迁梦，还有滥用权等。当然他可以这样无限制地写下去。事实上这样写下去，是我们很多大陆朋友常常犯的一个毛病，也是我们讲 trait approach（特质方法）的一个很大的陷阱。我们在谈某一个概念的时候，可以把这个概念的相关特质列出来，可是不要忘掉他背后的预设是 trait theory（特质论）。如果你们注意心理学在西方的知识中是截然不同的东西，你们要注意完全是不一样的。然后情结和面子，恋权情结和孝，这里引到我的很多东西。各位可以见到为什么我在方法论上不得不交代，就是这个道理。事实上假使你们注意去看我的东西的话，从人情和面子理论模式开始，我一直采取interactionism（互动论）的立场，这种互动论的立场在心理学里面是被称作第四势力的。刚才我在报告的时候，我说下一篇要谈的东西是结构主义互动论，而互动论是我要谈的第二个主题，第一个是结构主义。换句话说，如果你们注意去看我写的人情和面子模式，我在谈文化深层结构的时候，一再强调，文化里面有很多东西是不太容易随着时间的变动而变动的，这样的东西反映着文化里面的民族精神。你们看到我的人情和面子的理论模式，是和我在儒家思想里面的新模式相对应的。我一直认为这个东西反映出《论语》里的伦理体系。然后我一再强调所采取的观点是心理学里面的结构主义观点。我谈的面子、人情、关系，非常注意中间的相对关系，而且我一再强调这种关系不是涵盖关系，而是一种辩证关系。在一种文化里面，它会引起对立立场，然后引发很多社会事件在里面发生冲突，那个冲突事实上是表象，而表象其实一直在反映着潜在的深层结构，这个事实上是我在写方法论的时候第二篇文章要交代的问题。我还没写出来，当然这位先生可能不了解为什么我那样弄。你们可以看到他这样引述下来，看起来很热闹，权力很有趣，好几个东西看起来很有趣，可是你们注意看，他事实上已经把三种不同的心理学理论，把它们整合在一起，虽然看起来很有趣，可是里面很多东西是冲突的。这样一来，马上牵涉到解释：为什么会有恋权现象？换句话讲，各位可以看到文中提出两个理由，一个是本能说，一个是工具说。事实上假使是依照我的模式来看的话，我想恐怕不能这样解释。我用一个最简单的方式来谈。我相信在座的各位看到他写这样一篇恋权情结的文章的时候，你们马上会想到一个问题：那一些人为什么会这样恋权？一定是大陆社会结构里面的一种，很多生产工具是公有的，很多人可以借用。他的权力用于假公济私的时候，这种现象就特明显。我们这里当然也可以看到，很多公家机构、很多国家也有这种类似现象。可是当社会制度转化的时候，可能这样的现象会弱掉。我的意见就是说，如果你采用互动论的概念，你不只要看它的心理特质，也要看它的制度，外在的制度，从这个制度来了解与某一个特质之间对应的关联，它们的辩证关系，你要去掌握。这篇文章的作者没有这样掌握，他提出这里面我觉得最奇怪的东西，你们注意看他引用的东西，我们常常有很多这样的毛病，不管那个作者背后的理论预设是什么，就把它引用进来，你们可以注意他事实上引一本很重要的书，这本书事实上有中文翻译，那个理论预设和前面的心理分析完全是不一样的，即是 Peter Blau《社会生活中的交换与权力》。你们可以看到他的引用里面，交换（exchange）和权力（power）事实上是相当重要的概念，但在这本书里面我们看不到所谓相对权力的概念。他提出大家都喜欢权力，可是出现这样一个问题，假使一个社会里面，不是所有资源掌握在少数人手里，假使这个社会组织里面，很多人都掌握一些资源的话，这种恋权情结会弱化掉的，它不是永远都是这个样子的。换句话说，他没有掌握到这样的恋权。可是你们可以看到在台湾地区某些社会制度里面不是那样恋权。某些情况我们又是那样恋权，没有办法掌握住这个要领。当然里面还有很多细致的东西，我不细谈，以免分散大家的注意力。可是我希望各位注意谈权力的时候，他援引某些东西背后的那种理论的意思。基本上也说明为什么我一直到现在不交代方法论的问题，很多误解就这样产生出来。谢谢！

唐××①：我想这个问题是很吸引人的，中国人的恋权情结好像一下子塞进很多样。刚才主持人也提到黄教授是权力的专家，他马上回了一句："我不是，我是权力的牺牲者。"这件事我可以印证。因为我当他的学生当了十几年，他的确是权力的牺牲者。那么权力的牺牲者为什么对权力特别

---

① 凡是用"××"者，为原记录未详细记录发言人名，现又无法查证，谨向发言的学者致歉，下同。

有研究呢？因为这里面牵涉到恋权情结的另外一个层面，这是作者没有提
到的地方。因为情结，比如自卑情结。除了又爱又怕，还有另一个含义。
它会反向作用。我不喜欢自卑，所以我要超越它，要追求成就。所以我们
对权术也是这个样子，很爱它，想要追求它。可是事实上不懂，所以一天
到晚想谈。真的是深谙权术的人，就不会轻言权术。所以我想可能今天坐
在这个地方，这也是可以印证的。这样一个矛盾的情结，在我们中国社会
里的很多地方都是可以看得出来的。像我们今天排在座位上的，一个是黄
光国，一个是余伯泉，黄光国跟余伯泉也是师徒关系，是关系最亲近的，
可是批评黄教授最厉害的，也是他这位徒弟。然后杨先生跟雷霆的关系也
是恋权情结的表现，他一天到晚缠着跟着杨先生，批评杨先生也是批评得
最厉害的。所以我想这个恋权情结的另外一个表现的样式是反作用。在这
篇文章里面就谈得比较少。我们中国人在面对权力的时候，他的表现是什
么？在未得到权力之前是什么样的表现？得到权力之后又是什么表现？这
样一个行为上特色的改变，或是它暧昧不明的地方，似乎显得谈少了一点，
这是我的一点小小感想。

余伯泉：说到这里，我稍微补充一下，我大概不是批评黄老师最厉害
的，大概是一视同仁。不过既然提到我批评自己的老师，所以我就批评一
点。刚刚黄老师评论朱永新的文章，所以我就当朱永新的台主，帮他回答
一下。刚刚老师觉得朱永新引用 Peter Blau 在 1966 年出版的书，好像有点
儿问题。我是觉得可能还算恰当，因为 Peter Blau 那本书的整个核心，事
实上讲的是权力的四个核心表现，那个说法来自美国重要的社会思想家
Emerson 的概念。Peter Blau 借用 Emerson 的概念作为整本书的核心，那四
个核心事实上是在谈人怎样获得权力，借着交易获取权力，如果我没有记
错的话，应该是这个样子，所以即使在一个资本主义社会或是一个市场经
济的社会里面，而不是一个公营企业或计划经济的社会里面，他仍然是在
争取权力的。事实上，获取权力没有错。如果从这个观点来看的话，工具
说和恋权事实上还是可以连得上的，并不见得是评论人黄光国教授所认为
说不恰当。

黄光国：假使你看 Peter Blau 的书，他有一章是谈组织里面权力的运用，
我相信你们注意去看那一章的话，会注意到他在组织里面运用权力的时候，

总是强调相对权力，这个权力不是绝对的。意思就是说，你在组织里面，我跟你打交道，你也掌握很多资源，我对你不好，你可以离开，你可以走，你可以不在这个组织里面说话。这种相对权力对我而言，是掌握交换理论非常重要的一个核心概念——当然我们可以拿权力作为工具，可是不要忘掉，如果没有组织里面这种交易，而且没有相对权力概念的话，我相信掌握不好交换理论。我强调交换理论，我跟你交换，你可以不跟我交换，你掌握很多权力，你可以走，我的观点是这样。谢谢！

×××：我想就这个观点谈一下，大陆学者的用语中可能不太用工具性，在他们来说，很可能是英文中 instrument 的意思。在这个前提下，他的意思就是说，在这种社会结构下，由于你的权力可以得到很多的报偿，因此他就会觉得要朝这个方向走，一个非常简单的解释。

×××：因为结构这个名词一直被采用，我想多澄清一点。我在想社会结构是否真的存在？是不是真的有表象结构和深层结构，还是黄老师只是用西方结构主义在套而已？这是第一个问题。第二个问题就是刚才提到的方法论问题，我觉得大陆学者对时空和对象性的描述都比较宽广，所以他们在方法论上都是一般叙述性的，有一点儿正反合的辩证的方法，并不像我们有西方思维的那种科学训练——归纳、推论的方式，所以说我们读起来感觉比较错落、比较凌乱。但是我觉得他们的描述方法，有一点儿中庸，而且蛮地道；另外涵盖得很广，我觉得蛮好的。第三个问题就是我觉得这篇论文内好像缺少对宗教性权力的描述，因为我觉得中国的宗教观也蛮强的，就好像佛教、道教等很多宗教里面都蕴含权力的关系，但他好像也没有描述出来，只停留在政治、社会结构上面。

黄光国：我刚才在谈社会组织的时候，谈到他刚才所讲的，为什么那样强调交换？那样强调组织的概念？基本上我们那样强调是想要考虑社会变迁的问题。假使你只讨论把权力当作一个特质，或者是当作心理分析里面的一个 complex，你会很不容易澄清社会变迁和权力之间的关系。即使你们注意看我的理论建构，基本上我是想用它来回答探讨社会变迁的问题。我担心你这样一谈的时候，我们具备什么特质，将来这个概念和理论建构的可用性会很有限。换一句话讲，你要思考我这样建构的时候，它的可用性用来解释什么样的东西？这个蛮重要的。所以我想必须要跟你们讲的问题要一致，如果用心理分析或特质论的话，很难回答社会变迁的问题。

×××：你是不是可以把这个再解释一下，你那个模式（model）是怎样可以变迁的问题，而别人不能解释的。

黄光国：都不看我的书，所以才会有这个问题。各位要注意回想一下早上我所讲的，我要写的三篇文章，有一篇是《人道与公道》。

《中国传统与现代化》里面我预备回顾过去所做的这些研究，你们有兴趣的话，可以看那篇。事实上那篇已经发表，好多文章已经是公开的东西，我觉得你们可以看一下。事实上我要交代的是传统文化在现代化过程里面扮演的角色是什么。这样的一个问题基本上可以回答刚才有位先生所谈结构的问题。那么是不是有社会结构这样的问题，当然它是反映在人的意识上，我们在社会生活里面，意识到这样一个东西的存在，构成我们所谈结构的基础。可是不要忘掉我在谈这个东西的时候，不只是谈社会结构，还谈关于伦理的结构，不是在讲社会的结构，而是在讲伦理体系的结构。这是不一样的。可是我认为可以谈社会结构的问题，这是两个层次。我们在理论里面可以谈，至于谈的问题，如果你们有兴趣的话，我可以举一个例子，那个例子事实上在《中国人的权力游戏》中，讲家族企业时都谈到了。我也谈社会组织这样的结构，然后在这个结构之下，人的伦理结构怎样产生影响。有兴趣的话，可以参考一下，谢谢！

×××：我刚才的问题就是说那种社会结构不是真的存在，黄老师把它建构在人的思维里面，但是我觉得这是西方实证的思维，尤其是Lacan（拉康）等人所提出的精神辩证法。我要提出的是，对中国人而言，理性思维是比较不够的，有人这样提法、那样的表示方式是说，在中国大部分的人都比较情绪化，或者是说内倾性地过日子。所以用西方理性思维的结构方法来谈中国的问题是有困难的。而大陆学者表述现象性的表述性方法，有时候是比较贴切的。即使现在台湾那种反结构的一种解释性思想已经被提出来了，甚至是用零星式的表述方法也被提出来了，但是我们现在还在研究用真正结构性的东西来谈中国人的文化，是不是有点儿时空倒错，有些怪怪的。

黄光国：我想在谈到这个东西的时候，我们就要思考一个问题，这个问题事实上是蛮关键的，就是说这位学者要探讨的是什么问题，你可以从结构性的角度来看问题，你也可以从解构的角度来看问题，关键是在你的问题，不是在你的某一种 approach（方式）。假使你要谈民进党概念的话，当然你要谈结构的问题；假使你要谈学生运动，当然你要谈结构，可是请注意那个问题意识。比方说我要谈传统文化和现代化的观点，当然要去了解传统文化的结构是什么；谈我们日常生活里面很有秩序的社会行为，当然要看它的结构是什么。我想根本问题是在于你的问题在哪里，问题意识的问题。谢谢！

文崇一：会不会是你讲得太多，我们要给你讲讲话。我说他这个卖药膏的太多，人家提一个问题，他就说你要看看我的书，书这么多！我若要全看，怎得了！而且每一个人提问题的方向是不一样的，尽管提的都是权的问题，也不一定是跟你同一个观点看这个问题，所以是不是一定要看你的书，我觉得还是可以重新考虑。这就是我对黄先生提出来的第一个意见。第二个意见是他说用一个 approach 就不能引用别的 approach 的结论或概念或意见，我觉得不是很能接受。我们做一项研究，当然是有他的基本方法在什么地方，但比如说我是用某某论的观念来写文章，但非某某论的观念假如对我的文章有用处，我想还是可以引用的，但是这个引用当然要跟文章的结构不相冲突。假使牵涉到基本理念上的冲突，当然不好引用，但是假如他了解用那个 approach 可以得到那样的结果，我用这个 approach 也可以得到这样的结果，我觉得这个引用应该是可以接受的，这是我的一个不同想法。第三点是关于恋权的问题，我觉得每一个社会的人只要是给他机会，都会恋权的，除非他没有机会恋权。在中国为什么每一个朝代都要把皇帝杀掉以后才能改朝换代呢？主要就是他不肯下来，不肯下来就把人宰掉，这就是唯一的方式，这也是人类之间的种种差异。他们就是没有办法让他下来，我想只有英国人才真的发明了一个办法，不要用比拳头，要用比人头（脑）的办法让他下来。比人头（脑）事实上不一定是对的，有的是精英政治远比民主政治好，但问题是你怎样控制精英政治的发展，怎样防止精英政治的堕落，怎样防止精英政治宰制这个社会，所以我们没有办法地适应了几千年。所有的民主政治和独裁政治在原始社会里都有过，只是方式不完全一样而已，但是观念是有过的，也做过的，比拳头和比人头（脑）都有。所以我觉得恋权情结这个问题，没必要把它牵涉到那个问题上去，但是这个社会制度本身可能有没有机会让它恋权，这恐怕是一个最主要的解释方式。

×××：我个人有一点点意见，就是有点 follow（同意）文教授的意见，当然基本上随着前面问题下来先讨论一下。这个恋权情结刚刚 ×× 小姐也提到了，这个概念要好好思考一下。对于我 follow 文教授的一个意见就是，我要请教黄老师的也是你对整篇报告充满了批评，但是我个人感觉在第九页他试图用恋权情结，假设这样一个结构、这样一个概念是我们可以接受的话，他试图用这样一个概念来串联过去我们学界与人情面子和孝道的研究，这样的串联看起来好像很有创意，也值得鼓励，是不是这样，我不晓得。虽然说，他是不同领域的，我同意文教授的观点，比较不接受说这是某某人的势力范围，你不要越界，或者这是不同的概念。如果说有个人他愿意，或者他试图从一个更深层的结构来串联过去不同的学者研究来做的话，这对于我们所谓的一个本土化的研究或者华人心理和行为的了解，是不是值得尝试的？除非他的方法是错误的。如果是错误的，黄教授您的高见在哪里？谢谢！

×××：我基本上也不是问问题，也不是针对着教授，其实我比较回应刚才 ×× 小姐提到的那个问题，针对这篇文章命名的问题，她提到"恋权情结"，我发现很多的人在一般的谈话里面，特别是新闻记者对很多复杂的情感，都套用名字叫情结。这篇文章如果引用精神分析 complex 的观念会更好，complex 里面有很丰富的内涵，但是作者在引述情结这个字眼的时候，我觉得如果用权力欲望，或者是恋权情怀的话，可能在一定程度上就没有那么大的问题，情结这个字眼蛮专业的，好像没有能够把那种反向比较复杂的内涵反映出来，这是我的一个看法。

×××：对不起，我再讲一下，黄老师又把它转化到问题上面，但是我觉得问题意识的表述，黄老师的描述也有问题。一个问题重新被提出来，因为权力这个东西已经被谈了很久，重新被提出来。总是用不同的方法来形成他的问题意识，并不是说每个人在不同的时空，就有一定的问题感，或一定的问题意识，而是因为采用不同的方法，问题才重新被提出来，所以刚才黄老师一直用结构主义思维来谈权这个问题，或者谈社会上的问题，我觉得是有问题的。比如说刚才黄老师提到伦理结构，是伦理能形成结构，还是在社会当中已经形成一个结构呢？黄老师是把结构怎样定义，怎样描述它？新的方法、新的论述被提出来，跟中国台湾目前那种语言上的用法有关系。我在美国，他们的语言用法，已经提出新的语言符号，就是说我们现在用的字眼，用我们的方法没有办法形成，就是因为我们的语言符号没有办法被正确地使用。

余安邦：因为大陆学者朱永新教授基本上他不是以 follow 特质观点来看 power 的问题，也就是说，基本上他不是一个现代心理学训练的学者。他是燕国材教授的学生，所以他所持的是一个传统中国思想的观点，虽然他用了这些字眼。我举了这样的例子，我的意思就是说当我们用现代心理学的知识在诠释他的东西的时候，可能有点儿不公平，我的意思是这样！

×××：其实根据我的了解，余伯泉基本上念他的文章，后来才加了几句，所以基本上的了解不是很够，他主要还是介绍他的文章，对不对？现在请黄光国教授回答，余伯泉也可以回答。但是在回答以前，我加了一个问题。也就是说，我也同意文崇一教授所讲，权力是很吸引人的，是不是？不是中国人才恋权。我现在问的问题是中国人的恋权行为和外国人有什么不同，他们恋权有什么独特的地方？

黄光国：刚才文教授所提的问题，跟刚才某位先生讲伦理能不能形成结构，事实上有很多东西都是关联的，我想一并回答。事实上伦理能不能形成结构，我想是研究者的二度诠释。这个牵涉到文教授所谈的第一个问题，是不是一定要看我的书，我想不一定的。可是你要了解我的话，如果你要问说伦理能不能形成结构，就请看我的书，实在是没有别的办法。你不看我的书，要跟我 argue（争论），我实在是没有办法。我的答案是不一定要看我的书，可是你想了解，就请看我的书。第二个问题，在论文里面，我们能不能采用很多不同的 approach。事实上在文教授自己的陈述里面，已经告诉我们是不行的，斩钉截铁，就是不行。怎么讲？刚才文教授谈制度和权力的关系，他已经假设我们借制度的操纵可以改变人对权力的喜爱，他有谈到民主制度这个东西，可是你注意，假使你在论文前面开始的时候，就假设我用 ×× 的概念，你可以看到恋权的原因，它就是本能说。请问我怎么用制度去改变人的本能？这是不可能的事，所以这里面已经造就内在矛盾。所以在我来看，我们对理论的严谨是必要的，我们看到很多论文，常常就是有很多奇怪的观点。人家是不同预设的东西，我们通通扯在一起，你看起来是很贴切，可是到最后文章就死在那个地方，我觉得是要注意的。谢谢！

余伯泉：我刚开始也提到，余安邦讲的问题也有可能会发生，而且应该是有可能发生。因为念的过程中，比如说我的口音当然跟他不一样。如果有误解的地方，我是想请余安邦尽量把每一点都提出来，免得大家被我误导，否则我会回去睡不着觉，而且也不好意思。不过如果就你刚才指的那一点，我想我是蛮清楚的，我刚一开始用的字我很清楚，我是用启发，我没有用 follow 这个字眼我很清楚，我说他是因为 Freud（弗洛伊德）讲到这几个情结，所以得到启发，印证他的东西，而不是用 follow。所以如果有误解的话，请余安邦教授解释一下，就是关于情结这个字眼，刚才因为时间的关系，所以没有讲得比较清楚。我刚才提到两重性，事实上他这些地方都有提到，但是没有串联起来，我们可以把它串联起来。在后面第九页提到二重性，他是指恋权情结的影响和效应；在第四页提到所谓的两重性，很可能是所谓情结内在复杂的东西。也就是比如说，一位中级干部在大陆这样的一个社会里面，要借抓权来改革，如果没有权力，没有抓权，你就不能改革。恋权情结是整个内在辩证的复杂过程，所以他有可能是在类似这样的意义上来建构情结，所以后面的话是属于一个两重性的效应后果的正负性，可能可以这样把它串联起来。然后他遇到一个重要的问题，在他前言里面的重要问题。刚刚提到 Peter Blau 的东西，讲人与人之间的关系，无论是内地这样的社会，或一个资本主义的社会，像文崇一讲的，都是很有可能的，不会因此而消失。谢谢！

×××：我想刚才余伯泉讲的两重性，这个也是大陆很喜欢用的术语。我想在这里解释一下，我常常感觉你们常常预设这种文章，可是它是一种很简单的叙述文章，你们把它想得太深入了，深入到原来意思不是这个意思。他的意思就是说，你得到权力之后，你可以去做坏事，也可以去做造福人民的好事，所以这件事情是一刀两刃，有好处，也有坏处，他就是这样的简单解释，我觉得是这样子。谢谢！

（二）笔者的答辩

1992 年 4 月，在台北南港"中研院"学术活动中心召开了"第二届中国人的心理与行为科技学术研讨会"，笔者因故未能赴会，但拙文由余伯泉先生代劳在会上宣读，并由黄光国教授担任评论员。黄先生等提出了许多中肯的意见，记录稿达万余言。虽然对有一些观点仍有不同意见，但对本人进一步深化这一课题的研究，无疑有着积极的意义。同时，也对台湾地区学术界的争鸣讨论风气留下了深刻印象。

在正式讨论本文的主题前，笔者想就评论人黄光国教授等提出的若干问题做一些说明。

1. 关于方法论的问题

方法论是科学研究的灵魂。工欲善其事，必先利其器。评论人认为，拙文的"方法论问题是个很严重的问题"，其理由是拙文的三大部分"事实上反映了三种不同的心理学问题理论"。也就是说，第一部分用的是心理分析的概念，第二部分用的是特质论，第三部分则是用的被称为第四势力的"互动论"。

且不说拙文在写作时是否自觉地引用了上述三种理论，关键是在社会心理学的研究中究竟是只允许一元论还是提倡多元论的问题。笔者认为，社会学也好，心理学也罢，研究者既可以用一种视角或一种研究方法研究一个问题，也可以用多重视角或多种研究方法研究一个问题；还可以用一个视角或一种研究方法同时研究几个问题。研究可以是描述性的，也可以又是解释性的、预测性的或规范性的。至于用哪一种或哪几种理论去描述、解释、预测或规范，完全取决于研究者的价值取向和研究进程的实际需要，完全不必要抱住一种观点（如 interactionism）不放。

事实上，尺有所短，寸有所长。每一种研究视角或一种研究方法乃至相对成型的方法论体系都有其存在的价值，但一般也有缺陷或不适用之处。作为一般的社会科学研究，尤其是描述性研究、解释性研究，其主要任务是阐释现象、揭示原因，并无必要恪守某一理论。即使是建构一种新的理论体系或理论框架，也不一定只能运用一种方法论。

另外，我们用了"情结"（complex）这个概念，并不意味着就是用了心理学分析的理论，而只是借用心理分析学者提出的概念，来说明我们讨论的问题的性质而已。在这个意义上说，笔者同意文崇一先生的评论："我们做一项研究，当然是有他的基本方法在什么地方，但比如说我是用某某论的观念来写文章，但假如非某某论的观念对我的文章有用处，我想还是可以引用的，但是这个引用当然是要跟文章的结构不相冲突。假使牵涉到基本理念上的冲突，当然不好引用，但是假如他了解用那个 approach 可以得到那样的结果，我用这个 approach 也可以得到这样的结果，我觉得这个引用应该是可以接受的。"

社会科学的研究当然也有真理或谬误，但究竟是真是误，尚需社会实践来检验，有时需要一个漫长的社会实践过程来检验。所以，对待社会科学研究，特别要学会宽容大度。用自己信奉的理论或方法去判别一切，显然是失之公允的。

2.关于情结的命名问题

恋权情结虽然是由笔者初次提出，但情结这个概念却是一个地道的舶来品。在一般的中文用语中，只有诸如情面、情怀、情趣、情文、情节、情网、情状、情欲、情实、情知、情赏等概念，而没有"情结"的词汇。我曾随机询问过数十名非心理学工作者，结果无一人能准确说出情结是"精神分析学派的一个主要概念……是一种受意识压抑而持续在无意识中活动的，以本能冲动为核心的欲望"[1]。心理学的专业辞书给情结下了这样一个定义："由一些被意识压抑的意念（即无意识的思想、感情、知觉、记忆等）所组成的具有类似核心作用的复杂的心理现象。它能吸附许多经验，使当事者的思想行为及情绪易受这种情结的影响而遵循一定的方式进行，形成固定的行为模式。情结是精神分析学派的一个基本概念。"[2]中国台湾学者张春兴教授则提出了关于情结的两种解释："（1）多种观念错综复杂结合在一起，所谓百感交集的心境即属之；（2）指被压抑的情绪性的观念，此等观念平常存在于潜意识境界，一旦表现于行为，多带有反常的性质。"[3]

---

① 《辞海》（中），上海辞书出版社，1999。

② 朱智贤主编《心理学大词典》，北京师范大学出版社，1989。

③ 张春兴编著《张氏心理学辞典》，东华书局，1989。

在上述定义中，情结具有这样一些基本的特征：情结是一种复杂的心理现象，是多种情绪交织在一起的"情意综"；情结是一种与潜意识或本能有密切关系的欲望或冲动；情结的表现形式会形成一定的行为模式，有时会以相反的方式出现。

有人在评论时认为："这篇文章如果引用精神分析 complex 的观念会更好，complex 里面有很丰富的内涵，但是作者在引述情结这个字眼的时候，我觉得如果用权力的欲望，或者是恋权情怀的话，可能没有那么大的问题，情结这个字眼蛮专业的，好像没有能够把那种反向比较复杂的内容反映出来。"说拙文没有把恋权情结本身具有的复杂的特点充分加以揭示和说明，笔者是承认的，对于这种复杂的心理结构分析是很难在一篇文章中实现的，这是一个长期的过程。但是，并不能因此就否定恋权情结这一概念的命名，在这样一个命名之下，当然也不仅要本人独立去求证，这可以激起许多人的探索欲望。事实上，诸如评论的意见在许多方面就已经帮助笔者在进一步完善这一命名。

事实上，情结在心理学的专业书刊中并不是稀见的概念，如纯爱情结（Antigone complex）、学徒情结（apprentice complex）、杀弟情结（Cain complex）、阉割情结（castration complex）、遁世情结（claustral complex）、戴安娜情结（Diana complex）、女性情结（femininity complex）、祖父情结（grandfather complex）、恋女情结（Lear complex）、恋子情结（Jocasta complex）、报复情结（Medea complex）、优越情结（superiority complex）、自卑情结（inferiority complex）等。[1]这些概念中情结的蕴含并不完全相同，甚至相去甚远，但只要大致反映了情结概念含义中的两条，一般就可成立。在此意义上说，恋权情结还是可以成立的。

3. 关于本能说和工具说

拙文在探讨恋权情结产生的原因时，引入了本能说和工具说两个概念，并表示作者倾向于工具说。但从"情结"一词本身的内涵来说，就或多或少具有"本能"的色彩。评论人认为"这里面已经造成内在矛盾"。

其实，我们虽然可以举出美国祖居民族印第安人的民族社会并不恋权

---

① 张春兴编著《张氏心理学辞典》，东华书局，1989。

的例子，但这里的"权"往往是就"政治权力"意义上而言的，而权力的表现形式不限于此，或许我们并未真正发现他们所恋的"权"而已。从人的心理需要而言，对于某种权力的需求在一定程度上是出于潜意识或本能。这是就恋权情结的产生根源而言的，但由于"权力"本身是与一定的客体和一定的资源相联系的，所以在实际运作的过程中它又不可避免地带有工具性。也就是说，没有一定的客体，权力就只能停留在一种虚拟的权力欲望状态，而不是实在的权力；而没有一定的资源，权力主体就失去了可用与影响权力客体行为的基本手段，也不可能产生现实的权力。换言之，"工具"将"本能"变成了现实。

根据托夫勒（A.Toffler, 1990）的研究，权力是一种有目的的支配他人的力量，是由暴力、财富和知识三者构成的。最简单地体现权力的方式就是行使暴力。这是一种低质量的权力形式，它缺少灵活性，只能用于惩罚，并且风险很大。财富则不仅可以用于威胁和惩罚，还可用于奖赏，比暴力灵活得多。而高质量的权力则来源于知识，它能扩充武力和财富的数量。在不同的历史阶段，暴力、财富和知识在权力实现过程中所起的作用是不同的。工业革命以前，是暴力支配的时代；工业时代，财富正日益增加权力的筹码；而正在到来的新世纪，知识则成为胜败存亡的关键。

黄光国先生在评论拙文时说："……为什么会这样恋权，一定是大陆社会结构里面的一种，很多生产工具是公有的，很多人可以借用。他的 power 假公济私的时候，特别有这个现象。我们这里当然也可以看到，很多公家机构、很多国家也有这种类似现象。可是当社会制度转化的时候，可能这样的现象会弱掉。"这里黄先生把社会制度的问题扯了进来，认为"在台湾地区某些社会制度里面不是那样恋权"，真可谓滑天下之大稽，每一次选举过程中台湾搞出来的花样都可称为"世界之最"，这难道不是台湾人恋权情结的最好写照吗？况且，是权力形式不同而导致了不同的权力观而已。"人同此心，心同此理"，王阳明的这句话不正是从另一角度说明了心理的普遍法则吗？

4. 关于权力、权威与权术

权力又称控制力或影响力，权力能够使其他人按照控制者的意志去行动。权威一词远不像权力一样有基本一致的共识，有人把权威与权威主义等同起来，认为它是一个贬义词，指的是滥施淫威，是践踏自由的压制性权威；也有人把权威视为权力的一种形式，如由联合国教科文组织赞助的一项术语研究指出，权威一词的"普通用法"是"得到同意、尊重和承认的合法权力"。

美国学者乔·萨托利（G.Sartori）对权力和权威的关系做了如下的阐释："权力发号施令，并在必要时援之以强制；权威则'呼吁'，它没有惩罚的功能，一旦它进行强制，便不再是权威了。因此权威是一种权力形式，一种影响力的形式，它来自人们自发的授权，它从自勉服从、为民认可中得到力量。我们同样可以说，权威是建立在威望和尊敬之上的权力。"①很明显，他是把权威视为一种特殊的权力形式。在他看来，没有权威的权力便会是一种压制性的权力或软弱无力的权力，权威的作用和范围越大，权力的作用和范围就越小。两者呈负相关。但也有人不同意这种区别，如被誉为"60年代以来最有价值的权力学著作"《权力——它的形式、基础和作用》的作者丹尼斯·朗（Dennis H.Wrong），就主张把一切"命令—服从"关系都归纳到"权威"之下。②

丹尼斯·朗依据各种服从动机之间的差别，把权威分为若干不同的类型：一是强制性的权威，二是引诱性的权威，三是合法的权威，四是能力权威，五是个人权威。其实，他的分类也不一定合理，因为上述五种类型实际上是从不同侧面反映了权力问题。强制性权威和引诱性权威，是从权力运用的手段，即用强制性的威胁手段或是用引诱性的经济奖赏对人施加影响。合法的权威是说明权力的来源情况，即权力拥有者根据合法的途径和共同的规范对别人施加影响。能力权威和个人权威则是根据以专业知识或技巧为基础还是以个人的品质为基础对别人施加影响来划分的。③

笔者赞成权威是一种特殊的权力的提法，为了叙述的方便和研究的需要，笔者用法定性权力和威望性权力来分别界定权力和权威。

法定性权力（权力）来源于领导者的职位，也就是说一个人担任了某个职务或有了某种特殊的社会地位，他就掌握了这个职位所提供的法定权

---

① ② ③　丹尼斯·朗：《权力——它的形式、基础和作用》，高湘泽等译，第3章，桂冠图书股份有限公司，1994。

力。这时，他的言行对其部下就有着很大的影响力，他也可以凭借法定性权力来决定或者改变其统辖范围的有关行动。法定性权力的影响具有强制性。法定性权力的拥有者可以调遣和任用下属的人员，可以依照一定的法规和程序给他们以奖赏或者惩罚，比如表扬、奖励、晋薪、提升等，又比如批评、惩罚、降级、除名等。这些都迫使着下属接受领导者的意志，并且按照领导者的意图去进行工作和完成任务。领导者的职位越高，法定性权力就越大，其具有的强制性影响力就越强。

威望性权力（权威）指领导对下属的非权力性影响力，许多情况下，领导者凭其品质、知识、能力和感情等非权力性的东西来吸引部下，使他们自觉自愿地接受领导者的影响，心悦诚服地服从指挥。越是德高望重的领导，其威望性权力就越大。

法定性权力与威望性权力（权力与权威）在构成上有着很大的区别。法定性权力的获得是靠外界赋予的。人们服从领导的法定性权力，有时候是出于延续几千年的传统观念，即认为领导就是要服从；也有时候是出于对领导职责的敬畏，因为领导者对下属有一种强制性力量，利用权力可以在很大程度上左右甚至改变下属的处境，所以一般人对操纵着自己命运的领导者总是有着几分畏惧感，容易产生服从的心理与行为；还有，领导者的资格和经历也会产生法定性权力的效应。在一般情况下，人们更容易敬重一位资历较深的领导，对其言行易产生好感，对其指挥也易信服。总之，由传统观念、社会职务和本人资历所形成的法定性权力，都不是领导者的现实行为造成的，而是由于领导者所处的职位所带来的，任何人处在相应的领导职位上都可以获得这种法定性权力，而与其个人的才能、品质无直接关系。使用法定性权力会使下属产生服从感、敬畏感与敬重感，但如果过多地使用，忽视威望性权力的运用，也会疏远与下属的关系。

威望性权力主要由领导者的品格、能力、知识和感情等个性因素构成。品格主要包括道德、人格、品行、作风等因素，是一个人的本质表现。如果领导者在品格方面立得正、过得硬，将会使下属产生敬爱感。领导者的能力主要反映在能否胜任领导的工作，能否给下属带来希望，能否使其部门或区域走向成功。人们对于那些具有全面的能力，能带领他们不断走向成功和辉煌的领导者会产生由衷的敬佩感。领导者的知识水平也是构成威望性权力的因素，因为知识水平是衡量一个人是否成熟以及能力大小的主要标准之一，知识丰富的领导善于把握为人处世的分寸，善于及时解决业务上的难题，易使人产生心悦诚服的信赖感。领导者的感情因素同样也是构成威望性权力的基本因素。领导者与下属的关系，固然是命令与服从的关系，但更重要的是人际间的感情关系。如果领导者与下属建立了亲密和信赖的感情关系，在工作中就容易出现协调的合作关系，就能最大程度减少人际间的摩擦阻力，从而感情融洽、心情舒畅，使每个人都能发挥出自己的最佳作用。

综上所述，我们可以把权力与权威的构成特征用下表加以表示：

	构成因素	权力影响的特征	下属的心理反应
权力	传统因素	观念性	服从感
	职位因素	社会性	敬畏感
	资历因素	历史性	敬重感
权威	品格因素	本质性	敬爱感
	才能因素	实践性	敬佩感
	知识因素	科学性	信赖感
	感情因素	精神性	亲切感

一般来说，权力（法定性权力）总是一个常数，除非职位升迁，不会出现变化；权威（威望性权力）则是一个可变函数，其变化值因人而异，差距往往很大。因此，要从总体上强化权力，只有加强威望性权力的影响。而且，从权力影响的对象与情景来看，法定性权力往往适合于文化层次相对较低、组织机构与形势相对简单明了的情形，而威望性权力则往往适合于文化层次相对较高、组织机构与形势任务相对复杂模糊的情形。

从比较文化心理的角度来分析，中西方对待权力（法定性权力）和权威（威望性权力）的态度有着明显的差异。从总体上来说，中国传统社会具有崇拜权力而抑权威、重政治而轻学术，即强化权力而弱化权威的倾向。

西方政治思想中注重探究自然的科学精神以及注重知识分子参与政治生活，具有悠久的传统。英国哲学家罗素在《西方的智慧》一书中就指出："发源于希腊的西方文明，是以距今 2500 年前开始于米利都的哲学和科学为基础的。这样，它就有别于世界上其他伟大的发明。"古希腊柏拉图（Plato）的理想就是智慧的统治（sophocracy），即委托聪明人和智者（sopho）进行统治。空想社会主义者圣西门的"宪法方案"也是由"科学的建设性力量"起主导作用，其中操纵工业制度的是三个机构："发明会"由 200 名工程师和 100 名艺术家组成；"审议会"由 100 名生物学家、100名物理学家、100 名数学家组成；"执行会"全部由成功企业家组成。在现代社会，权力受到了愈来愈多的监督与限制，而权威却渗透着社会的每个领域，权威愈来愈多地得到权力，专家型的政治家在政治生活中的作用愈来愈大。而且，即使不拥有权力的权威，在生活中仍受到人们的广泛尊重。

在中国，与权威相联系的知识一开始就打上了浓厚的伦理政治色彩。在古代社会，一切知识都要能够容纳在封建等级制度与宗法家族制度交织而成的伦理政治关系的网络中，知识和知识的拥有者只有成为这个偌大网络中的一个"网结"，才得到青睐与重用。换言之，知识分子只有与权力相结合，才能有真正的归属感，才能受到人们的尊重。在中国古代，知识分子的最高"境界"是"金榜题名时"，你纵然学富五车、满腹经纶，如果不拥有权力，一切都是虚枉，社会不承认你，你也只能伤魂落魄，也只好不断敲撞科举之门。在元代，统治者曾规定了社会的等级序列是"一官、二吏、三僧、四道、五医、六工、七猎、八民、九儒、十丐"，把知识分子列为行九。

在中国当代社会，重权力而轻权威的倾向仍然存在。一个人在科技上有突出贡献，似乎本身不是价值，社会对这种贡献的赞颂似乎也不是正式的价值判断，只有在权力结构中安排一个位子，标明什么级别，上上下下与本人才能获得心理平衡。在中国，与权力相联系的级别问题非常盛行，几乎所有单位与个人都摆脱不了行政级别的魔圈，学校要级别，医院要级别；学校内部纯学术的职务也要和行政级别挂起钩来，甚至连寺庙里的和尚也有高低不等的级别。"官大一级压死人"，似乎社会只有在级别的序列中才能运转。在许多高等学府，教授的意见往往也是"人微言轻"，而校长、处长乃至科长却可以发号施令，颐指气使。在知识分子密集的高等学府尚未真正形成尊重知识、尊重权威的氛围与机制，在社会上这样的氛围和机制形成就更需时日了。可以想见，只有知识分子在社会中的地位不断提高，直接参与决策行为，形成咨询、决策的科学体制，中国的民主化进程和现代化的速度才会大大加快。

此外，补充一点，权术是介于策略与阴谋之间的权力运用手段。在社会生活中，人们往往运用权术来获取权力或放大权力，实现个人或组织的政治目的。

第二十章　中国古代学者对于大脑研究的贡献

在两千多年的历史长河中，中国古代学者也与其他各国学者一样，对人类的心理现象及其规律进行了探索和研究。在中国古代汗牛充栋的经史典籍中，蕴藏着极其丰富的心理学思想。本章仅就中国古代学者对于大脑研究的贡献做一初步介绍。

在中国古代，把心脏视为人的心理活动的器官的学说一直占据主导的地位。尽管如此，仍有许多学者试图探究大脑与心理活动的关系。中国早期医学名著《黄帝内经》（成书于战国时期，约前475—前209）就指出"头者精明之府"，并且论述了脑对身体和心理的影响："髓海有余，则轻劲多力，自过其度；髓海不足，则脑转耳鸣，胫酸眩冒，目无所见，懈怠安卧。"这是"脑髓说"的萌芽。

这个萌芽迄至明清才绽放绚丽之花朵。明代医学家李时珍（1518—1593）明确指出："脑为元神之府。"[1]金正希、汪昂、王夫之等医学家和哲学家也都有相同的论述。但是，中国古代对于大脑研究做出重要贡献的当推清代的刘智和王清任。

《天方性理》是一部重要的哲学和心理学著作，书成于清康熙年间（约1704年）。在这本书中，刘智融合了儒、道、佛的理论，伊斯兰教义及阿拉伯医学的大脑解剖知识，中医的经络学说和西方的自然科学知识，对于"大

---

[1]　《本草纲目》，三十四卷辛荑条。

世界"（宇宙或物质世界）和"小世界"（心理或精神世界）的产生与发展
做了详尽阐发。在第三卷中，他用图 20-1 形象地表明了心理活动中各种器
官的关系，提出了大脑总觉作用的思想。他认为，人的各种感觉器官和脏
腑（如图 20-1 的眼、耳、口、鼻、四肢百体以及心、肺、肝、脾、肾等），
都不过是"各有不同"，有其各自特殊的心理功能。但大脑却能够"总司其
所关合者"，具有统摄各个器官的总觉作用。它表现在两个方面：（1）"纳
有形于无形"，即把人们曾经看过的、听见过的、感知过的东西，储存藏纳
于大脑之中；（2）"通无形于有形"，即指大脑与视觉、听觉、嗅觉和动作
等感觉运动器官之间具有某种经络通道，从而使这些感觉运动器官具有相
应的心理功能，如视觉、听觉、味觉、嗅觉乃至手足的运动、痛痒的感觉
等。《天方性理》把人的知觉能力分为十种，即寓于外的视觉、听觉、味觉、
嗅觉、触觉和寓于内的总觉、想、虑、断、记等。寓于外的五种知觉"寄
之于耳目鼻肢体"，是五官的机能；寓于内的五种知觉"位总不离于脑"，是
大脑的功能。为明了清楚起见，将刘智关于大脑功能定位的论述用表 20-1
列出。

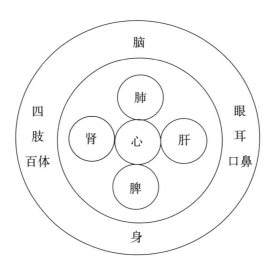

图 20-1　内外体窍图

表 20-1　刘智关于心理功能及其大脑定位的论述简表

五种知觉	功能	脑中定位
总觉	统摄内外一切知觉，控制全部心理活动	脑前部
想	追想往事，为总觉提供素材脑	前中部
虑	分析追想的内容，审度它的是非可否	脑中部
断	果断抉择最适宜的审度或认识	脑中后部
记	收藏一切见闻知觉	脑后部

在世界心理科学的历史上，刘智的大脑功能定位的思想，较加尔（F.J.Gall，1758—1828）的大脑皮层机能定位的观点要早二百年左右。

清代名医王清任（1768—1831）在长期的医疗实践中，对一百多个因瘟疫而死的小儿尸体和刑事犯的尸体进行了解剖研究，并多方请教经验丰富的人，在《医林改错》一书中进一步发展了"脑髓说"。

第一，他提出了"灵机记性在脑"（即记忆在脑）的观点。第二，他指出了脑与各感官之间的联系，认为听觉、视觉和嗅觉等感官都有"通脑之道路"，大脑对于上述感官有支配作用。第三，他指出了脑髓生长与智力发展的联系，认为人的智力发展，人的视觉、听觉、嗅觉、言语、记忆等心理活动是与大脑的发育与完善密切联系的。他认为，大脑的发育成长是从不完善到完善再到逐步衰退的过程，因此在人的智力发展的"小儿"和"高年"阶段都"无记性"（记忆），其他心理活动也受到限制，这是由于前阶段"脑髓未满"而后一阶段"脑髓渐空"所致。第四，他论述脑的病理学与生理障碍，认为"癫狂"病人表现出各种不正常的心理活动如"哭笑不休，詈骂歌唱，不避亲疏"或暂时失去知觉，都与大脑的病理障碍有关。第五，他提出了大脑两半球功能差异的设想。他根据对中风病人口眼歪斜症状的观察得出下述结论：大脑的左半球主要管制右半边身体，右半球主要管制左半边身休。

通过以上的考察，我们可以发现，中国古代学者也为世界心理学做出了自己的贡献，他们的发现和发明应该载入中国和世界心理学的史册。

第二十一章　中国社会改革的心理探索

　　既要坚持四项基本原则，又要坚持改革开放，这是党的十一届三中全会以来路线的基本内涵，也是我们的基本国策。目前，改革的浪潮正在冲击着我国社会生活的各个方面，在政治、经济、文化、心理诸方面产生了深刻的变革。正确地分析心理因素在改革过程中的作用，把握人们对于改革的态度，提高人们对于改革的信心、期望水平和心理承受力等，既是改革得以顺利进行的必要要件，又是制定改革方案、政策、策略所面临的细致而复杂的现实问题。

一、社会改革与社会心理的关系

　　社会改革是一场社会革命，也是一场心理革命。没有一场真正的社会革命不触及社会成员的心灵深处，也没有一场社会革命不需要克服社会的心理阻力。

　　社会心理是看不见、摸不着的，但它的影响和作用却是巨大的，在某种意义上说甚至是决定性的。辛亥革命之所以未能成功，很重要的一点就是没有唤醒民众，广大民众没有理解和接受先进资产阶级的思想，当革命者被枪杀时，他们反而充当"看客"。一场革命即使成功了，如果没有心理上的革命，社会的革命也可能倒退回去，或在革命的旗帜下掩盖着腐朽的内容。

　　根据文化学的研究，社会文化可以分为三个层次：第一层是物质层和物化了的意识，如生产水平、社会意识形态等；第二层是制度、结构、关系层，包括在一定的社会物质文明基础上建立的政治、经济体制，管理系统和人际关系等；第三层则是心理层，包括人们的思维方式、情感方式、价值观念等。每一次社会革命都是先触及物质层，然后深及制度层，最后才达到心理层。封建社会，小农经济的生产力是物质层，以此为基础的宗法制度和专制机构是其制度层，由此所产生的保守、封闭、宗法的观念等则是心理层。物质、制度结构的变化可以用强制的手段改变，心理层却无法强制，要靠长期细致、耐心的改造。以中国近代史上的变革为例，就可以看出这一逻辑进程。

从 1840 年帝国主义的大炮打开了中国的大门，清王朝的妄自尊大再也无法维持，对"船坚炮利"的"奇技淫巧"再也不能鄙视不顾。于是开明的官绅们搞起了洋务运动，引进了现代的军事工业。那时候坚持的是"以我为本"，"中学为体，西学为用"，革新停留在物质上，着眼于"师夷长技以制夷"。

1894 年甲午海战，洋务派苦心经营的海军一败涂地，人们开始发现，纵有现代工业技术，在原有腐朽没落的政治统治下，也无济于事。于是戊戌变法、辛亥革命开始了，革命深入到了中层，着眼于改革社会的政治经济制度。同时各种科学思想也纷纷被引进，产生了"中学"与"西学"的争论。

可是戊戌变法和辛亥革命的失败又一次向人们敲响了警钟：光有制度的变革，就是把外国的体制、管理措施照搬过来，仍然解决不了中国的问题。于是产生了"五四"时期的思想大革命，要求改造民族心理，遗憾的是这场思想革命未能持久，就被更紧迫的民族危机掩盖了。

可见，没有社会心理的变革，社会改革就不能贯彻到底，不能取得真正的胜利；但没有社会生产方式、经济体制和政治体制的改革，心理革命也不可能取得彻底的胜利。它们处于一种相互依赖、相互促进的关系之中。

二、改革的心理准备

"凡事预则立，不预则废。"改革能否成功，在很大程度上取决于人们的心理准备是否充分，是否具有广泛的群众基础。人的心理具有选择和定向作用，即对人的活动进行动态的控制与调节。它决定着一个人做什么、不做什么以及用什么方式去做。有了心理准备，就能使人们的行为在一定程度上从盲目到自觉,从被动到主动。

改革的心理准备,就在于要使广大人民群众看到改革的宏伟蓝图,了解改革的意义与必要性。只有把握了改革的目标与可行性,才能提高人们参加改革的应激水平,增强克服困难的智慧与勇气。改革的心理准备,还在于要使人们预先估计到改革的复杂性与曲折性,不要把改革想象成只有美好,没有难题。唯有这样,才能提高人们对于改革出现问题的敏感性,以免造成心理上的紧张感、压力感与茫然感。

有关调查显示,我国目前进行的轰轰烈烈的经济和政治体制改革,乃是民心所向、众望所归,改革已具有良好的心理准备,这就为改革的深发展提供了良好的社会心理氛围。四川省 80 多个地、市、县企业中 4126 个人"对改革的意见"①足以说明人们的改革愿望之强烈。

当提出"现在改革存在一些问题,但总比不改革好"时,得到的回答是:

同意	不同意	说不准	其他
3729 人	107 人	267 人	8 人

当提出"您认为近年来群众的生活水平如何"时,得到的回答是:

有显著提高	有一定提高	有所下降	其他
1257 人	2739 人	90 人	19 人

当问到"如果国家对失业者发放最基本生活费,应该允许一部分人失业"时,表示:

赞成	反对	无所谓	其他
2478 人	1147 人	464 人	19 人

当问到"如果实行企业破产法后您单位可能破产,您认为该不该实行"时,回答:

----

① 《中国青年报》,1986 年 6 月 11 日。

应该	不应该	无所谓	其他
2242 人	871 人	740 人	52 人

　　中共武汉市委宣传部和武汉市社会科学院对武汉市各阶层群众进行了抽样调查，结果也表明了改革的意识已在人们心中扎下了根，人们已形成了对改革的强烈要求和紧迫心情（见表 21-1、21-2、21-3、21-4）。[①]

表 21-1　对改革必要性的评价

对改革必要性的评价	人数 / 人	百分比 /%
没有必要，像以前那样生活就行	27	2.22
不很重要，不改革也过得去	23	1.89
相当重要，不改革无法实现现代化	373	30.74
非常重要，不改革民族即无法求生存	777	64.00
不详	14	1.15
合计	1214	100

表 21-2　改革对自己的关系

改革对自己的关系	人数 / 人	百分比 /%
改革是全民族的大事，与每个人都密切相关	1015	83.61
改革是领导的事，老百姓管不了	88	7.25
改革与自己无关	12	0.99
改革与自己有关，但关系不大	88	7.25
不详	11	0.90
合计	1214	100.00

表 21-3　改革的参与意识层次分布情况

参与意识	人数 / 人	百分比 /%
不参加	14	1.15
参加，但不出头露面	68	5.61
随大流	162	13.36
如有机会，试着干干	182	15.00
看准方向，适时参加	147	12.12

---

　　① 武汉市各阶层群众改革意识联合调查组：《社会改革背景下的城市社会心理》（王铁、刘崇顺执笔），《社科信息》1987 年 5 月增刊号。

续表

参与意识	人数 / 人	百分比 /%
积极投身，献计献策	444	36.57
做改革的先锋，大显身手	139	11.45
其他	32	2.64
不详	26	2.14
合计	1214	100.00

表 21-4 对改革前景的预计

前景	人数 / 人	百分比 /%
改革必定成功，现代化必定实现	510	42.01
有一定成效，但不能叫人满意	345	28.42
很难预料	338	27.84
未表态	21	1.73
合计	1214	100.00

以上是关于经济体制改革的一些调查。《中国政治手册》公民政治心理调查组还发表了关于政治体制改革的心理调查结果。该调查显示，我国公民政治心理中要求改革的张力业已形成，有 72.5% 的被调查公民将政治体制方面存在的弊病看作中国不发达的重要原因；有 75.06% 的公民表示希望中国的民主与自由进一步发扬和完善。而且，中国公民已经开始要求通过不同途径和方式对中国的政治体制进行改革（见表 21-5）。

表 21-5 公民对政治体制改革的评价

主要观点	百分比 /%
最好维持现状，改来改去没有什么用	13.3
暂时别动，不然会变得前途难测	5.37
谨慎地试验，进行调整和改革	34.47
对政治体制进行大手术，立即进行全面的政治体制改革	17.23
广泛吸取各种思潮，创造政治体制改革的环境	15.04
不清楚或其他	14.59

该调查还显示，我国公民对于政治体制改革已有良好的心理准备，对于政治利益调整和权力结构变化的承受能力也已具备。大多数的公民对政治体制改革充满希望，并要求不要因为改革过程中出现暂时或局部失误和紊乱而中止或停止改革（见表 21-6）。

表 21-6 公民对改革中出现意外情况的看法

主要观点	百分比 /%
不必大惊小怪，在改革中解决实际问题	36.87
宁愿停止改革，也不愿破坏安定团结的大好局面	5.16
要在群众能够接受的情况下进行改革，不要破坏社会心理的稳定	20.13
改革必然带来局部混乱，只有通过继续改革来消除	21.02
要不惜一切代价把改革搞下去	9.59
其他	7.23

总而言之，改革八年来，人民群众的心理状态已发生了很大变化，改革已具备了比较稳定的社会心理基础。如果说改革之初群众的积极性源于对旧体制的不满和对新生活的向往，那么目前则由于直接感受到了改革所带来的实际好处，而倾向于支持改革。同时，改革是艰苦的努力，是社会主义制度的自我完善，不可能不遇到各种困难和阻力，因此改革的征途中要战胜许多障碍，包括情感上的障碍。这就提醒我们，改革既要勇往直前，又须谨慎从事。

三、改革的心理障碍

任何改革总不会像平川纵马、河边嬉水，它总是严峻的、曲折的、艰苦的，总会遇到形形色色的阻力与障碍。正如邓小平同志所说的："生产关系和上层建筑的改革，不会是一帆风顺的，它涉及的面很广，涉及一大批人的切身利益，一定会出现各种各样的复杂情况和问题，一定会遇到重重障碍。"[1] 心理障碍就是其中之一。改革的心理障碍除了传统的思维方式和价值观，还有许多社会心理的障碍，现就其中几种主要的障碍做一些剖析。

（一）失衡心理

在改革过程中，从观念、理论、政策的急剧更新，到体制模式本身的迅速变更，都使在旧的稳态社会中生活惯了的人们不时地产生这样那样的

---

[1] 邓小平：《邓小平文选》第 2 卷，人民出版社，1994，第 152 页。

失衡心理。失衡心理是由人们行为规范的更新和改造引起的，在急剧变化的政治、经济背景下，人们往往会在观念上、习惯上和情绪上失去行为规范的"参照系"，就会呈现不平衡的心理状态。它往往是在与旧体制、旧结构相联系的行为规范被突破，而与新体制、新结构相联系的行为规范尚未成型的临界点上形成的，因此，在改革的初期表现得尤为明显。失衡心理主要有以下几种表现。①

一是目标失衡。由于人们不明白改革的对象是什么，达到的目标是什么，思想上就会处于模糊迷惘状态，在心理上就会产生失去平衡的感觉。

二是焦虑失衡。随着改革步伐的加快，人们的各种关系也处于变更迭起的状况，工作中的彻底的安全感被动摇了，干部终身制、职工铁饭碗等过去曾被贴上"社会主义"标签的东西被否定了，我们不仅对自己的地位和利益焦虑，甚至在头脑中闪现出资本主义的阴影。

三是攀比失衡。在原有的体制下，干好干差一个样，干多干少一个样，无论是熟练的与非熟练的、知识多的与知识少的、脑力劳动与体力劳动的，人们的报酬往往被人为地拉平，从而造成了人们安于懒惰、安于落后、安于愚昧的心态，"枪打出头鸟、棒打冒尖户"，人们失却了创新和冒险精神，不会也不敢去冒尖。

在改革的过程中，势必要打破这种一潭死水的平衡，势必要根据人们的能力、贡献等进行利益的重新分配。在人们习惯于"均等线"的前提下，自然会通过自发的比较产生差距感，形成攀高的心理趋向。加之在改革过程中一些不尽妥善的失误和一些不正之风的干扰，以及攀比等，从而导致人们产生不悦、不满、烦恼、愤怒的情绪反应，进而导致心理失去平衡。

（二）心理定势

心理定势也是改革的心理障碍之一。比如，当我们习惯了平时放毛巾的地方后，就会形成自动化的取毛巾的习惯。可是当放毛巾的地点变动后，人们仍然会不自觉地到过去放毛巾的地方去取毛巾，这就是定势。要改变这种习惯，改变这种定势，需要有一段过渡、适应时期，让新的习惯取代

---

① 管益忻:《改革中的三种社会心理》,《时代》1987 年第 2 期。

老的习惯。这种心理定势有它积极的一面，它可以使我们的行为无须付出努力就自动化，但心理定势也有它的消极面，就是它的惰性，尤其是在改革的形势下，定势就会成为一种阻力。人的这种心理惰性导致人们对于已经习惯和适应的东西总是采取宽容的态度，会这样安慰自己：这么多年不是过得好好的吗？而对于新事物、新方法则百般挑剔，不愿意改变已经习惯了的生活方式去适应新事物、新环境，而是希望环境适应自己。再说，改革本身是一种尝试和探索，没有现成的经验可以效法，这样，在改革的过程中就不免会走一些弯路，出一些乱子。求稳怕乱的定势心理就偏偏盯住了这些问题。

这种社会心理定势常常导致社会改革半途而废。比如在英语中有许多不规则动词、不规则发音、不规则语法，英国曾以法律的形式颁布了改革语言的决定，决心使英语规范化，可是很多人感到已经约定俗成了，不愿改变用语的心理定势，抵制改革的进行，而不惮其烦、不惜牺牲后代，使得这场改革不了了之。我国的文字改革也面临着这样的阻力。

（三）落后舆论的压力

落后舆论的压力，是改革的另一种心理障碍。人处在一定的社会关系中，需要得到他人的尊重和承认，如果一个人的行为超越了大部分人的传统做法，就会引起他人的反感，甚至受到排挤和打击。这时他就会感到一种压力，产生一种失落感。我们的许多改革家正是经常处于这种情形之中。而改革恰恰正是要打破传统的行为习惯，制定新的目标体系，这就会导致落后舆论的攻击。而且，保守的思想在我们很多人的头脑里还是根深蒂固的，对于改革特别容易看不顺眼：你为什么要标新立异？是否想要出人头地？似乎标新立异、出人头地是坏事。这里又潜藏着另一种深层心理意识：搞平均主义、吃大锅饭。落后、保守的舆论可能形成一种团体的压力，使改革者感到孤立无援，最后被迫放弃初衷。

（四）期望效应

期望效应也可能成为改革的心理障碍。在社会生活中，每个人都扮演着一定的社会角色，按照社会对这一角色的规范和期望行事。如果你的言行举止和社会对你的角色期望是一致的，你就会感到愉快和自在，别人看了顺眼。如果你的言行有悖于期望于你的角色，你就会遭到冷眼，甚至是排挤、打击。人就会自动调节自己的言行，这就是角色的期望效应。

期望效应当然可以使人较快地社会化，保持社会的秩序，但期望效应也有消极面。这主要表现为：第一，某种期望可能是保守落后的；第二，社会期望往往是有惰性的。比如我们要搞现代化，就要加强民主建设，要增强参与意识、自主意识。但由于中国长期的专制传统，很多人还是希望、期待有"为民做主"的包青天，就像电视剧《新星》中的主人公李向南那样的形象。而当你真正实行民主时，人们反而感到手足无措，感到你不称职。这显然就成了改革的包袱。

期望效应消极面的第三种情况，表现为人们习惯于用旧的角色期望来评价改革者，从舆论上限制改革者的行为，影响改革的进程。《上海文学》1984 年第 9 期发表过一篇小说《伏尔加轿车停在县委大院里》，很形象地表现了这一点。小说描写的是新上任的县委书记乘伏尔加轿车下乡调查，一天跑了 4 个公社、10 个大队，效率很高。然而他的这一行为却与旧的角色期望发生了矛盾。人们议论纷纷：影响不好，不平易近人，官僚主义……结果，迫使这位书记放弃现代化的交通工具，改骑自行车下乡，把大部分时间浪费在路上。这就是期望效应的消极面在起作用。

（五）叶公好龙心理

叶公好龙心理也是阻碍改革的心理之一。有些人谈起改革来眉飞色舞、津津乐道，论起旧习惯、旧体制来痛心疾首、慷慨陈词，俨然是一个积极的改革者形象。可改革的措施真正施行时，他又指爹骂娘、怨天尤人，说这也不是那也不是了。就像古代成语中说的叶公一样，谈龙说龙，满屋画龙雕龙，可真的龙下凡，才把头探一下，他就吓得退避三舍、逃之夭夭了。

可见，积极地冲破这些心理阻碍，铲除思想上的惰性和保守性，也是改革的一项重要任务，甚至是改革成功的基础。

四、促进改革的心理学对策

为了使改革顺利进行，除制度上的保障、舆论上的促进外，还必须认真研究促进改革的心理学对策，保证人民群众情通理达，成为改革的积极参与者和支持者。

（一）重视宣传效应

调查表明，社会各阶层对于改革的方针政策的了解，主要是通过大众传播媒介得到的（见表 21-7）。

表 21-7　了解改革方针、政策的主要渠道

类型	百分比 /%	类型	百分比 /%
报纸	39.2	亲戚朋友	4.7
广播、电视	42.9	道听途说	1.4
单位负责人	9.69	其他	1.9

在上表所列的各类渠道中，报纸、广播、电视的累计百分比高达82.1%，充分说明了大众媒介对于社会生活的巨大影响，反映了宣传效应在改革进程中的威力。

为了使宣传的广度、深度和强度都取得最佳心理效应，在改革的宣传中要注意两个问题。一是要把握调动群众改革热情的分寸，防止形成"吊胃口"和社会期望值偏高的现象。要让人们知道，改革是一项艰巨而复杂的系统工程，只有中国全体人民长期坚持不懈的奋斗，才有可能取得成功，才有可能迎来民族的振兴，不能把改革宣传得像没有难题的"玫瑰色"，像熟透了的果子，唾手可得。二是要搞"预防注射"，使社会有机体对未来的震动或冲击产生一种免疫力。要通过宣传使每个人都有充分的心理准备，准备迎接困难、克服困难，准备忍受暂时的、局部的损失乃至痛苦。这样，才能使改革的探索、试验和实践在出现失误时，不致因为人们心理上的恐慌而中辍。

（二）加强意见沟通

在改革过程中，除了通过大众传播媒介向人民群众宣传改革，还必须加强改革者与有关人员的意见沟通。良好的意见沟通包括两个方面。第一，改革者必须尽可能地向有关人员说明改革的具体目的和措施，使人们知道改革将会给组织和个人带来何种利益；改革者还应把改革的进展情况，包括取得的成绩和存在的问题及时通报给有关人员，使人们增强对改革的信心和责任感，群策群力，同舟共济，解决改革所碰到的困难。第二，改革者必须提供充分的机会，让人们尤其是某项改革的反对者充分地发表自己的意见，从反面意见中吸取合理的方面，对改革方案的可行性进行反复论证，甚至进行修正。

（三）提高承受能力

承受能力是指人们对于外界刺激所能接受的程度。根据社会心理学的原理，一个人在其实践活动中总要接受内外的各种刺激，这些刺激会给人造成一定的心理压力。这些"压力"所产生的"压强"是在"阈限值"（即承受刺激而又不出现异常变化的最高界限）以下的，人的心理就能够承受；如果超过"阈限值"，人们就会无法承受，就会出现种种异常的心理反应。

我们也可以把改革视为向社会成员施加刺激的过程。施加刺激量的大小与社会心理反应成正比，一般说来，施加刺激量越大，人们的反应就越强。改革是一场根本性的变革，它必然会形成新的利益—权力格局，而经济利益和政治权力的变动，总是与社会各阶层人们的切身利益直接关联，总是要给人们的心理造成压力，人们对于这种强刺激的反应亦是特别敏感、特别强烈。因此，在改革过程中必须充分考虑人们的心理承受能力，对于经济利益和政治权力的调整，尤其要持慎重的态度，要采取迈小步、不停步的策略。

为了不给改革造成被动的局面，要注意在摸不清社会心理准备状态和人们心理承受能力的情况下，不要突然向社会施加刺激。因此，进行对于改革的心理承受能力的调查和预测就显得很有必要。中国社会调查系统的一系列富有成效的调查，在某种意义上说就具有这种效果。

（四）满足各类需要

由于不同的个人、不同的利益群体具有不同的心理需要，他们对改革的态度和参与程度也就有所不同，这对于改革的顺利开展和深入也就有不同影响。

有调查表明，每个人对改革及其成果的评价，与他希望改成什么样或通过改革得到什么有密切的关系。人们对改革的期望越高，希望通过改革得到的越多，对现行改革的评价就越低。如大学生、研究生对改革速度的要求最高，而对改革成果的评价在十个职业分组里仅为第七位；单位负责人对现行改革的评价相当积极，居第二位，但对改革速度的要求却为倒数第二位。因此，如何正确引导和利用各类社会群体的不同积极性，是改革中的一个重要任务。

调查还表明，影响干部群体（包括单位负责人、企事业单位和行政部门一般干部、中小学教师、其他各类专业人员、大学生和研究生等）对现行改革态度的最主要因素是提高社会地位的期望；而在非干部群体（包括工人、商业服务业人员、个体户、无固定职业者、中学生等）中，却是希望通过改革获得更多的选择工作、晋升、提高经济收入和公平竞争的机会。所以，如果我们在改革过程中能在一定程度上满足他们的不同需要，就会使改革得到更广泛的支持和拥护。

第二十二章　中国心理学史研究最初十年的进展与反思

1978 年以前，中国心理学史基本上是一块未被开垦的处女地，心理学工作者对它很少问津，只有很少的自发与分散的研究工作，1949 年至 1978 年，报刊正式发表的论文只有十篇左右。

1979 年是中国心理学史研究的重要里程碑，在这一年，上海师范大学的燕国材与陕西师范大学的杨永明等学者不约而同地分别发表了《关于"中国古代心理思想史"研究的几个问题》和《应当重视中国古代心理学遗产的研究》的论文，揭开了中国心理学史研究的序幕。此后，这门学科以加速度发展，十年来发表论文五百余篇，并受到了国际心理学界的重视。

我们知道，任何一门学科的发展很大程度上取决于该学科的自我意识。当一门学科开始有意识地反思自己的进程、评价自己的历史时，就标志着该学科逐步从经验走向理论、从混沌走向明晰、从自发走向自觉了。因此，我们有必要对十年来中国心理学史的研究进展与存在问题做一全面深入的评述，以期使这门学科通过自我反思更自觉、更健康地向前发展。

一、最初十年中国心理学史研究的进展

自 1979 年以来，中国心理学史的研究在数量和质量方面均有新的突破，取得了令人欣慰的成就。具体来说，十年来中国心理学史研究的进展呈现出如下几个特点。

第一，中国心理学史的研究开始从自发、分散走向自觉、有组织的研究。1980 年 10 月，在中国心理学会基本理论学术会议（重庆）上，成立了中国心理学史研究会筹委会，1981 年在中国心理学会 60 周年学术会议（北京）上，改名为中国心理学史研究组，由潘菽任组长，高觉敷任副组长。1981 年，南京师范大学成立了我国第一个心理学史研究室；1984 年以后，上海师范大学教育管理系和江西师范大学教育系也相继成立了心理学史研究室。这些研究机构大多以中国心理学史的研究为重要方向。

第二，中国心理学史的研究成果日益增多。据不完全统计，十年来共出版了中国心理学史研究的专著 13 本。在《心理学报》《心理科学通讯》《心理学探新》以及一些学术刊物上公开发表和在学术会议上交流的论文五百二十余篇。主要著作有:《中国古代心理学思想研究》（潘菽、高觉敷主编，江西人民出版社，1983 年，收入中国古代心理思想的研究论文二十余篇，书末并附有《中国古代心理学思想论文总索引》)、《中国大百科全书·心理学史》分册（高觉敷主编）、《先秦心理思想研究》《汉魏六朝心理思想研究》《唐宋心理思想研究》《明清心理思想研究》（以上四本均为燕国材

著，是当时最丰富、最系统的中国古代心理学史研究专著，由湖南人民出版社分别于 1981、1985、1987、1989 年出版）、《台湾心理学》（张人骏著，知识出版社，1988 年）、《中医心理学》（王米渠著，天津科技出版社，1986 年）、《中国古代医学心理学史》（王米渠著，贵州人民出版社，1987 年）、《心理学人物辞典》《心理学著作辞典》（以上两本均由张人骏、朱永新主编，收入中国心理学史条目三百余条，由天津人民出版社分别于 1986、1989 年出版）。另外，在《心理学简札》（潘菽著）、《儿童心理学史》（朱智贤、林崇德合著）、《心理学简史》（刘恩久主编）等著作中都有相当的篇幅论述中国心理学史问题。

1989 年中国心理学史有大批研究成果问世，如北京师范大学出版了朱智贤主编的《心理学大词典》的中国心理学史分卷，人民教育出版社出版了燕国材主编的四卷本《中国心理学史参考资料》，上海教育出版社出版了燕国材、朱永新合著的《中国教育心理学史》等。

在中国心理学史的研究成果中，最值得大书特书的是高觉敷主编、由人民教育出版社 1985 年出版的《中国心理学史》。这本书是教育部委托编写的，供综合性大学、高等师范院校心理学专业、教育学专业和哲学专业使用的高等学校文科教材。这部教材除"绪论"和"结束语"外由 4 编、11 章组成。按照从古至今的顺序，选择各个历史时期的重要思想家和著作的心理学思想进行挖掘和整理。这本著作不仅比较深入地研究了一般的心理学思想，同时，还涉及教育心理、社会心理、医学心理和音乐心理等方面的理论和实践，为今后开拓中国心理学思想专史的研究做了最初步的尝试。此外，这本著作除了用较大篇幅论述古代心理学思想，还提供了一幅中国近代现代心理学史的发展图景。可以说，这是迄今为止公开发表的关于中国近现代心理学史的最为详尽的资料，具有相当的权威性，是十分珍贵的。总之，这本著作是我国第一本关于中国心理学史的教科书，填补了世界心理学史的一项空白，也从一个侧面为建立和发展有中国特色的科学心理学做出了历史性的贡献。

第三，中国心理学史的研究梯队逐渐形成。中国心理学史的研究始终是在高觉敷、潘菽二位老教授的直接领导和关心之下进行的，1983 年 1 月 10 日，潘老在《文汇报》发表《建立有中国特色的心理学》的专文，强调

"为了要改造现在的心理学，以建立适合我国社会主义现代化建设要求的心理学，必须挖掘我国古代心理学思想宝藏。这个宝藏有丰富而可贵的蕴藏。其中有些蕴藏，从初步考察来看，是世界上其他地方所没有的，可以用来构成我国自己所需要的科学心理学的体系的骨架部分"。潘菽的这一见解和主张，对于推动中国心理思想史的研究工作发挥了巨大的作用。高老与潘老合写的《组织起来，挖掘我国古代心理学思想的宝藏》(《心理学报》，1983年第2期)也科学地论述了研究中国心理学史的重要意义与方法论问题，表达了他们对中青年研究者的极大厚望。章益、刘兆吉、彭飞、李国榕、曾立格、赵年苏等老前辈也始终关心和支持中国心理学史研究事业，并身体力行，做了大量研究工作。燕国材、杨鑫辉、许其端、马文驹、赵莉如、高汉声、杨永明、邹大炎等一批研究者也取得了令人信服的研究成果，燕国材、杨鑫辉和邹大炎还招收了中国心理学史的研究生，王米渠、燕良轼、尹文清等青年学者也崭露头角，在国内外发表了一些颇有影响的论著。

第四，中国心理学史研究已建立国际学术联系，在海内外产生了一定影响。中国心理学史早已引起国际心理学界的注意。在1948年，日本学者黑田亮博士就出版了《中国心理思想史》，分3篇、28章讨论了从孙子到颜元的心理思想。在美国心理学史家墨菲(G.Murphy)等著的《近代心理学历史导引》(1972)和苏联心理学史家雅罗舍夫斯基等著的《国外心理学的发展与现状》(1974)中，也有一定的篇幅论述中国古代的心理思想。这些论著虽然在肯定中国心理学遗产方面有一定积极意义，但由于作者对中国心理学史缺乏深入研究，总不免有浮光掠影、挂一漏万的缺憾。因此，中国20世纪80年代关于本土心理学史的研究很快引起了国际心理学界的瞩目。美国心理学会心理学史分会前主席布罗采克曾高度评价中国心理学史的研究"在世界文献中还没有先例"。1987年4月江西师范大学的杨鑫辉副教授被邀赴加拿大西安大略大学讲授中国心理学史；1988年12月上海师范大学的燕国材教授应邀赴香港参加"认同与肯定：迈向本土心理学研究的新纪元"的国际研讨会，在会上做了《中国古代心理学思想的主要成就与贡献》的专题报告；1989年朱永新在美国《大脑与认知》杂志上发表的《中国古代学者关于大脑研究的贡献》一文，将关于大脑功能定位的学说提前了近一百年，引起了国际学术界的兴趣与重视。

第五，中国心理学史研究的领域不断拓宽，在广度与深度方面均有所突破。1979 年以前中国心理学的研究基本以中国古代心理思想为主，对于中国近现代心理学思想的形成与发展很少涉及；基本以中国古代的普通心理思想为主，对于中国古代的应用心理思想则很少研究。已初步形成了两种研究并重的局面：在中国近现代心理学思想的研究方面，马文驹、赵莉如、张人骏等同志进行了大量工作，如马文驹对于现代心理学家的研究，赵莉如对于中国心理学会 60 年历史的研究，张人骏对于台湾心理学史的研究，均有突破性进展；在中国应用心理学思想的研究方面，当首推王米渠、黄成惠等对中国古代医学心理学思想的整理与发掘工作，另外，刘兆吉关于中国文艺心理学思想的研究，燕国材、朱永新关于中国教育心理学思想史的研究，朱永新、艾永明关于中国犯罪心理学思想史的研究，都已取得了丰硕的成果。

二、最初十年中国心理学史研究的理论问题

最初的十年，中国心理学史的研究在理论上有长足的进展，主要表现在如下方面。

第一，关于中国有无心理学思想的问题。众所周知，我国古代思想家几乎都没有关于心理问题的专著，他们关于心理学的看法或思想，是与他们的哲学思想融合在一起的，成为其哲学思想的一部分。这种状况使得相当一部分人觉得中国人没有自己的心理思想。其实，人作为思维主体，不仅要认识周围的物质世界乃至自己的身体器官，也要对自己的内心世界进行反思，这就产生了心理思想的萌芽，由于各个民族的心理思想都呈现出其独异性，所以不应该用一些民族的心理思想范型来规定另一些民族。关于这个问题，潘菽教授在《中国心理学史》的序言中指出："西方心理学那样的模型就可以用来做标准以衡量有没有或是不是心理学吗？况且西方心理学有不少颇不相同的模型，哪一种模型可以用来做标准呢？只能说没有。所以我国古代有没有心理学或有没有心理学思想，不能仅从有没有较系统的专著这种形式来看，而应该从那些有关心理学问题的思想有没有合乎人

的心理实际，能不能恰当地说明这种实际的见解作内容。"这个问题随着大批中国心理学史研究论著的发表与问世已初步得到解决。

第二，关于中国心理学史的范畴问题。任何学科或科学都有自己特有的范畴体系，这是衡量这门学科或科学是否成熟的标志。在 1979 年前，范畴问题尚未引起中国心理学史研究者的自觉思考，较多的研究基本上是以西方心理学的条条框框来选择或限定中国心理学的，这在某种程度上使中国心理学出现了"变形"，很难真正认识其本来面目。1980 年以来，中国心理学史研究者逐步认识到作为学科"网上纽结"的范畴的意义，开始自觉地分析与建构中国心理学史的范畴体系。1981 年，杨鑫辉从历史时期的角度提出了先秦的心性学、汉晋的形神说、唐代的佛性说、宋明的性理说、清代的脑髓说；1982 年，潘菽提出了古代心理学思想的八种基本理论，即（1）人贵论，（2）天人论，（3）形神论，（4）性习论，（5）知行论，（6）情二端论，（7）节欲论，（8）唯物论的认识论传统等。应该说，上述两种范畴体系尚欠完备，或者是特征概括，或者与哲学范畴区别不开，都不能完整地反映中国心理学史的本来面目。1984 年，燕国材在此基础上进一步明确提出了中国心理学思想史的八对范畴，即形与神、心与物、知与虑、藏与壹、情与欲、志与意、智与能、质与性。1987 年，蔡竣年、朱永新为《心理学大词典》中国心理学史分卷的条目编定了中英对照表，为中国心理学思想史的范畴规范化做了尝试。

第三，关于中西心理学史的比较研究问题。中西文化背景的差异，决定了中国古代思想家对心理现象研究的思路、方法、手段与西方人对心理现象的研究有所不同。因此，我们在建立一套能还原历史真实性的方法体系和与之相应的研究模型的同时，有必要对在两种异质文化背景上形成的不同研究模型进行比较。关于这一点，燕国材在《汉魏六朝心理思想研究》中已有论述，他提出把中国的古同国外的古、中国的古同国外的今、中国的古同中国的古、中国的古同中国的今相比较的"系统比较法"，并且对荀子的心理发展理论与亚里士多德的"灵魂阶梯说"、老子的性无善无不善学说与埃里克森（E.H.Erikson）的人性理论、二程的情波说与美国心理学家扬（P.T.Young）的情绪理论等进行了比较。在比较研究的方法上，朱永新提出不能局限于心理思想家某些观点和内在体系的比较，而应努力从更广阔的文化背景进行比较，揭示中西心理思想家为什么会形成不同的思想模式与研究方式的个中原因。

第四，关于中国古代心理思想与近现代心理学的继承问题。中国心理学史有其自身的发展轨迹和逻辑体系，古代的心理学思想是构筑近现代心理学大厦的重要基石。最初十年，我们对古代和近现代心理学都做了较多的研究，也有一些同志（赵莉如等）对两者的沟通与继承问题进行了探索，但这方面的研究总的说来是比较薄弱的，就像两支在地下从相反方向挖隧道的队伍，还没有真正地沟通与融合。只要稍加留心，就会发现在当时的研究成果中，中国古代心理思想与现代、当代心理学体系几乎是完全不同的内容、范型和方式，有一个明显的断层带，这难道是历史的本来面目和必然趋势吗？或者更确切地说，中国现代心理学究竟如何强化本土意识？不是亦步亦趋地步别人的后尘，而是张扬特色、输出信息。因此，中国心理学史研究者的一项重要任务就是发现和寻求中西、古今心理学思想的"连接带"，真正地扬长避短，为世界心理学做出其特有的、别人无法取代的贡献。

第五，关于中国心理学史的计量研究问题。在这方面，王米渠进行了创造性的探索。在《中国古代医学心理学》一书中，他将有专门言论的医家或医著的医学心理学思想从理论、文献、临床三大部分进行记分，各个部分又分为若干细目加以考察，从积分的多少来判断其对医学心理学发展贡献的大小。据此，他还绘制了"中国古代医学心理学成果积分总表""中国医学心理学史分期计量"等图表。尽管还有人对用计量的方法研究中国心理学史存有异议，但这种方法的探索对形成中国心理学史的多元化研究途径无疑是有益的。

三、最初十年中国心理学史研究的反思

综观最初十年中国心理学史的研究，我们一方面为众多的研究成果和迅速的研究进展而欣欣鼓舞，一方面也发现了中国心理学史研究存在的问题。在此就中国心理学史的研究如何向纵深发展谈几点个人看法。

第一，进一步挖掘中国古代心理学思想的宝藏。中国古代的典籍汗牛

充栋，浩如烟海，其中蕴藏有丰富的心理学遗产。尽管初步的挖掘已经取得了很大成就，但基本上还是就其他学科的重要线索进行整理的，许多真正有价值而又名不见经传的思想家的心理思想仍埋在尘土之中，有待于我们的进一步开采。因此，有必要组织力量系统批阅历代文献，沙里淘金，发现那些以心理思想为主体的思想家。

第二，进一步把握中国心理学史的特质。燕国材教授在《中国古代心理思想的成就和研究状况》中曾概括地说明了中国古代心理思想的十大成就：（1）从理论上解决了心理与生理的关系问题；（2）从理论上解决了心理与客观现实的关系问题；（3）揭示了心理活动的一条根本规律，即人的任何心理活动都是先天与后天的"合金"；（4）形成了一条重视人、"人为贵"的人本主义传统；（5）出现了丰富多彩的人性论思想；（6）探讨了情欲的性质以及对待情欲的态度问题；（7）提出了智能相对独立的中国观点；（8）确立了普通心理思想的结构体系；（9）开辟了应用心理思想的广阔领域；（10）提供了整体地思考问题的研究方法。这是对中国心理学史内容较为全面的总结，但毋庸讳言，这只是说明了中国古代心理思想史的一些具体成就，尚未构成中国心理思想的总体特征或特殊本质。因此，心理学史工作者有必要系统思考一下中国心理学史的基本特质，有什么精华和糟粕？这些精华和糟粕又是如何有机地融合为一体的？与西方以及其他国家心理学发展的脉络和趋势有什么不同？这些思考无疑会使我们站在更高的层次上来研究中国心理学史，构建崭新的中国心理学体系。

第三，进一步强化"内外并重"的心理学史研究意识。美国心理学家巴斯（Buss）在批评传统的心理学史研究时说："心理学家在编写他们的科学史时，列举各个学说、各个学派、个人思想，几乎完全强调内部的矛盾、争论和论战。正由于这样，心理学就像哲学、科学或政治学说那样，在讨论过去的思想时，往往非历史地处理它，仿佛它是在真空中产生的。但是思想的发展与作为它的基础的社会结构紧密相关，心理学思想的发展也逃避不了社会的影响。因此对任何思想的充分理解都必须体会作为其背景或联系的社会历史条件，而这些条件大致制约着或促进着学术思想的形成。"[①]

---

① 巴斯：《辩证法心理学》（英文版），1979年，第27页。

从中国心理学史的研究来看，我们虽然已开始注意剖析心理思想赖以生存与发展的外部条件和背景，但往往还是机械、表层的联系较多，辩证、深层的分析则相对薄弱。由于注意了心理思想家的内部体系和内在逻辑，相对忽视了外部条件与外部逻辑，这就使心理思想成了无本之木、无源之水，显得千人一面，缺乏个性。因此，我们必须强化"内外并重"的心理学史研究意识，从哲学、文化学、历史学的土壤中汲取养料，使中国心理学史这门学科日臻成熟与丰满。

第四，进一步拓宽中国心理学史的研究领域。如前所述，中国心理学史的研究已取得了令人瞩目的成就，但总体来说仍不平衡。一是对古代心理思想的研究较多，对近代、现代心理学的形成与发展探索不够，对当代心理学现状的反思则更加不够。我们只是在"10 年""30 年"或"40 年"时才正式"回顾"一下，罗列一下某一时期的成果而已，缺乏一种经常性的自我反思意识。笔者认为，在某种意义上说，当代心理学史的研究更具有紧迫性，因为它能够及时地发现心理学理论与实验中存在的问题，及时地做出诊断、反馈与调节，使我国心理学的研究不断向纵深发展。二是对普通心理思想的研究较多，对应用心理学思想的研究较少。应用心理的研究相对集中在教育、医学领域，对于社会心理思想、管理心理思想、军事心理思想、文艺心理思想等方面的研究则较为薄弱，有些甚至空白。事实上，也许这些方面更能显示中国心理学思想的丰姿与特质，更能揭示出一些具有现实意义的规律与理论。三是研究的方法一元化，即大多采用现代心理学的理论框架来取舍心理思想，进行爬罗剔抉，疏理成章，较少运用其他研究方法和手段等。事实上，科学的进步也离不开方法的进步，只有方法的多元化和不断更新，才能使中国心理学史的研究不断注入新的活力。如果我们从以上三个方面实现战略重点转移，就一定能使中国心理学史的研究更上一层楼。

第五，进一步加强中国心理学史研究的分工与协调。中国心理学史的研究队伍已逐步形成，但几乎都是以同样的步速、同样的方式在同一轨道上行进，各自的特色还不甚明显。这与近些年大兵团的协作研究模式有关，因为主要研究力量都集中在《中国心理学史》《中国心理学史资料选编》的大型工程，没有统一的范围或模式是不行的。随着工作的逐步完成，就有必要在宏观上做出规划与调整，确定个人或团体研究工作的重点，从不同的角度进行攻关研究，尤其是要加强中国心理学史的薄弱环节，如当代史研究等，全国心理学研究机构有必要尽快编纂《中国心理学年鉴》，使心理学的自我反思经常化、制度化、规范化。同时，各个心理学刊物（主要指《心理学报》《心理科学通讯》《心理学探新》《心理学动态》《应用心理学》和《大众心理学》）应加强联系，明确各自的重点与特色。据 1985—1988 年的统计，《心理学报》共发表中国心理学史的研究论文 14 篇，《心理科学通讯》(《心理科学》的前身) 12 篇，《心理学探新》19 篇，《应用心理学》1 篇，《心理学动态》2 篇，《大众心理学》15 篇。其中内容的分布没有显示出差异。今后可以考虑这样的分工较为合适：《心理学报》《心理科学通讯》刊载中国心理学史的重要研究成果，《心理学动态》刊载当代心理学的发展与反思，《大众心理学》刊载中国应用心理学思想的研究成果，《心理学探新》刊载中国心理学史的研究方法及创新性见解等。

参考文献

A.1 普通图书

[1] 艾永明，朱永新. 刑罚与教化：中国犯罪心理思想史论 [M]. 北京：对外贸易教育出版社，1993.

[2] 陈亮. 陈亮集 [M]. 北京：中华书局，1987.

[3] 陈奇猷校注. 韩非子集释 [M]. 上海：上海人民出版社，1974.

[4] 陈确. 陈确集 [M]. 北京：中华书局，1979.

[5] 程颢，程颐. 二程集 [M]. 王孝鱼，点校. 北京：中华书局，1981.

[6] 戴震. 戴震集 [M]. 上海：上海古籍出版社，1980.

[7] 董仲舒. 春秋繁露 [M]. 四部备要本.

[8] 高觉敷. 中国心理学史：第二版 [M]. 北京：人民教育出版社，2005.

[9] 郭庆藩. 庄子集释 [M]. 北京：中华书局，1982.

[10] 韩愈. 昌黎先生集 [M]. 涵芬楼据东雅堂本铅印.

[11] 黎靖德. 朱子语类 [M]. 王星贤，点校. 北京：中华书局，1986.

[12] 李亦园，杨国枢. 中国人的性格 [M]. 台北：桂冠图书股份有限公司，1988.

[13] 梁启雄. 荀子简释 [M]. 北京：中华书局，1983.

[14] 刘劭. 人物志：《笔记小说大观》第三编 [M]. 成都：新兴书局有限公司，1981.

[15] 刘文英. 梦的迷信与梦的探索 [M]. 北京：中国社会科学出版社，1989.

[16] 陆九渊. 陆九渊集 [M]. 钟哲，点校. 北京：中华书局，1980.

[17] 潘菽，高觉敷. 中国古代心理学思想研究 [M]. 南昌：江西人民出版社，1983.

[18] 任继愈. 老子新译：修订本 [M]. 上海：上海古籍出版社，1985.

[19] 沈清松. 中国人的价值：人文学的观点 [M]. 台北：桂冠图书股份有限公司，1994.

［20］汪凤炎，郑红. 中国文化心理学［M］. 广州：暨南大学出版社，2008.

［21］王安石. 王文公文集［M］. 唐武，标校. 上海：上海人民出版社，1974.

［22］王充. 论衡：《诸子集成》第七册［M］. 上海：上海书店，1986.

［23］王夫之. 读四书大全说［M］. 北京：中华书局，1975.

［24］王夫之. 尚书引义［M］. 北京：中华书局，1976.

［25］王夫之. 张子正蒙注［M］. 北京：中华书局，1975.

［26］王夫之. 周易外传［M］. 北京：中华书局，1977.

［27］王夫之. 诗广传［M］. 北京：中华书局，1964.

［28］王夫之. 思问录·俟解［M］. 北京：中华书局，1956.

［29］王守仁. 王文成公全书：国学基本全书本［M］. 北京：商务印书馆，1934.

［30］颜元. 颜元集［M］. 北京：中华书局，1987.

［31］燕国材，朱永新. 现代视野内的教育心理观［M］. 上海：上海教育出版社，1991.

［32］燕国材. 汉魏六朝心理思想研究［M］. 长沙：湖南人民出版社，1984.

［33］燕国材. 明清心理思想研究［M］. 长沙：湖南人民出版社，1988.

［34］燕国材. 唐宋心理思想研究［M］. 长沙：湖南人民出版社，1987.

［35］燕国材. 先秦心理思想研究［M］. 长沙：湖南人民出版社，1981.

［36］燕国材. 中国心理学资料选编：第一卷［M］. 北京：人民教育出版社，1988.

［37］杨伯峻. 论语译注［M］. 北京：中华书局，1980.

［38］杨伯峻. 孟子译注［M］. 北京：中华书局，1960.

［39］杨国枢，黄光国，杨中芳. 华人本土心理学：上下册［M］. 重庆：重庆大学出版社，2008.

［40］杨国枢，余安邦. 中国人的心理与行为：理念及方法篇［M］. 台北：桂冠图书股份有限公司，1994.

［41］杨国枢，余安邦. 中国人的心理与行为：文化、教化及病理［M］. 台北：桂冠图书股份有限公司，1994.

［42］杨国枢. 中国人的心理［M］. 台北：桂冠图书股份有限公司，1988.

［43］杨鑫辉. 新编心理学史［M］. 广州：暨南大学出版社，2003.

［44］杨鑫辉. 医心之道：中国传统心理治疗学［M］. 济南：山东教育出版社，2012.

［45］杨鑫辉. 中国心理学史论［M］. 合肥：安徽教育出版社，2002.

［46］叶适. 习学记言序目［M］. 北京：中华书局，1977.

［47］叶适. 叶适集［M］. 北京：中华书局，1961.

［48］张载. 张载集［M］. 北京：中华书局，1978.

［49］朱熹. 晦庵先生朱文公文集［M］. 四部备要本.

［50］朱熹. 四书章句集注［M］. 北京：中华书局，1983.

［51］朱永新. 管理心智：中国古代管理心理思想及其现代价值［M］. 北京：经济管理出版社，2005.

［52］朱永新. 中华管理智慧：中国古代管理心理思想研究［M］. 苏州：苏州大学出版社，1999.

A.2 报纸期刊

燕国材，霍兵兵. 1978—2008 年中国心理学史研究的文献计量分析［J］. 南通大学学报：社会科学版，2010（2）.

主题索引

第四版后记

这次修订，主要增加了主题索引和参考文献，对书的部分文字和注释做了一些调整。

两年前修订这本书的时候，我曾经说过，希望退休以后能够有时间做自己喜欢的事情，包括研究中国心理学史。因为，作为这个学科曾经的最年轻的拓荒者，我对它的确是情有独钟。

虽然一直关注着中国心理学史的学科发展，也阅读了不少近年来年轻学者的著作与论文，但这次系统修订时才发现，我已经离这个学科越来越远，自己已经差不多成为"明日黄花"了。所以，退休以后能不能重操旧业，真的是一个未知数了。

感谢当年把我引进中国心理学史研究大门的燕国材先生。认识他的时候，我还是一个20岁出头的愣头青，他也是一位不到50岁的中年人。现在，我也是"奔六"之人了。但先生在第一堂课时留下的"标新立异，自圆其说"八个大字，写在黑板上，也刻在我的心上。年岁越长，越感到知识有所创新不易，生命活出新意更难，唯有"苟日新，日日新，又日新"地永远坚持，以期无论届时以何业为依托，此生能不虚度。

感谢朗朗书房的蔺蒙蒙小姐，协助我做了大量的引文查对、文字校改等具体工作。

2013 年 1 月 5 日清晨于北京滴石斋

"朱永新教育作品"后记

10年前，我的"朱永新教育作品"16卷由中国人民大学出版社出版。

不久，这套文集就被麦格劳－希尔教育出版集团引进英文版版权，陆续出版发行。迄今为止，我的著作已经被翻译为28种语言，在不同国家有87种文本。

在版权到期之后，多家出版社希望重新出版这套文集。最后，漓江出版社的诚意感动了我。

长期以来，漓江出版社的文龙玉老师一直关注和支持新教育事业，《新教育实验年鉴》以及一批新教育人的作品都先后在漓江出版社出版，文老师也先后担任了我的《新教育》《教育如此美丽》《我的教育理想》《我的阅读观》《致教师》等书的责任编辑。这套文集在漓江出版社出版，也就成了顺理成章的事情。

这套"朱永新教育作品"沿用了中国人民大学出版社的文集名称和南怀瑾先生的题签。主要是想借重新出版之际，感谢南怀瑾先生对我的帮助和关心。在苏州担任副市长期间，我曾经多次去太湖大学堂与南怀瑾先生见面交流，请教教育、文化与社会问题。先生的大智慧经常让我茅塞顿开。

新的"朱永新教育作品"虽然沿用了原来的名称，但是内容还是有许多不同。原来的16卷，大部分都进行了不同程度的修订，其中一半是重新选编。全套作品按照内容分为四个系列。

一是教育理论系列，包括《滥觞与辉煌——中国古代教育思想的成就与贡献》《沟通与融合——中国近现代教育思想的起源与发展》《嬗变与建构——中国当代教育思想的传承与超越》《心灵的轨迹——中国本土心理学思想研究》《校园里的守望者——教育心理学论稿》五种。

二是新教育实验系列，包括《新教育实验——中国民间教育改革的样本》《做一个行动的理想主义者——新教育小语》《为中国而教——新教育演讲录》《为中国教育探路——新教育实验二十年》《享受教育——新教育随笔选》五种。

三是我的教育观系列，包括《我的教育理想——让生命幸福完整》《我的教师观——做学生生命的贵人》《我的学校观——走向学习中心》《我的家教观——好关系才有好教育》《我的阅读观——改变从阅读开始》《我的写作观——写作创造美好生活》六种。

四是教育观察与评论系列，包括《教育如此美丽——中国教育观察》《寻找教育的风景——外国教育观察》《成长与超越——当代中国教育评论》《春天的约会——给中国教育的建议》四种。

虽然都是现成的文字，但是整理文集却颇费时间。几年来的业余时间和节假日，大部分都用于这项工作。好在，我所在的中国民主促进会是一个以教育、文化、出版传媒为主界别的参政党，60%的会员来自教育界，无论是调查研究、参政议政，教育一直是我们的主阵地，本职工作与业余的教育研究不仅没有矛盾，反而相辅相成。

感谢漓江出版社的文龙玉老师和她的团队认真细致和卓有成效的工作。

2022 年 10 月 17 日

图书在版编目（CIP）数据

心灵的轨迹：中国本土心理学思想研究 / 朱永新著
. -- 桂林：漓江出版社，2023.5（2024.4 重印）
ISBN 978-7-5407-9422-4

Ⅰ. ①心…　Ⅱ. ①朱…　Ⅲ. ①心理学史 – 研究 – 中国
Ⅳ. ① B84-092

中国国家版本馆 CIP 数据核字（2023）第 053601 号

心灵的轨迹——中国本土心理学思想研究
朱永新　著

出 版 人　刘迪才
策划统筹　文龙玉
责任编辑　宗珊珊
书籍设计　石绍康
营销编辑　俞方远
责任监印　黄菲菲

出版发行　漓江出版社有限公司
社址　广西桂林市南环路 22 号
邮编　541002
发行电话　010-85891290　0773-2582200
邮购热线　0773-2582200
网址　www.lijiangbooks.com
微信公众号　lijiangpress

印制　天津嘉恒印务有限公司
开本　710 mm × 1000 mm　1/16
印张　20.25
字数　325 千字
版次　2023 年 5 月第 1 版
印次　2024 年 4 月第 2 次印刷
书号　ISBN 978-7-5407-9422-4
定价　75.80 元